U0184267

基于多尺度三维空间裂隙分布的粗糙岩体裂隙渗透性研究

陈 刚　徐世光　马 玲　龚红胜　著

扫描二维码查看
本书部分彩图

北 京

冶 金 工 业 出 版 社

2023

内 容 提 要

本书以多尺度三维空间裂隙作为研究的切入点，开展了小尺度单裂隙渗流计算、中尺度三维裂隙网络模拟、岩体渗透系数张量计算、各向异性含水介质地下水渗流模拟等方面的研究工作。针对单裂隙渗流提出了隙宽函数法（AFM）的数值计算方法；针对三维岩体裂隙使用 GEOFRAC 方法进行裂隙网络的模拟；针对岩体渗透系数张量建议使用基于 DFM 模型的计算方法，并把上述研究方法和思路应用于实际工程案例，取得了较好的计算精度。本书内容丰富，有较强的实用性，为读者学习岩石裂隙渗流、三维裂隙网络模拟、地下水模拟提供借鉴和帮助。

本书可供岩石水力学、地下水数值模拟以及与裂隙渗流相关领域研究方向的师生和工程技术人员学习和参考。

图书在版编目（CIP）数据

基于多尺度三维空间裂隙分布的粗糙岩体裂隙渗透性研究／陈刚等著. —北京：冶金工业出版社，2022.3（2023.11 重印）

ISBN 978-7-5024-9072-0

Ⅰ.①基… Ⅱ.①陈… Ⅲ.①岩体—裂缝渗流—研究 Ⅳ.①TU452

中国版本图书馆 CIP 数据核字（2022）第 032259 号

基于多尺度三维空间裂隙分布的粗糙岩体裂隙渗透性研究

出版发行	冶金工业出版社	电　　话	(010)64027926
地　　址	北京市东城区嵩祝院北巷 39 号	邮　　编	100009
网　　址	www.mip1953.com	电子信箱	service@ mip1953.com

责任编辑　王　双　美术编辑　彭子赫　版式设计　郑小利
责任校对　郑　娟　责任印制　窦　唯
北京建宏印刷有限公司印刷
2022 年 3 月第 1 版，2023 年 11 月第 2 次印刷
787mm×1092mm　1/16；13.75 印张；2 彩页；338 千字；209 页
定价 108.00 元

投稿电话　(010)64027932　投稿信箱　tougao@cnmip.com.cn
营销中心电话　(010)64044283
冶金工业出版社天猫旗舰店　yjgycbs.tmall.com
（本书如有印装质量问题，本社营销中心负责退换）

前　言

受基岩中裂隙的多尺度性、三维空间分布的复杂性等因素影响，基岩裂隙中的地下水渗流具有强烈的尺度效应、不均匀性和各向异性。在单裂隙渗流、裂隙网络模拟、裂隙岩体渗透张量等研究的基础上，进行地下水渗流场的模拟和计算，得出地下水动态、水量变化等合理的结果。以往的研究大多针对上述问题中某一具体问题开展研究，缺乏对同一研究区内多个问题综合性的研究。本书以裂隙尺度为主线，以云南个旧高松矿田为研究对象，针对上述问题重点开展岩体的小尺度粗糙裂隙渗流特性和中尺度裂隙网络的渗透性分析。

通过对研究区开展了大量的岩体裂隙实测工作，完成地表 4412 组 16625 条，地下巷道 1501 组 7029 条有效裂隙参数测量工作。经分析，裂隙水平上的优势方向为 325°和 75°，裂隙隙宽在 0.1~0.4mm 之间，总体符合正态分布。根据研究区构造发育特征，划分为 12 个岩体块段，这些块段水平方向上裂隙发育各具特点，裂隙隙宽垂向上有随高程逐渐减小的趋势，总体上符合线性变化。

借助岩石 CT 技术和三维激光扫描技术，完成了研究区内 46 个不同类型岩石样品的扫描，提取出 17 个典型裂隙面三维形态数据。使用裂隙面切向、法向双位移量控制的方法，生成激光扫描裂隙面的三维双壁粗糙裂隙模型。

以局部立定定律为理论基础，建立三维裂隙隙宽函数插值渗流模拟方法，提高了计算速度，且效果良好；完成了 15 个典型裂隙面的渗流计算，粗糙度修正系数范围 1.33~8.21。对研究区内 40 个岩石样品进行了渗透率测定，气测法中灰岩渗透率平均值 $7.41 \times 10^{-16} \mathrm{m}^2$，白云岩渗透率平均值 $1.04 \times 10^{-15} \mathrm{m}^2$，且用岩石液测法得到的岩石渗透率远小于气测法结果。

研究区内应用 GEOFRAC 法进行三维裂隙网络的模拟，该方法以序贯高斯模拟法（SGS）模拟裂隙位置的空间分布，以主成分分析法模拟裂隙方向的空间分布，按特定规则连接裂隙元形成三维裂隙面，生成了地表 12 个分区的 66812 条裂隙、地下 8 个分区 7632 条裂隙。裂隙形状采用圆盘模型，组成三维裂隙网络。

　　基于质量守恒定律推导出二维裂隙流和三维达西渗流的跨维度耦合控制方程，保证了数值模型计算域内渗流场压力、速度、质量的连续性。利用离散裂隙和基质（DFM）模型，耦合二维裂隙流和三维基质达西流进行裂隙岩体的渗流数值计算，完成地表12个分区、地下8个分区，共20个DFM模型渗透张量的计算，并使用2个孔组抽水试验结果进行了验证，并对裂隙岩体三维渗透张量计算结果自编程序实现了三维渗透椭球体的可视化。

　　基于渗透张量的二阶对称正定性，推导出各向异性含水介质地下水流动方程二维中心差分法的稳定性判断公式。分析认为，MODFLOW 2005可以完成特定条件下的各向异性含水介质的渗流模拟和计算，且计算速度快。但在基于矩形网格、显式差分格式时计算稳定性相对较差。对比分析River和Drain模块，在需要考虑巷道对地下水补给的情况下选用River模块更为合理。River和Drain模块无法做到对水量变化的快速响应，对River和Drain模块中水量变化起决定性作用的是与含水层间的水头差。

　　对云南个旧高松矿田进行了各向异性含水层渗流场模拟，对比了各向异性和各向同性两种数值模拟计算结果。各向同性状况下巷道涌水量预测值比实测值明显偏大，最大计算误差67.10%；而使用改进渗透张量作为含水层渗透性参数的模型计算结果最大误差小于32.23%。利用渗透椭球体分析了各向异性含水层中地下水数值计算产生偏差的原因。

　　本书由陈刚、徐世光、马玲、龚红胜共同编写完成，其中：陈刚编写第5章、第8章和第9章，徐世光编写第1章和第4章，马玲编写第2章和第3章，龚红胜编写第6章和第7章，全书由陈刚统撰定稿。

　　本书内容涉及的项目以及在编写过程中得到了昆明理工大学、云南财经大学、云南锡业股份有限公司等单位的大力支持，云南财经大学的刘春学、吕磊、邓明翔，云南省地质矿产勘查开发局的郭良、徐洪涛、范绍能，云南锡业股份有限公司的朱文捷、康德明、唐国忠、卢磊、陆荣宇等人，以及昆明理工大学的倪春中等人都给予了极大的支持。西南大学的叶许春，地科院岩溶所的巴俊杰，昆明学院的李春雪、李晨晨，云南坤润地勘公司的罗凤强等人对本书也提供了很多帮助；昆明理工大学的李峰、薛传东、张世涛、杨溢、范柱国、燕永锋、陈爱兵等人，云南大学的谈树成、周余国等专家学者提出了很好的意见和建议。在此一并表示由衷的谢意。

本书涉及的研究项目得到了国家自然科学基金（NSFC）项目（项目号：41562017）"基于裂隙三维空间分布的矿区地下水流动模拟研究"以及云南锡业股份有限公司的研究项目资助。

由于作者水平有限，书中不足之处，恳请读者批评指正。

作　者

2021 年 6 月

目　　录

1 绪 论

1.1 概述

随着社会经济的发展，城市供水、地下水污染扩散、矿山疏排水、地热能源的利用、核废料的填埋等众多领域，都对地下水分布、渗流的认知提出了新挑战。分布于岩体裂隙中的地下水是水资源的重要组成部分，受基岩中裂隙多尺度性，三维空间分布和单裂隙隙宽、粗糙性、充填物等性质的影响，基岩裂隙中的地下水分布具有强烈的尺度效应、不均匀性和各向异性。相较于松散岩土中的孔隙水，裂隙水的渗流要更为复杂和多变。以均质各向同性渗透介质为研究对象的各类计算方法直接用于各向异性的裂隙水渗透介质时，必然会造成较大计算误差。基岩裂隙水的渗透特性极为复杂，需要在单裂隙渗透性、裂隙网络模拟、岩体裂隙网络渗透性等研究的基础上，才可能更为准确地计算出裂隙岩体的等连续介质的渗透系数张量。

非均质地下水流场产生的主要因素之一，就是岩体裂隙以及所形成的裂隙网络中地下水渗流的非均匀性和复杂性，大量学者的研究工作取得了丰硕的成果。从 20 世纪 40 年代苏联学者的研究发现光滑平板中水流的运动符合立方定律开始，人们逐渐认识到裂隙渗流的复杂性。详细研究清楚一条裂隙的渗透性，需要获得裂隙的粗糙性、开度、充填物等多个参数才能得到较好认识。然而，复杂裂隙面形态造成单裂隙渗流符合局部立方定律而并非都符合整体立方定律，如何计算裂隙渗透性便成为一个问题。

岩体中的裂隙往往由若干条裂隙以复杂的空间形态展布并相互交叉，形成岩体裂隙网络。裂隙的形成受成岩、构造、风化等因素的影响，不但其尺度大小差异极大，而且规律复杂，因此岩体裂隙网络的三维空间分布获取、模拟和生成，一直是岩体裂隙网络渗透研究的热点和难点。人们在观察自然界的岩体裂隙时，仅能看到岩体出露面上的裂隙迹线的分布，而其内部裂隙形态、分布很难获取。通过研究已测量出的裂隙数据，取得其分布规律后，利用计算机模拟出裂隙空间展布、裂隙网络的连通性，是非常关键的研究内容之一。常规的裂隙网络模拟多是简单地基于蒙特卡罗随机分布模型，而三维空间裂隙的位置、方向、连接性等属性各有不同分布规律，并且相互联系。模拟生成合理的、有代表性的裂隙网络是一个复杂的计算和分析过程，而不能简单地随机模拟。

获得岩体裂隙网络三维形态后，需要对岩体的渗透性进行研究和分析。岩体中的裂隙少则十数条，多则几百上千条，如何准确地获得岩体的渗透参数是后续工作的基础。常见岩体渗透性研究方法主要有离散介质、等效连续介质、双重介质 3 大类方法，其中更适合应用于较大范围地下水流模拟研究的是等效连续介质方法，可以获得代表岩体渗透性的岩体渗透系数张量，这一参数可以反映岩体渗透性大小及其方向性。常见渗透张量计算方法有裂隙几何参数法和离散裂隙网络法。裂隙几何参数法很难顾及裂隙的连通性问题，且可扩展性弱。离散裂隙网络法容易造成三维裂隙网络降维为二维裂隙网络，计算过程中子模型数量过多，方法可扩展性较弱等问题。

地下水渗流理论中有着大量的渗流计算公式或方程组，理想状态下这些公式或方程组的计算结果是完全准确的；然而，自然界的复杂性使得既有的公式很难直接使用，后续发展起来的数值计算方法便是一种近似求解复杂条件下地下水渗流的常用方法。数值计算方法最初是基于各向同性渗透介质的基础上建立的，可以解决多种渗透介质、不同赋存条件、多个源汇项、复杂边界条件下的非稳定流的计算问题。包含岩体裂隙的含水层除上述复杂因素外，各向异性是一个突出特点；数值计算软件是否可以充分体现含水层各向异性的影响，需要从数值计算理论和方法上进行分析和讨论才能最终确定。

针对上述的问题和疑问的讨论，本书通过进一步的探索、理论分析、数值计算和实验验证，希望可以达到以下目的。

（1）探寻一种基于局部立方定律，对小尺度三维空间单裂隙的渗透性进行更为精确的计算和分析的方法。

（2）在大量地表、地下岩石裂隙的实测数据的基础上，综合中尺度裂隙的位置、方向、连接性的发育规律及相互关联的多尺度三维裂隙网络模拟方法，使裂隙网络模拟结果更为合理和准确。

（3）基于离散裂隙和基质（DFM）模型的裂隙岩体渗透系数张量数值计算方法的理论计算公式，耦合二维裂隙流、三维达西流两种物理模型的岩体渗透张量数值计算方法，并分析裂隙流、达西流耦合控制方法，使其具有更进一步的扩展应用潜力。

（4）从数值计算方法的理论公式分析数值计算方法的特点，建立一个基于岩体渗透张量参数的地下水渗流数值模型，并讨论其合理性。

本书从小尺度的单裂隙形态特性提取、渗透性研究开始，扩展到中尺度岩体裂隙网络的渗透性计算。最终归结到研究区范围内大尺度的地下水渗流场的模拟计算。希望可以探求一种多尺度三维空间裂隙分布的地下水渗流场的流动模拟方法，使该方法可以显著提高地下水类型以基岩裂隙水为主的渗流场的计算精确性；而基于裂隙流和达西流耦合的 DFM 模型计算方法，不仅限于地下水的渗透张量计算，而且可以扩展应用于更多的相关领域。

本书内容是依托国家自然科学基金（项目编号：41562017），"基于裂隙三维空间分布的矿区地下水流动模拟研究"以及企业项目"云南省个旧市松树脚锡矿水文地质调查"研究成果所编写的。

1.2　研究现状

本节分别从单裂隙水力学特征、裂隙多尺度三维空间分布模拟、裂隙岩体渗透特征、地下水流动数值模拟方法及软件等方面，综述了它们各自的国内外研究动态及现状。

1.2.1　单裂隙水力学特征

根据地下水的渗流介质，单裂隙水可划分为孔隙水、裂隙水和岩溶水 3 大类，其中分布范围最为广泛的是裂隙水。Louis 提出了岩石水力学的概念，岩石水力学是专门研究水在裂隙岩石中运动规律的科学[1,2]。岩石与岩体本质上区别很大，岩体是岩石的集合体，包含了其内部存在着的节理裂隙、断层以及不连续面。相对于岩体而言，岩石的渗透性非常弱，而岩体渗透性取决于其内部节理、裂隙的发育程度。一般岩体裂隙的渗透性很强，是其内部岩石渗透性的百倍以上[2]。对于岩体渗透性的研究，首先必须研究单裂隙水的水力性质，然后再逐步深入。岩石中的裂隙受其形成环境的影响，其几何特性十分复杂。

1.2.1.1 单裂隙稳态和非稳定渗流

自然界中的岩石裂隙形态复杂，将裂隙进行简化或抽象可以极大地方便研究。裂隙水力性质研究早期，使用两个光滑平行板形成的缝隙作为裂隙的简化模型，这种实验方法是苏联学者在 1941 年提出的。后来，西方学者 Pomm、Snow、Louis 等人对裂隙水力学进行了开创性的实验和理论研究，发现由光滑的平板构成的裂隙流量与裂隙宽度的三次方成正比，这就是著名的立方定律[1~6]。后续学者在研究岩石单裂隙流时，多以立方定律为基础开展研究工作。

立方定律是基于光滑平板推导而来，而实际上岩体裂隙表面粗糙不平，因此需要根据岩石裂隙粗糙性对立方定律进行修正。由于地下水流有时为非达西流，并且其复杂程度远大于达西流，目前使用的经典非达西流基本方程有两类：一是 Forchheimer 公式，又称二次方程；二是 Izbash 方程，或称幂函数方程[7]。

Skjetne 等人[8]通过实验提出，在粗糙裂隙中的高速流建议采用 Forchheimer 公式。王媛[9]设计实验专门研究高流速下的光滑平板流中水流的运动状态。Qian [10]，Brackbill[11]等人分别设计了大型平板流实验系统，并模拟自然界中的粗糙单裂隙流运动状态。Vassil-ios[12]通过实验研究了光滑裂隙和人工粗糙裂隙中的水流的流动行为，验证一维流动的假设。其实验结果与 Qian、Brackbill 等学者基本一致，只是几位学者实验系统测定的粗糙度范围和雷诺数范围不同。此外，通过实验证明了 Forchheimer 和 Izbash 方程充分描述的流动条件，并估算了这些方程的适当系数[12,13]。由此说明，裂隙中的水流状态会随着隙宽、粗糙度、雷诺数（Re）等条件发生改变，从层流转换为紊流。

1.2.1.2 单裂隙渗流能力的影响因素

影响裂隙渗透性的主要因素有粗糙性、开度、应力、充填物以及多场耦合等，裂隙粗糙度和开度问题是研究相对较多的方面。裂隙开度也即裂隙隙宽，是对裂隙渗透性影响最强烈的因素，隙宽的大小不但决定了裂隙渗流的能力，还直接影响到裂隙内部流体的渗流状态。除裂隙开度外，裂隙粗糙性是另一个强烈影响裂隙渗流性能的因素。对于裂隙粗糙性的描述方法很多，可归纳为 3 大类：凸起高度表征法、节理粗糙度系数 JRC 表征法和分数维表征法[14]。随着激光测量技术、高精度岩石 CT 扫描技术的发展和计算机性能的提升，对于岩石裂隙表面形态信息获取众多研究者更倾向于新技术的应用。Li[15]、Zhou[16]、Shu[17]等学者应用高精度的激光扫描技术、高精度岩石三维 CT 扫描技术获取粗糙岩石裂隙表面数据，可以更好地反映真实裂隙表面形态，为进一步精细化研究粗糙裂隙渗透性提供了基础数据支持。

1.2.1.3 单裂隙渗流研究的方法

单裂隙渗流的研究方法大体可分为 3 种，分别是理论研究、实验研究和数值研究。参考多位学者的文献[1,9~12,18~21]，从单裂隙流立方定律的提出以及裂隙中非稳定流计算方法等研究成果，主要就是依赖于实验结合理论推导而完成的。裂隙的实验研究方法又可以分为光滑平行板、粗糙平行板、天然岩石裂隙、人工岩石裂隙、人工模拟岩石裂隙等多方法。理论研究多以描述流体运动的 Navier-Stokes（简称 N-S）方程为基础，设定不同的假设条件以及结合实验成果开展研究。

随着计算机技术的发展，数值模拟研究方法逐渐丰富起来，利用计算机数值模拟方法的可重复性、便利性、高效性等特点已有很多学者做出了优秀的研究成果。王媛[22]针对粗糙裂隙面凸起高度值用千分表测量，隙宽取平均值计算出等效隙宽；然后使用有限元法进行数值模拟，裂隙渗流方程遵循立方定律，结论认为在应力作用下粗糙裂隙隙宽值应考虑上下裂隙面的接触面积影响。熊祥斌[23]通过总结国内外学者研究发现，大多数数值模拟假设立方定律在局部区域内仍然成立。速宝玉[24]利用 COMSOL Multiphysics 软件成功地模拟了二维渗流-化学溶解耦合渗流实验，实验结果认为在考虑化学作用下裂隙渗流是一个逐渐加速的过程。朱红光[25]指出，立方定律只有在裂隙隙宽波动极小的情况下才能近似成立，在隙宽波动大的区域需考虑粗糙性对流体流动的影响；裂隙流可使用 N-S 方程描述，并使用 COMSOL Multiphysics 模拟裂隙流，据此提出了一种粗糙裂隙的多平板离散理论模型，可以有效地适用局部立方定律。陈雷[26]认为，在粗糙单裂隙渗流中，水力梯度和流速呈非线性关系，可以使用 Forchheimer 公式表达；利用 Fluent 计算流体力学软件模拟了单裂隙流，提出达西-非达西流演变临界雷诺数与粗糙度和隙宽的经验公式。上述学者基于数值模拟研究方法开展了裂隙渗流研究，均取得了优秀的研究成果。

综上所述，单裂隙流的研究从流体流动状态上看，从单考虑层流状态向层流、非稳定流综合方向发展；裂隙中流体流动描述方程从立方定律向 Forchheimer 公式，甚至直接使用 N-S 方程逐渐发展；裂隙渗流影响从光滑平板流的隙宽向粗糙裂隙的多角度隙宽定义发展，并且更为细致地对裂隙粗糙度、充填物、应力条件作为影响因素进行了研究；此外，单裂隙渗流也不再只局限于流体的渗流，而是考虑化学、应力、温度的多场耦合渗流。

1.2.2　裂隙网络三维空间分布模拟

对于岩体裂隙三维空间的表征，一般需要其空间位置、尺寸、形态、裂隙面产状等因素。裂隙的空间位置可采用裂隙面中心点在笛卡尔坐标系中的位置坐标来表示。天然裂隙的真实形状无法确定，但一般可以近似地看作平面或曲面；其形状上，Dershowitz[27]认为是不规则的多边形，而 Einstein[28]认为是薄圆盘。由于薄圆盘有利于模拟研究，因此这一观点使用最广。裂隙网络的研究主要集中在裂隙网络的密度、连通性以及模拟等方向，岩体裂隙网格的合理性对研究岩体渗流起关键性作用。对于岩体裂隙网络模拟方法总结归纳如下：

1.2.2.1　基于裂隙网络分形特性模拟方法

Odling[30]对不同尺寸岩石的一维、二维裂隙渗透性使用计盒法进行了研究，认为不同尺寸之间的裂隙具有自相似性，也即分形特性，这为裂隙网络的模拟提供了重要方法基础。Hestir[31]在假设裂隙是无限长的条件下，研究了裂隙网络的渗流特征，并给出了裂隙密度与渗透临界值之间的关系式。由此可以看出，这些方法均是基于裂隙网络分形特性进行模拟。

1.2.2.2　基于裂隙网络各要素间统计学规律的模拟方法

Long[29]基于所有裂隙的长度和连通性一致的假定，并且在其方向一致的情况下，利用泊松分布函数来模拟裂隙密度和长度，并且建立起其与平均渗透率之间的关系，后来又推广至任意方向和长度的裂隙网络。刘建国等人[32]采用分维和密度参数刻画岩体裂隙网络特征，用来代表裂隙网络复杂程度、裂隙发育的密集程度和裂隙之间的连通程度，认为裂隙网格分维和块体密度分维效果较佳，并存在较好的相关性。吴月秀[33]通过大量数据分析，认为从统计学角度来看裂隙迹长和隙宽符合幂律分布，并利用离散元软件 UDEC 分析了裂隙迹长和隙宽的相关性对裂隙岩体水力耦合特性的影响，给出了一套考虑裂隙参数相关性的裂隙岩体水力学计算方法。McDermott[40]则采用地质统计学方法对裂隙网络进行研究，发现裂隙分布符合对数正态分布，并研究了裂隙网络的分形分布特征，据此模拟了离散裂隙网络。离散裂隙网络符合自然界的岩体裂隙分布，更有利于处理复杂裂隙网络。

1.2.2.3 随机裂隙网络模拟方法

利用岩体局部节理裂隙的几何特征，根据其统计参数构造节理裂隙网络，在最近几年有了很大的进步和发展，也引起了许多学者的关注。潘别桐[34]教授探索了利用 Monte-Carlo 法生成的随机结构面网格。周维恒[35]提出裂隙网络具有自协调性，并利用该方法生成了三维裂隙网络计算机模型。陈剑平[36]讨论了在计算机上实现结构面三维网络仿真的基本原理，为后续学者进一步研究裂隙三维网络的生成提供了较大的帮助。周皓[37]运用概率论和统计学分析裂缝分布和组合特征，运用蒙特卡罗方法对三维裂缝网格进行随机模拟，建立了三维裂缝网络的随机模拟模型。吴月秀[18]提出了一种新的粗糙裂隙网络模拟方法——SAW 法，该方法除考虑裂隙网络特征外，还考虑到了粗糙裂隙的凸起高度、JRC 值等因素的影响，最终建立的裂隙网格更贴近于真实情况。陈志杰[38]在大量岩体节理和裂隙野外调查的基础上，分析了裂隙等密度图，得到了结构面的优势赋存情况，并用直接法生成具有特定概率分布的随机变量，使用计算机模拟了与岩体中裂缝分布相一致的裂缝网格。

1.2.2.4 裂隙网络等效管流模拟方法

Berkowitz 和 Scher[39]根据粗糙岩体裂隙中出现的沟槽流现象，把裂隙面的流动等效为管道流进行研究，并以此把裂隙网络几何形态与管道网络结合起来。

1.2.2.5 裂隙网络多因素模拟方法

目前对裂缝空间分布（网络）的研究存在很大的局限性。大多数方法使用高斯分布、泊松分布和布尔运算等随机过程来生成或基于这些随机过程来生成裂纹的位置和方向，并用观察到的岩石裂隙作为随机模拟的样本边界条件[41]。然而，裂缝的空间分布具有众多独特的性质，如不均匀性、继承性、等级性、尺度不变性等[42]，因此出现了许多能够反映这些特征的模拟方法。例如，Long[43]对岩体裂隙非均质产生过程采用变异函数模拟，Billaux[44]对裂隙的主次关系采用亲子过程模拟，Clemo[45]对裂隙的分形网格采用 Levy Flight 过程构建，Acuna[46]对裂隙的分等级特性使用随机迭代函数模拟，Riley 对裂隙的分布模式采用基于规则的统计方法来模拟，Tran[47]对裂隙属性的分布用综合条件全局优化法模拟。

1.2.2.6 裂隙网络多尺度空间模拟方法

当前关于裂隙的模拟方法主要局限在一维和二维空间中，因为所能使用的数据多是通过钻孔或岩墙等获取的一维或二维样本资料。真正的三维方向变量样本数据难以观察，主要是因为自然界的岩体在大多数观测方法前是不透明的。γ 射线扫描、X 射线扫描、核磁共振波谱法（NMR）、同步加速器等是少数几个可以观察岩体内部裂隙的发育情况的方法，但同样存在问题，这些方法能观测到的样品尺寸非常小（纳米、微米级），无法满足实际应用中最重要的中等尺度裂隙（米级别、千米级）研究的需要[48]。

鉴于此，有必要研究不同维数、不同尺度、不同尺度下方向变量之间的联系和转换，以便将其他尺度或尺度上容易获得的观测数据用于中尺度上，获得更高精度的模拟结果。对不同维度、不同尺度方向变量之间关系的研究，目前还处于探索的初级阶段，还存在许多不足之处；许多研究只是提出了初步的想法和非常理想的模型[49~61]。

这主要是由于许多研究太过重视对单裂隙面的性质机理探讨，只是针对裂隙网络某个特征进行近似模拟，而对更重要的岩体裂隙网络的跨维度、跨尺度研究则重视不够。

1.2.3 裂隙岩体渗透特性

在对单裂隙渗流研究认识的基础上，众多学者开展了对裂隙岩体渗透特征的研究工作。在过去的二十年，在岩体裂隙网络渗流数值模型方面，国内外的学者开展了大量的研究工作。根据 1996 年美国国家科学研究委员会的划分方法（National Research Council），岩体裂隙渗流模型分为以下三种基本的类型：（1）等效连续体模型；（2）离散裂隙网络渗流模型；（3）联合上述两种模型的混合模型。我国学者做了一些修改，认为根据处理地下水渗流方式的不同，分析模型基本包括以下三大类：（1）等效连续介质渗流模型；（2）离散裂隙网络渗流（DFN）模型；（3）双重介质渗流模型[62]。

1.2.3.1 裂隙网络渗流

岩体裂隙网络的渗透并非只是简单的叠加关系，田开铭[63]通过对不等宽交叉裂隙的渗流实验发现偏流现象，并从理论上推导证明这一现象的存在，开创性地提出了裂隙水偏流现象。这种现象是：隙宽较小的水流通过交叉点后部分水流入隙宽较大的裂隙中，窄裂隙流量减小，宽裂隙流量增大而产生的偏流现象。朱红光[64]基于立方定律，推导了交叉联接方式的流量计算方法，利用数值方法模拟交叉流流体特征，认为裂隙交叉角度、裂隙隙宽和雷诺数影响交叉裂隙的过量压力降损耗，其中雷诺数影响最明显，并得出交叉流准确流量计算公式。

王媛[65]在进行隧洞涌水预测时，使用达西流和非达西流（Forchheimer 公式）两种渗透理论分别进行了计算，对比研究结果发现：当隙宽（渗透率）较小时，两者偏差不大；当隙宽（渗透率）增大后，达西流与非达西流的最大涌水量皆逐渐增大，而且非达西流所得最大涌水量大于达西流；但对于稳定涌水量，非达西流与达西流的计算结果几乎没有差别。倪绍虎[66]统计分析了某工程大量裂隙岩体钻孔压水试验成果发现，随着埋深逐渐增加，渗透性逐渐降低，且不同部位裂隙岩体的渗透性差异显著降低，埋深越深，渗透性变化越小。倪绍虎[67]认为，不同水压力条件下裂隙岩体的透水性不同，在其试验中发现一定压力条件下，裂隙岩体的水头压力和透水量之间呈非线性关系。

从交叉裂隙流的研究结果来看，裂隙网络渗流并不是单裂隙渗流的简单叠加。此外，渗流状态也有恒定流和非恒定之分。

1.2.3.2 等效连续介质的渗流

Long[68]等人对不连续裂隙网络采用等效多孔介质模型进行数值模拟，说明了等效多孔介质模型的使用条件，并认为等效过程包含两个问题，一个是均质等效、一个是各向异性等效。Berkowitz 等人[69]提出的连续体模型丰富了岩体裂隙网络等效连续介质渗流模型。等效连续介质渗流模型是借鉴土力学中达西渗流的概念，将裂隙岩体简化为连续的孔隙介质；采用流量相同的方式赋予裂隙岩体一个等效的渗透系数。该方法的优点是基础理论较为简单、成熟，可用的求解器较多；而且较容易应用到大尺度（千米级）的实际工程中[70]。等效连续介质的使用是基于渗流量相等原则而建立起来的，张有天[1]对裂隙岩体渗流使用等效连续介质的使用条件做了详细的阐述，认为应该：

（1）存在一个 REV 值；

（2）与研究域尺寸相比，REV 值很小；

（3）所研究的问题与时间无关，即只有恒定流才能使用等效连续介质渗流模型。

刘日成[71]研究渗流模型的尺寸效应并确定表征单元体积（REV），得到了 3 种开度分布形式的等效渗透系数椭圆曲线，建立了等效渗透系数方向性的判别标准；认为变化系数（CV）是否大于 5%，是判定岩体裂隙网络渗透系数是否具有方向性的判别标准。

使用等效连续介质模型的关键在于确定岩体渗透系数张量值，对此已经有许多学者做了大量研究工作，如 Snow、Louis[4]、仵彦卿和张倬元[2,72]、张有天[1]等人。Oda[73]提出基于单裂隙的立方定律，在对二维平面内所有裂隙流量进行积分求和后得出研究区域的等效渗透张量的方法。A. Pouya[74]给出了裂隙岩体渗透张量的对称性和正定性，同时指出使用矩形裂隙网络进行渗透张量计算时，由于计算边界为平直会引起渗透张量方向性的偏差；同时，给出了利用椭圆形边界进行二维、三维裂隙岩体渗透张量的计算方法和程序。

He[75]利用人工神经网格和有限元法相结合，分析了单个间断裂隙渗流张量。将所提出的解决方案和反分析算法应用于小湾拱坝基础的渗透率测量和渗流模拟，取得了良好效果。杨建平[76]通过温度—渗流—应力耦合三轴仪对大理岩人工裂隙渗透率随应力及温度变化规律进行了试验研究，获得了大理岩闭合裂隙渗透率随应力、温度的变化趋势及受影响程度。在试验的基础上，通过岩体裂隙网络数值方法研究了裂隙岩体等效渗透系数的尺寸效应及各向异性，获得了该裂隙岩体的等效渗透系数 REV 及渗透张量。Guan[77]基于岩体三维裂隙网络模型和液体耗散能量叠加原理，提出了流体路径算法和裂隙网络等效渗透系数的算法，并讨论了裂隙几何参数对水力渗透的大小、各向异性的影响；研究结果认为，岩体 REV 尺寸主要受裂隙长度、间距和裂隙数量的影响，并把该方法用于锦平一级水电站边坡岩体的研究中。吴月秀[33]利用离散元软件 UDEC 分析了裂隙迹长和隙宽的相关性对裂隙岩体水力耦合特性的影响，通过对计算裂隙网络模型的旋转计算出了二维渗透张量。吴锦亮[78]将基于复合单元法的数值试验和现场单孔压水试验相结合，对裂隙岩体的三维渗透张量及表征单元体积（REV）进行研究，计算岩体裂隙三维渗透张量，并在小湾水电站工程中应用。王晋丽[79]在利用 Monte Carle 模拟技术生成的裂隙网络基础上，基于图论无向图的邻接矩阵判断裂隙网络的连通性，利用递归算法提取出裂隙网络的主干网或优势流路径。基于立方定律和渗流连续性方程，利用数值法计算出了二维裂隙网络的渗透张量。何吉[80]提出裂隙连通率与连通系数的近似转换方法；建立了含单组裂隙岩体的等效渗透张量；基于 BP 神经网络，结合定向压水试验实测资料，提出反演裂隙岩体渗透特性（等效渗透张量）的方法，并通过工程实例验证了该方法。

Louis[6]提出一套量测裂隙水力传导系数的方法，获取岩体渗透张量，即三段压水试验方法。据 Louis 介绍，该方法已在法国若干个工程中应用，并取得成功。Hsieh[81]创立了交叉孔压水试验用于获取局部岩体渗流张量，该方法和技术设备简单，但理论计算较复杂[21]。Papadopulos 提出了各向异性含水层的井流公式，并给出了一阶渗透张量的计算方法[82]。Hantush[83]基于坐标变换法建立了各向异性条件下的井流计算公式。田开铭[21]根据 Hantush 计算方法，基于单纯形法和数值积分方法，反推得到了三维各向异性渗透张量。Wang Xiaoguang[84]提出了一种使用跨孔段塞测试来识别水平各向异性的新方法，通过缩放器变换，各向异性介质被转换成等效的各向同性介质，这一方法更为简便易行。采用这种新方法进行跨孔段塞试验得到的张量结果，与采用经典的 Papadopulos 方法在相同井中进行的跨孔泵送试验得到的张量结果一致。郭良[85]通过野外对岩溶洼的发育特征以及岩体裂隙产状研究，总结了渗透张量各主值平面的变化规律，对控制渗透张量变化的因素做了初步分析，并通过对比室内渗透实验的结果和理论计算的数值，推导出了深部渗透张量三维化的计算方程。

综合前人的研究，把岩体裂隙网络处理成为等效连续介质渗流的方法重点是获得岩体 REV 值和渗透系数张量。确定这两个重要参数的方法总体上有以下 3 种方法：

（1）用单裂隙渗流积分求和的几何参数法；

（2）利用岩体离散裂隙网络进行数值计算的裂隙网络法和反分析法；

（3）由三段压水试验、多孔交叉抽水试验、岩溶特征调查分析等方法组成的现场测试法。

由于离散元计算方法逐渐成熟且操作相对简单，裂隙网络法目前应用最为广泛。现场测试法仍然是与实际情况相对较准确的方法，所以对于重大工程往往会使用现场测试法，但测试费用消耗量大，且测试结果仅能代表试验点附近局部岩体的渗透特性。

张有天[1]明确指出，对非恒定流，因所研究的是时间相关问题，等效连续介质模型就不再适用；主要是因为，将裂隙渗流平均到岩体，达西流速将大大减小。李亚军[87]也提到，由于等效连续介质模型没有考虑基质岩块的渗透性，因此，如果岩体介质中存在孔洞，直接使用时存在较大困难。

1.2.3.3 裂隙网络多重介质模型

朱珍德[13]在总结前人研究成果的基础上提出，针对岩体渗流模型的研究方法主要有 4 种趋势：

（1）由裂隙网络系统和岩块孔隙系统共同组成双重介质；

（2）把裂隙岩体当作连续介质特性的物质；

（3）不考虑孔隙系统，把岩体当作裂隙网络介质；

（4）认为裂隙岩体是由小型裂隙（数量多、密度大的小型裂隙）和大中型裂隙（数目较少的起主要导水作用）共同组成的分区混合介质。

这 4 种处理方法对应着 4 种渗流计算模型，即裂隙-孔隙双重介质模型、等效连续介质模型、离散裂隙网络模型和分区混合介质模型。仵彦卿[2]对裂隙岩体介质渗流模型也有类似划分，分为裂隙等效连续介质渗流模型、裂隙网络渗流模型、双重空隙介质渗流模型、双重渗透介质渗流模型（细分为狭义双重渗透介质模型和广义双重渗透介质模型）。Abdassah[86]提出了三重介质渗流模型，即把带有孔洞岩体介质划分为 3 个平行的连续性介质：高渗透裂隙介质、低渗透岩块介质和溶洞介质，各介质区域间通过拟稳态窜流函数联系起来。只是三重介质模型计算太复杂，使其推广受限。此外，大量的研究表明，仅增加介质的重数并不能从根本上解决复杂介质的渗流问题[87]，主要原因是介质尺度、分布密集度及不同介质间的组合关系，决定研究域并不一定适合处理为连续介质；再者，孔隙空间的尺度决定研究域内的流动不一定都适合达西定律。

对于双重介质模型大体可以分为两大类[13]：裂隙-孔隙双重介质模型和分区混合介质模型（分别对应于仵彦卿[2]提出的双重空隙介质渗流模型和双重渗透介质渗流模型）。裂隙-孔隙双重介质模型的基本假定是岩体裂隙、孔隙均匀分布，每一微单元体中，裂隙与孔隙的体积比不变。该模型中，裂隙岩体由裂隙系统（空隙性差而导水性强）和孔隙系统（空隙性好而导水性弱）共同构成，在裂隙、孔隙交界处存在着双重水头，一个是该点附近裂隙介质中的流体水头，另一个是该点附近孔隙介质中的流体水头，水头差异与介质的相对渗透系数有关。该模型考虑了两系统之间的水交替过程，基于 Darcy 定律分别建立各系统的水流运动方程，利用两类系统之间的水交替方程将其联系起来。因为流量交换是由两系统的水头差引起的，所以必须在其控制微分方程中引入一个反映双重介质间流体交换强度的交流系数，这造成计算的复杂性。该模型未能考虑裂隙岩体渗流的不均匀性和各向异性，且假定渗流场中每一点存在两个渗透压力，不符合实际，理论上也存在缺陷。

裂隙-孔隙双重介质三维地下水运动的微分方程[88]：

$$\mu_{s}^{a}\frac{\partial H_{a}}{\partial t} + \mu_{s}^{r} r\int_{0}^{t} e^{-r(t-\tau)}\frac{\partial H_{a}}{\partial \tau}d\tau = \frac{\partial}{\partial x_{i}}\left(K_{ij}^{a}\frac{\partial H_{a}}{\partial x_{j}}\right) \tag{1-1}$$

式中，K_{ij}^{a} 为主干裂隙介质的渗透系数张量；μ_{s}^{a}，μ_{s}^{r} 分别为主干裂隙介质和分枝裂隙介质的储水率；r 为迁移系数，$r = \dfrac{c}{\mu_{s}^{r}}$，$c$ 为比例常数；t 为时间；下角 i，j 为常数，i，j=1、2、3。

和一般裂隙介质地下水运动微分方程相比较，式（1-1）增加了左边第二项，它是一个和时间有关的量，称为迟后效应。

分区混合介质模型认为，裂隙岩体是由数目众多、密度较大的小型裂隙和数目不多的起主要导水作用的大中型裂隙组成的分区混合介质。在计算域内对小裂隙使用等效渗透介质进行处理，对大中型裂隙使用离散裂隙网络模型进行处理，然后根据两类介质接触处的水头连续性以及流量平衡原则来建立耦合方程进行求解。该模型集中了等效连续介质模型和离散裂隙网络模型的优点，是一个应用前景较广的裂隙渗流模型[13]。

分区混合介质模型中的小型裂隙采用等效连续介质模型，使用常规地下水运动微分方程即可，而对大中型裂隙的处理则要复杂一些。对恒定流，岩体裂隙网络流模型均以单裂隙水流的线性立方定律为基础建立起来，其计算方法如有限元法、图论法、线素法、张量法等。对于非恒定流，裂隙中的水流为紊流状态，其雷诺数很大，不再满足线性立方定律，流量与水力梯度不再成正比，而呈复杂的非线性关系。由于非线性流的复杂性，至今仍没有一个统一的公式来更好地描述这种流动，其中两个常用的公式模型为 Forchhimer 公式及指数型公式，其形式分别为[88]

$$J = a_{1}v + a_{2}v^{2} \tag{1-2}$$

$$v = cJ^{d} \tag{1-3}$$

式中，v 为渗流速度；J 为水力梯度；a_{1}，a_{2}，c，d 分别为与裂隙和流体有关的常数。

对光滑平直单裂隙中的紊流状态水流，指数型公式的具体形式为

$$v = \frac{gb^2}{12v_w}J^{\alpha} \tag{1-4}$$

式中，α 为系数，$0.5 \leqslant \alpha \leqslant 1$，完全紊流状态时 $\alpha = 0.5$，层流状态时 $\alpha = 1$（线性立方定律）。

为方便计算，可以把上述 3 个公式改写为以下 3 个公式：

$$v = \left(\frac{\sqrt{a_1^2 + 4a_2J} - a_1}{2a_2J} \right) J \tag{1-5}$$

$$v = (cJ^{d-1}) J \tag{1-6}$$

$$v = \left(\frac{gb^2}{12v_w}J^{\alpha-1} \right) J \tag{1-7}$$

岩体裂隙网络中，根据水量平衡原理，可得其中某一结点 i 处的稳定水流方程为

$$\left(\sum_{j=1}^{n_i} q_j \right)_i + Q_i = 0 \quad (i = 1,2,\cdots,n) \tag{1-8}$$

式中，q_j 为线单元 j 流入（为正）或流出（为负）结点 i 的流量；Q_i 为结点 i 处的源（汇）项。其中，q_j 可以根据不同条件分别选用式（1-2）~式（1-4）计算得出。

对岩体裂隙网络恒定流和非恒定渗流的计算，近几年国内外学者也做了大量的研究。张奇华[89]采用新的算法解决了如何获得岩体裂隙网络结构面相交形成的裂隙渗流通道、如何计算二维任意形态区域渗流问题，实现了三维任意结构面网络渗流计算，丰富了恒定流条件下的岩体裂隙网络计算方法。叶祖洋[90]为了求解裂隙岩体有自由面非稳定渗流问题，建立了三维裂隙网络非稳定渗流问题的抛物形变分不等式方法，并证明其与偏微分方程方法的等价性，降低了该问题的求解难度。刘日成[91]基于人工交叉裂隙模型，通过室内透水试验，利用电荷耦合元件照相机可视化技术，对流体在两条裂隙交叉点内的非线性流动现象和特性进行了研究；建立两种不同的离散裂隙网络（DFN）模型，考虑两种边界条件，改变模型进口和出口之间的压力差，直接求解 N-S 方程，对 DFN 的非线性渗流特性进行研究。Michael[92]基于精细离散岩体裂隙网格（DFN）研究了降雨条件下隧洞内渗水量问题；研究表明，降雨量与隧洞涌水量是非线性问题，具有降雨量阈值，并有滞后性。Feng[93]把岩体裂隙网络等效为管道网络后，对地下水渗流进行了研究；研究表明等效后的计算精度很高，同时可以简化计算过程，是一种有效的数值模拟方法。张燕[62]基于 N-S 方程和两相流渗流理论，利用计算流体动力学平台以 Open FOAM 为研究工具，对大开度裂隙网络非线性渗流进行了深入的研究；其研究考虑了气液两相流的影响，认为采用两相流理论精细求解米级尺度的裂隙岩体内的非线性渗流过程是可行的。Chaabane[94]研究耦合 N-S 方程和 Darcy 公式的数值计算方法。Fujisawa[95]采用 Darcy-Brinkman 方程和界面流速的连续模型，并将有限体积法应用于空间离散化，将分步法应用于不可压缩流体的数值模拟，以此实现了多孔介质渗流和 N-S 渗流同时计算的数值方法。因此，上述 3 位学者的研究成果丰富了非线性渗流的数值计算方法。

综合上述文献，近年来对多重介质渗流的研究越来越多的学者是根据流体的运动状态来划分渗透介质。总体是，依据稳定渗流（Darcy）、非稳定渗流[96,97]（Forchhimer、Izbash、Brinkman 公式描述等）、紊流[98,99]（N-S 方程描述、多相流等）3 大类渗流状态划分渗透介质，研究工具也更多地借助于计算机数值模拟计算。

1.2.4 地下水流动数值模拟

一般情况下，对于一个实际问题数学模型有两种方法求解，分别是解析法和数值法。对于一个描述实际地下水系统的数学模型，由于其边界条件、数值模型过于复杂，多数情况下很难找到它的对应解析解，只能借助于数值方法，即在有限个离散点（称为结点或节点）和离散时段上的近似解出对应的数学模型，这种方法称为数值解[100~102]。求解复杂地下水问题的数值方法有很多种，但根据其发展成熟程度和通用性，有限差分法（FDM）和有限元法（FEM，也称有限单元法，有限元素法）是使用最为广泛的两种数值方法。有限元法是使用相对简单的试函数近似地直接求解数学模型的方程组，而有限差分法是使用差商近似代表数学模型中的各偏微分项，从而求出方程组的解。除上述两种使用范围最广的方法之外，边界元法（BEM）、积分有限差分法（IFMD）、特征线法（MOC）等也可用于求解复杂数学方程组，但只有有限差分法和有限元法能处理计算地下水文学中的各类一般问题[103~105]。除此之外，格子 Boltzmann 法（LBM）[106]、有限体积法（FVM）[103,104]也可以用于求解地下水流动的特定问题的数学模型。

一些学者对于特定问题研究时也会以自行开发新的数值方法的方式进行，Chaabane[94]在研究 Darcy 公式和 N-S 方程耦合时，开发了基于有限单元法的新的数值离散方法，使其数值方法可以用于 2D、3D 模式下的分析，并且还可以用于粗糙接触面。叶祖洋[90]针对地下水流偏微分方程提出了抛物形变分不等式方法，并开发了基于有限元法的数值计算程序。朱红光[25]采用 COMSOL Multiphysics 基于有限单元法（FEM）的多物理场数值模拟工具，研究粗糙单裂隙流特征。师文豪[107]基于有限元弱形式和有限体积法耦合积分方程，提出有限元和有限体积法相结合的数值计算方法，应用 FEPG 有限元软件编译 FORTRAN 源程序，模拟突水瞬态流动全过程。Maria[108]在有限差分法软件 MODFLOW 基础上，建立了基于速度导向方法（VOA）求解三维地下水流动方程，明显提高了垂向上 Darcy 流速的精度。Hong[109]基于离散裂隙网格（DFN）思想，建立各单元结点水流均衡方程，直接利用 Newton-Raphson 迭代法求解全域地下水流动方程。

上述各种数值法是针对地下水数学模型的求解方法，每种方法都会对应于一种或多种具体实现的软件。此外，对于不同研究尺度和研究对象而言，各方法的实用性也不尽相同。除有限差分法（FDM）和有限元法（FEM）外，其他方法目前较少见到用于整个地下水系统研究领域的报道，而只针对某一具体地下水流动现象。

对各种数值方法的计算软件很多，基于有限差分法（FDM）原理而开发的软件有 MODFLOW，Visual Modflow，GMS，Visual Groundwaters，MODFLOW-Surfact 等；基于有限单元法（FEM）原理开发的软件有 FEFLOW，Connectflow，PGMS，SWIFT for windows，VS2DH，FracMan、Fractran 等[110]；采用积分有限差分法（IFMD）的软件有 Tough2，对应的商业软件为 PetraSim[111]。采用有限体积法（FVM）的软件有 Fluent[112]，OpenFOAM 开源软件等计算流体力学软件也可以用于研究特定的地下水流问题。

MODFLOW 是由美国地质调查局开发的通用开源地下水处理软件，是现有地下水数值模拟应用最为广泛的软件；在其基础上开发的可视化商业软件 Visual Modflow、GMS 更为地下水领域科研和工程人员所熟知。这两个商业软件中包含了各种功能的计算模块，例如：用于水流模型计算模块的 MODFLOW、MODPATH、UTEXAS、Seep2D、FEMWATER；

用于溶质模型的 MT3DMS、SEAWAT、RT3D、SEAM3D、MODAEM、FEMWATER；模型辅助模块 PEST、Parallel PEST、T-PROGS 等。

美国 Hydrogeologic 公司基于三维有限差分法开发了 MODFLOW-Surface Flow and Transport 软件用于地下水流和溶质运移模拟，对比 MODFLOW 该软件在功能上有了很大的提高，具有裂隙井模块、物理模拟功能、双重介质模型，并且还能完成复杂的饱和/非饱和地下水流分析、污染物运移的计算以及拥有合理的模型架构。英国 Serco 有限公司基于有限元原理开发的 Connectflow 地下水模拟软件，包含 NAMNU 模型（多孔介质建模及数值模拟）和 NAPSAC 模型（离散裂隙网络渗流模型建模及数值模拟）两个具有特色的模型[110]。

1970 年，德国水资源规划与系统研究所（WASY）推出了基于有限元法的 FEFLOW 软件，可以完成以达西定律、立方定律为理论基础的离散裂隙网络的水流、溶质及热运模拟工作。Golder 联合公司专门针对离散裂隙网络模型推出了 FracMan 软件，该软件可以完成离散裂隙网络模型水流与溶质运移的模拟工作；可以模拟研究区内每一条裂隙的几何形状，能够较为真实地刻画裂隙介质中水流及溶质的运移特征。

1998 年，加拿大滑铁卢水文地质公司基于拉普拉斯变换的克里金有限元法开发了 Fractran 软件，该软件可以处理岩体裂隙网络，并随机给定生成裂隙网络的集合特征等。为了探寻高放射性核废料深地质处置工作，美国伯克利劳伦斯国家实验室开发了 Tough2 软件，基于积分有限差分法进行空间离散，可以完成多重尺度下裂隙介质中水流、热、盐、放射性核素运移的多相多场耦合的模拟工作，并且利用内置几何数据可以实现适应不同裂隙介质需要的模拟。2000 年，HIS 地质公司采用耦合模型思路，开发出 SWIFT 软件，可以模拟三维条件下地下水流动以及热、盐、放射性核素等在多孔、裂隙等复杂地质介质中的多物理场耦合运移过程[111]。

在研究局部地下水流运动特征时，往往需要联合多个地下水渗流方程进行问题的求解，这种情况没有直接可以使用的地下水模拟软件，只能自己编制数值计算程序或者使用多物理场耦合软件的自动编辑功能来实现。例如，朱红光[25]采用 COMSOL 研究粗糙裂隙水流问题，师文豪[107]应用 FEPG 软件研究巷道突水的多渗流场问题。

随着无线监测网络、遥感监测等技术的快速发展，地下水溶质运移数值模拟正向着大空间尺度、长时间序列、精细化网络剖分趋势发展，普通的个人计算已经无法完成大规模的数值计算工作。例如，程汤培[113]、Abdelaziz[114]利用 JASMIN 框架实现了 MODFLOW-MT3DMS 的并行数值模拟计算。

地下水流动数值计算方法多种多样，在解决实际工程问题时多使用成熟的有限差分法、有限元计算法和商业软件，特点是建模简单、计算快、使用难度较低；缺点是数值计算方法相对滞后，软件是封装好的无法自行修改及其计算方法。当有新的或更为高效的计算方法时，则需要科研人员自行编制计算软件或者使用 COMSOL、FEPG 等多物理场耦合软件进行辅助编程来实现数值计算。当面对管道、大裂隙等介质中地下水流动已处于紊流状态的问题时，则可以使用 Fluent、OpenFOAM 等计算流体动力学软件进行数值计算；而面对大规模的数值计算问题时，并行计算将是今后更有应用前景的方法和手段[115~120]。

综上所述，前人的研究成果丰富且卓有成效，但在以下几个方面还有待进一步的深入和完善：（1）以 N-S 方程为理论基础的单裂隙渗流研究计算过于复杂，而以整体立方定律为基础的单裂隙渗流计算又过于简化，且对裂隙粗糙性考虑有所不足；（2）岩体裂隙网络模拟多以二维裂隙为主，三维模拟较少，且多数直接使用简便的随机方法生成裂隙网络，模拟效果有待改善；（3）岩体渗透张量的常用计算方法有弱化裂隙连通性、二维代替三维裂隙网络、可扩展较弱等不足；（4）地下水渗流模型对含水层各向异考虑不充分等问题。此外，以往的研究多是针对上述问题中某一两个问题的研究，缺乏在同一研究区内多个问题综合性的研究。

1.3 主要研究内容及技术路线

综合前面的讨论和认识，以小、中、大尺度的裂隙为主线，采用理论分析加公式推导，利用数值计算方法得出结果，使用实际数据进行验证的整体研究思路。研究裂隙的技术路线图如图 1-1 所示。

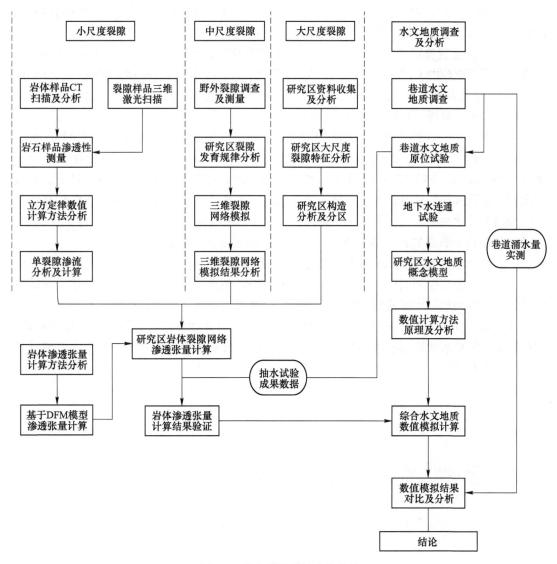

图 1-1 研究裂隙的技术路线图

本书主要的研究内容如下。

（1）小尺度裂隙借助于高精度的岩石 CT 扫描成像技术，通过滤波、阈值判断、二值法等图像处理技术对 CT 数据进行处理，以获得无损状态下的岩石典型单裂隙形态；借助三维激光扫描技术获取高精度的单裂隙表面形态，完成若干条岩石单裂隙三维形态的数字化。生成三维双壁粗糙裂隙模型，以及 CT 扫描数据获取的裂隙三维形态数据；并以局部立方定律为理论基础，建立三维裂隙隙宽函数插值渗流模拟方法，完成高效快速的裂隙渗流计算，获得裂隙面的粗糙度修正系数。

（2）根据收集、调查资料，并对研究区进行合理分区。中尺度裂隙数据采集以研究区均匀细分网格为框架，对地表岩石裂隙的位置、产状、隙宽等参数进行大量实际测量工作；基于裂隙实测数据，对研究区整体及各分区的实测裂隙发育规律进行分析和归纳，得到平面、垂向的裂隙发育规律和特征。

（3）对研究区各类代表性的岩石进行综合采样，使用气体法、液体法，测试岩石样品的孔隙度、渗透率、密度等物理性质参数，完成对岩石基质渗透性的准确认识。

（4）中尺度裂隙网络的模拟利用充足的实测裂隙数据及分析结果，使用基于地质统计学理论的模拟裂隙的 GEOFRAC 法，生成研究区全区三维裂隙网络模型；更进一步分别对地表 12 个分区和地下 8 个分区进行三维裂隙网络的模拟。模拟出的裂隙网络与实测裂隙数据进行对比、分析，以保证裂隙结果的合理性。

（5）基于质量守恒定律推导二维裂隙流和三维达西渗流的跨维度耦合控制方程，保证其模型计算域内渗流场压力、速度、质量的连续性。在此基础上，利用离散裂隙和基质（DFM）模型，耦合二维裂隙流和三维基质达西流进行裂隙岩体的渗流数值计算，完成裂隙岩体渗透张量的计算，实现裂隙岩体三维渗透张量渗透椭球体的可视化。使用现场抽水试验结果对比渗透张量计算结果，以验证计算方法的合理性和准确性。

（6）综合分析研究区各类地质资料，归纳研究区内大尺度裂隙的特征。

（7）基于渗透张量的二阶对称正定性，推导出各向异性含水介质地下水流动方程二维中心差分法的稳定性判断公式；分析 MODFLOW2005 的适应性问题，深入了解数值计算软件的特点，做到地下水渗流数值模拟工作的有的放矢。

（8）使用研究区高松矿田水文地质模型，进行各向异性含水层地下水渗流场的模拟；利用矿山实测涌水量进行模型的验证，并以验证结果分析各向异性含水层地下水渗流计算中出现偏差的原因。

2 研究区概况

2.1 研究区范围及概况

　　个旧矿区是我国超大型锡多金属矿床重要分布区域，位于云南省个旧市，地处环太平洋构造域与特提斯构造域的复合部位。其南北向展布的个旧断裂贯穿个旧矿区，并将矿区分割为东、西两部分。近东西向的断裂控制了个旧矿区东部的五大矿田，即卡房矿田、老厂矿田、高松矿田、松树脚矿田和马拉格矿田[53~56]。高松矿田位于个旧矿区东区的中部，北部以个松断裂为界，南部以背阴山断裂为界，东至甲介山断裂，西到个旧断裂[56]。本书的涉及范围即高松矿田，后文中出现的"矿田"两字如未专门说明，是指高松矿田亦即涉及范围，图 2-1 所示为个旧矿区地质构造纲要图，图 2-2 所示为研究区地质简图（见文后彩图）。

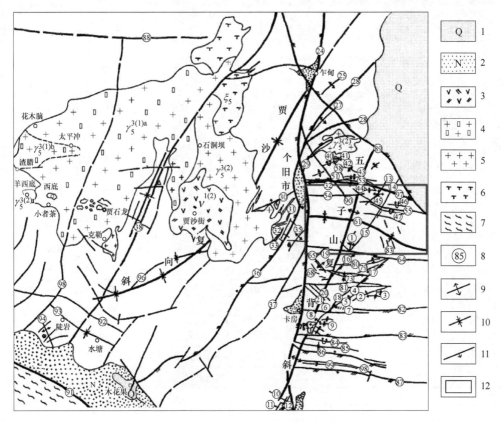

图 2-1　个旧矿区地质构造纲要图

1—第四系；2—第三系；3—辉长二长岩；4—斑状花岗岩；5—等粒花岗岩；6—正长岩；
7—变质带；8—构造编号；9—背斜；10—向斜；11—断层；12—高松矿田（研究区范围）

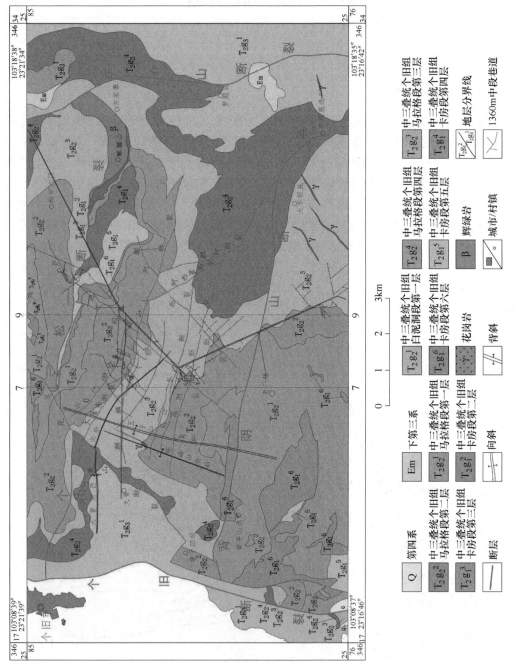

图 2-2 研究区地质简图（综合资料）

高松矿田位于云贵高原的中南部，地势高差悬殊，属溶蚀中山地貌类型；洼地、漏斗、溶洞、落水洞等岩溶现象发育，溶峰多呈椭圆锥状、串珠状洼地及谷地分布于峰丛之间，洼地面形态以椭圆形为主。区内最高海拔 2686m、最低 1300m，山脊较狭窄，山坡坡度 40°～50°。研究区内气候的垂向变化明显，属亚热带山地季风型气候；每年 5—10 月份降水充足，雨季易发生强降雨；年平均降雨量 1293mm，日最大降雨量可达 109mm，雨季时间较长。

研究区主要出露地层为三叠系个旧组（T_2g）碳酸盐岩地层，处于红河与南盘江两大水系分水岭地带，属于麒麟山-绿水河水文地质单元（Ⅱ）。该水文地质单元地层以三叠系碳酸盐岩地层为主，地质构造以北东向和东西向为主。由于红河切割较深，溯源侵蚀能力较强，造成地下水分水岭与地表分水岭不一致，研究区内的地下水主要以地下暗河方式向红河排泄。

云南锡业集团（控股）有限责任公司的松树脚分矿（简称云锡松树脚分矿）位于高松矿田内，也是高松矿田内主要正在生产的矿山。矿田内的云锡松树脚分矿经过数十年的开采，近地表的矿体已基本开采完，现阶段主要集中在矿山深部。矿山现阶段已形成了复杂的地下开拓系统，根据收集的资料显示，矿山开拓系统大体划分为 2095m、1920m、1820m、1720m、1540m、1360m 水平等 6 个中段，各中段之间还包含高度不等的小中段，空间展布异常复杂。其中 2095m、1920m、1820m 水平中段由于停用时间长，巷道多处变形坍塌，已不具备实地调查条件。1720m、1540m 水平基本没有采矿活动，由于矿山生产还需要利用中段内的部分工程，部分巷道保留较为完整；1360m 中段是目前主要采矿中段，部分地段已逐渐向 1360m 标高以下进行开采。各中段之间有数量众多探矿钻孔、溜井、排水井、斜井等工程相连接，各中段分布范围在垂向上重叠的部分已形成一个大的强渗透区，加之研究区的构造发育强烈，形成了一个复杂的地下水渗流场。1360m 中段、1540m 中段、1720m 中段水平主要巷道分布图及研究区内部区域名称如图 2-3 所示。

图 2-3　巷道分布及各区域名称示意图（据云锡松树脚分矿实测资料）

现有的矿山开拓中段高程全部高于区域夷平面，利用较为系统的排水巷道，矿山巷道涌水全部由最低的 1360m 中段集中自然排出。目前，1720m 水平以上坑道已经封闭，坑道口未见水流。区内各巷道均在个旧组地层中开拓，巷道本身即穿越地下水主含水层，在未开拓 1360m 水平巷道时，1540m 水平巷道涌水量极大，但随着 1360m 水平巷道不断开拓，其上部的 1720m、1540m 等水平巷道地下水顺裂隙、溶隙不断下渗，涌水量日渐变小，目前已无坑口排水。

总体来看，1540m 及其以上标高的中段均位于地下水的垂直渗透带中，以小范围滴水、渗水为主，揭露的是渗透带中的裂隙水，有的裂隙涌水点在旱季无水，除部分进入生产水仓重复利用外，剩余部分沿溜井排放进入 1360m 水平坑道统一向外排泄。1360m 水平的排水巷道除接纳高松矿田的矿坑涌水外，在 1540m 水平巷道南段与老厂矿田相接处，老厂矿田矿坑涌水也从 1360m 水平排出，致使 1360m 水平坑口每天排水量在雨季可达 60 万立方米以上，坑口排水除部分用于松矿及大屯片区生产、生活用水外，其余排入大屯海（见图 2-3）。

1360m 水平巷道渗水、滴水、涌水点极多，巷道顶部随处可见渗水、滴水点。地下水多沿极度发育的岩石裂隙渗出，在揭示的断层带上也出现涌水特征。总体来说，该水平巷道涌水点东部少、西部多，巷道越深入涌水量也随之加大，反映出巷道内地下水主要接受大气降水补给的特点，巷道深部开拓面积较大，地下水影响半径随之拓展，造成涌水量加大。

2.2 区域水文地质背景

研究区域主要出露地层为个旧组（T_2g），岩性为碳酸盐岩，加之年均降雨量较大，岩溶现象发育强烈；区域内溶洞、落水洞、岩溶洼地、地下暗河、溶峰等溶蚀现象非常普遍。根据区域含隔水层组、地质构造、地形地貌等因素，区域上主要水文地质单元有乍甸水文地质单元（Ⅰ）、麒麟山—绿水河水文地质单元（Ⅱ）、大箐—老厂水文地质单元（Ⅲ），每个水文地质单元均有相对独立的补、径、排特征，如图 2-4 所示（见文后彩图）。

2.2.1 乍甸水文地质单元（Ⅰ）

位于高松矿田北部的乍甸水文地质单元内主要出露三叠系中统个旧组（T_2g）地层，岩性为碳酸盐岩，属岩溶含水层；位于小马拉格一带的断层沿线，出露燕山期岩浆岩。该水文地质单元的东、西、北边界分别由碎屑岩地层边界和地表分水岭共同构成，地下水分水岭则构成其南部边界，面积约 77.58km^2；单元范围内地形起伏大，低中山、中山、高中山地貌类型均有分布；地形高程 1350～2300m，高差 350～450m，总体地势西南高北西低，山坡坡度多在 15°～30°之间。大气降雨是其主要地下水补给来源，受岩性控制，区内岩溶现象发育强烈，溶孔、溶隙、溶洞、洼地、落水洞等常见岩溶现象分布广泛。大气降雨一般先在坡地或平缓地带发生地表径流，之后在低洼地段沿岩溶裂隙、落水洞、溶洞等快速入渗地下，补给地下含水层。单元内地下水总体由南向北东向径流，逐渐汇集成地下管道流，以集中排泄方式向倘甸暗河和乍甸暗河排泄；受局部岩层透水性差的影响，部分地段地下水直接向溪流排泄。根据调查，倘甸暗河出口标高 951m，雨季流量可达 3500L/s，旱季约 1200L/s。

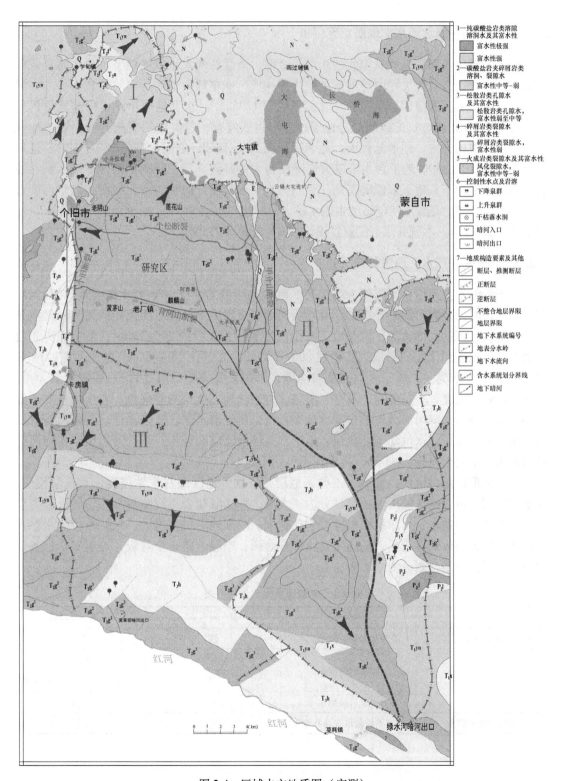

图 2-4 区域水文地质图（实测）

2.2.2 麒麟山—绿水河水文地质单元（Ⅱ）

位于大箐—老厂水文地质单元的东部，红河、南盘江两大流域的地下水分水岭是该单元的北部边界，南西部边界由碎屑岩地层边界构成，南东部由地表分水岭构成边界，红河是该水文地质单元的南部排泄边界，总面积约 391.95km²。水文地质单元内出露地层仍为中三叠统个旧组（T_2g）的碳酸盐岩地层，岩溶强烈发育，各类岩溶现象均有出现。地貌以低中山、中山为主，地形起伏大，地表高程在 800~1660m 之间，高差 250~350m，地形坡度在 25°~30°之间。地下含水层以大气降雨为主要补给来源，降雨沿溶隙、落水洞、溶洞等快速入渗地下，地下水位动态变化强烈。地下水径流方向整体由北向南，以暗河管道方式排泄出地表，是绿水河电站的主要水源。暗河出口高程 400m，雨季流量可达 4300L/s，旱季约为 2000L/s。本研究区范围就属于该水文地质单元的北部。

2.2.3 大箐—老厂水文地质单元（Ⅲ）

位于乍甸水文地质单元南部，由红河、南盘江流域的地下水分水岭构成其北部边界，东西两侧边界以地表出露的碎屑岩地层界线和地表分水岭构成其东西两侧的边界；红河是该水文地质单元的南部边界，也是地下水排泄边界，总面积约 296.72km²；整体地势北西高南东低，地形起伏强烈，地表高程在 800~1800m，高差 250~350m 之间，坡度 15°~32°，以中山地貌为主。单元内地表基岩裸露，以中三叠统个旧组（T_2g）碳酸盐岩为主，岩溶现象强烈发育，多见溶孔、石芽、溶隙、岩溶洼地、落水洞等现象。含水层主要补给来源为大气降雨，降雨沿缓坡地带发生地表径流，后经落水洞、岩溶洼地、溶隙溶洞等快速入渗地下含水层，水位动态变化快；地下水整体由北向南径流，至红河边由卡房暗河排泄出地表，暗河出口高程 834m，雨季流量可达 1650L/s。

区域主要出露中生代二叠系、三叠系地层，依据各地层的富水性强度、水化学性质、含水层类型，可以把区域内地下水划分为 4 大类，即碳酸盐岩类裂隙溶洞水、碎屑岩类裂隙水、火成岩裂隙水、第四系松散堆积物孔隙水。根据地下径流模数、钻孔单位涌水量和暗河或岩溶大泉流量等指标，把地层富水性分为强、中等、弱 3 个等级，地层富水性各指标中以最高值为准，划分结果见表 2-1。

表 2-1 区域地层富水性划分表

含水层组类型	亚类	富水性级别	所属含水岩组
碳酸盐岩类裂隙溶洞水	碳酸盐岩类裂隙溶洞水	强	T_2g
基岩裂隙水	碎屑岩裂隙水	中等	T_1yn
		弱	P_2l、T_1f、T_2f、T_3h、T_3n
	火成岩裂隙水	弱	$P_2\beta$
松散岩类孔隙水	第四系松散堆积物孔隙水	弱	Q

3 岩体裂隙的多尺度性及渗透性分析

3.1 岩体裂隙的尺度不变性

3.1.1 尺度的概念

理论上，尺度是一个非常宽泛的概念，不同的学科对尺度的定义并不相同；在自然界中尺度广泛存在，并在很多时候表现出尺度联系性、自相似性或不变性[48]。

3.1.1.1 尺度的定义

不同的学科中对于"尺度"的定义或概念有着不同的解释，如组织尺度、功能尺度、时空尺度等概念[49]，以及属性尺度、适宜尺度、分辨率尺度等概念。一般情况下，尺度是指研究对象在时间与空间上的量度，即时间尺度和空间尺度。除指研究对象的时空尺度外，还包括相应数据的精度或分辨率，即数据表达属性的精细程度。

尺度的存在源自自然界的等级组织性和复杂性，是自然界固有的特征和客观现象；使用尺度律时须以决定其有效性的物理影响为前提。尺度可进一步划分为本征尺度和测量尺度。本征尺度是自然所固有的不受人为控制的。测量尺度是用于测量现象和过程的，是人类对测量对象的一种感知尺度，会随着感识能力而发展。当本征尺度和测量尺度两者相匹配时，通过测量尺度才能揭示本征尺度，进而把握其中的规律性。

3.1.1.2 尺度范围的界定

由于不同研究的侧重点不一样，对尺度范围的理解或界定并不一致，本书中对小、中、大尺度的理解和界定如下：

（1）小尺度，主要包括小型断裂及微裂隙，尺度范围 $10^{-7} \sim 10^{-1}$ m，裂隙的尺寸与矿物颗粒大小相关，对岩石或岩体的渗透特性有着关键性的影响。微尺度裂隙的观察、测量需要用显微镜进行观察，小尺度的裂隙组成的网络是岩体内液体渗流的主要通道。

（2）中尺度，包括岩体中的节理、解理等层面以及中型断层等，尺度范围 $10^{0} \sim 10^{-3}$ m，这类裂隙一般是决定岩体强度的主要因素。中尺度的裂隙通过收集标本和岩体露头进行观察，中尺度裂隙对工程或开挖的稳定性、岩体宏观渗透性有重要影响。

（3）大尺度，包括大的断层，与地球动力学有关，特别是与地震的发生有密切关系。大尺度裂隙的观察一般需要地质填图连接，卫星遥感图像解译等。大尺度岩体断裂性质的研究，如断裂及沿断裂面滑动的研究，已经成为滑坡等地质灾害和地震过程研究的重要内容。

3.1.1.3 尺度的相似性

不同尺度中的裂隙（如节理、断裂和断层）是在共同的地质背景下形成的，表现出明显的尺度相似性，是岩体不同于岩块的本质特性。因此，断裂和断层可以看作节理的放大。

在共同的地质背景条件下，不同尺度的裂隙（如节理、断裂和断层）表现出明显的尺度相似性，是岩体与岩块之间不同的本质特性，可以认为断裂和断层是节理的放大。很多学者经过大量的研究，早已确认了不同岩石和结构情况下裂隙系统的尺度不变性[50~52]。研究发现，从微观的晶粒尺度到宏观的地壳断裂，不同尺度岩体结构均表现出分形或相似的特性。岩体裂隙网络、断裂破碎带、岩体结构参数（迹长、隙宽、间距、密度等）均具有分形特征。在微观角度上，岩石断裂主要表现为穿晶断裂、沿晶断裂及其耦合形式。

实际中，只根据有限的数量、位置、尺度上的样本数据来得到岩体裂隙系统的完整面貌非常困难。近年来，长度、位移和隙宽等任何遵循幂律分布的裂隙特征，广泛使用"分形"一词进行描述，这正是利用裂隙空间分布自相似性特点。

3.1.2 定义及分类

3.1.2.1 岩体裂隙定义

裂隙是岩石在成岩、构造（如挤压、拉伸、剪切、振动等）、风化等作用下发生形变、破裂而产生；裂隙随后被其他物质充填（或没有充填）产生地表或地下揭露面上的不连续断面，形态看起来没有规律性。其中，构造裂隙是自然界分布范围最广、影响最大的一类裂隙，主要受岩石物理力学性质、地应力方向和大小的影响。

对于裂隙的定义，不同的学科并不完全相同。在水文地质学中，裂隙主要是指固结的坚硬岩石在受到外应力作用后而产生的岩石中的空隙；而在地质地貌学中，裂隙则划为断裂构造中的一种类型，一般是指岩石中未发生明显位移的裂缝。沉积、变质和岩浆岩 3 大岩类中的岩石都可以产生裂隙。

本书中的裂隙定义更为广泛，只要是地表或地下岩石中形成的不连续的断面都可以称为裂隙；其空间尺寸不固定，小到几微米的岩石矿物晶体裂纹，中到几厘米至几十米的岩体节理，大到几千千米的断裂带均统称为裂隙。裂隙网络是指岩石中各种尺度裂隙相互交叉、连通形成具有一定统一联系性的裂隙集合。

3.1.2.2 岩体裂隙的表征

对于裂隙的研究而言，需要明确表征裂隙，包括了裂隙的空间位置、形状、方向、大小、隙宽、表面粗糙性以及裂隙充填物等方面。

裂隙空间位置可用裂隙的中心点在三维笛卡尔直角坐标系或极坐标系中的位置来表示，两种方法等效，主要取决研究目的选取合适的坐标系。裂隙除露头外，其余部分均处于岩体内部，其形状确定非常困难；在研究数量巨大的裂隙时，学者们一般把裂隙近似地处理为平面或曲面，形状可以假设为不规则多边形，也可以是薄圆盘。其中裂隙面薄圆盘形状的设定由于模拟裂隙时更为便利，所以使用相对广泛一些。本书中的裂隙面就假设为平面薄圆盘形状进行模拟和后续的分析计算。

当裂隙为薄圆盘时表征其大小就非常方便，只要使用圆盘半径 R 就可以确定；当然，如果使用多边形裂隙假设时，可以用多边形的外接圆的半径 R 或直径 $2R$ 来表征其大小。裂隙面的方向表征比较简单的方法是直接使用地质学中层面产状的概念（倾向、倾角、走向）；但这种表征方法不利于计算机的计算和分析，通用性稍差，所以变换为使用裂隙面的法线方向来表征裂隙面的方向。

具体而言，假定一个笛卡尔直角坐标系，其三个坐标轴为 xyz ，那么裂隙面在该坐标系中三维空间的表征如图 3-1 所示。裂隙的大小使用薄圆盘的半径 R 表示；裂隙的中心点位置可以使用函数 $p(x, y, z)$ 表示；裂隙的方向可以用其走向 α 和倾角 β 来表示，也可以用裂隙面的单位法线矢量 $\boldsymbol{n}$ 来表示；裂隙的隙宽使用 a 表示。

裂隙面单位矢量法线 $\boldsymbol{n}$ 在球面极坐标上可以换算为

$$\boldsymbol{n} = (n_x, n_y, n_z) = (\sin\theta\cos\varphi, \sin\theta\sin\varphi, \cos\theta) \tag{3-1}$$

其中，$\varphi(0 \leqslant \varphi \leqslant 2\pi)$ 为裂隙面单位法线矢量在 xy 平面的投影线与 x 轴之间的角度，$\theta(0 \leqslant \theta \leqslant \pi/2)$ 为裂隙面单位法线矢量与 z 轴的夹角。使用裂隙面中的 pp_0 方向的单位矢量在 xyz 轴的 3 个分量，就可以实现用裂隙面走向（α）、倾角（β）的方式来表示，形式如下：

$$\boldsymbol{n} = (\sin\beta\cos\alpha, \sin\beta\sin\alpha, -\cos\beta) \tag{3-2}$$

现场对裂隙进行测量时，一般难以直接观察裂隙的三维空间形态，只能观察到裂隙与一维或二维观察窗口的相互交切的痕迹，测量时也只能对痕迹进行测量；这种在一维交切线上的点或二维交切面上的痕迹称为迹线。迹线的长度用 l 表示，图 3-2 所示为裂隙迹线示意图。

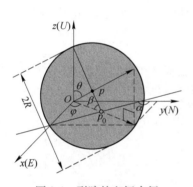

图 3-1　裂隙的空间表征

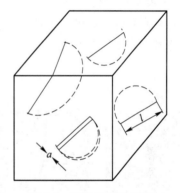

图 3-2　裂隙迹线示意图

裂隙的隙宽即裂隙面的张开度。对光滑平板构成的裂隙，隙宽是指两壁之间的法向相对距离。根据研究目的不同隙宽有多种不同的定义，而且不同学者之间的定义划分也不尽相同。王媛[14]把隙宽分为 3 种定义：平均隙宽，力学隙宽（机械隙宽）和等效水力隙宽。张有天[1]把隙宽划分为 5 种不同定义：均值隙宽，水力等效隙宽，最大机械隙宽，机械隙宽和残留隙宽。张有天对隙宽的定义不仅考虑了裂隙的渗流能力，还增加了最大机械隙宽和残留隙宽两个定义，主要是从力学角度考虑。对粗糙裂隙而言，实际操作中等效水力隙宽更具有实际意义。本书中采用王媛[14]的平均隙宽和等效水力隙宽两个概念。

裂隙粗糙性主要是描述裂隙表面凸起高度；凸起高度表征法是直接以裂隙表面的凸起高度函数或凸起高度的概率密度函数来描述裂隙表面的粗糙性，这一方法需精确量测裂隙面上每一测点的凸起高度，对于一个已知的裂隙面是可行的；另一种粗糙性表征是使用节理粗糙度系数（JRC），它是岩体工程中常用来描述裂隙面粗糙性的一个重要几何参数，在裂隙隙宽、剪切刚度、剪切强度等诸多重要参数的经验公式中都直接包括着 JRC 的影响。裂隙面粗糙性表征也出现了利用分数维来表征的方法，即分数维法。

本书中采用基于立方定律修正公式的粗糙度修正系数概念，可反映粗糙裂隙面对裂隙渗流的影响。立方定律粗糙度修正公式如下：

$$k_f = \frac{\rho g a^2}{12\mu C} \tag{3-3}$$

式中，k_f 为裂隙的水力传导系数，m/s；g 为重力加速度，m/s^2；a 为隙宽，m；ρ 为密度，kg/m^3；μ 为液体的动力黏滞系数（常简称黏滞系数），N·s/m^2 或 Pa·s；C 为裂隙表面的粗糙度修正系数。

充填裂隙的渗流特征不仅与隙宽有关，还与充填材料性质有关，例如材料的成分、孔隙率、透水性、粒径等。对研究区裂隙的现场调查发现，区内发育的裂隙以构造裂隙为主，表面较为平直，充填物很少。此外，裂隙粗糙性与充填物对裂隙渗流性的影响程度属于同一数量级，相对于隙宽要弱。基于上述认识，本书中关于裂隙渗流问题暂不考虑裂隙充填物的影响。

3.1.2.3　岩体裂隙分类

裂隙按照不同的标准和用途可以分为以下不同的种类。

A　按裂隙的规模分类

根据裂隙的发育规模，不同尺度的裂隙可以包括断裂带、断层、节理、矿脉、裂缝、裂纹、解理，如图3-3所示。

图 3-3　裂隙类型图

（1）断裂带：是指强烈构造作用下形成的主断层面、两侧破碎岩石以及若干次级断层或破裂面组成的地带，也称"断层带"。主断层面附近常出现糜棱岩、断层角砾岩、碎裂岩等构造岩。

（2）断层：是在构造应力作用下，地应力大小超出地壳岩层强度后发生破裂，并沿破裂面有明显相对移动的构造现象。

（3）节理：是指岩石受到超过其强度的应力而裂开，且裂面两侧无明显相对位移的裂缝。岩体在"拉"和"剪"作用下分别形成张节理或剪节理。剪节理相对规则，如常见的 X 共轭剪节理；张节理多不规则，如雁列张节理、树状张节理。

（4）矿脉：是指以板状或其他不规则形状充填在各种岩石裂缝中的矿物。

（5）裂缝：通常指长度大于 5mm，宽度大于 0.5mm 的裂隙。

（6）裂纹：是指岩石在应力作用下长度小于 5mm、宽度小于 0.5mm 的裂隙，如岩石样品中矿物内部的小裂纹，长度仅几个微米。

（7）解理：是指受矿物晶体结构影响下在矿物中存在的，呈两组或三组交叉把矿物分成一些规则的块体，如常见的方解石有 3 组解理。

B　按裂隙所在位置分类

根据裂隙在岩石中的相对位置可分为穿透裂隙、表面裂隙和内置裂隙 3 种类型，如图 3-4 所示。

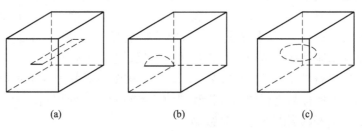

(a)　　　　　　　　(b)　　　　　　　　(c)

图 3-4　按裂隙所在位置分类
（a）穿透裂隙；（b）表面裂隙；（c）埋藏裂隙

（1）穿透裂隙，通常把裂隙延伸到构件厚度一半以上的视为穿透裂隙，并做理想尖裂隙处理，即裂隙尖端的曲率半径趋近于零。这种简化是偏于安全的。穿透裂隙可以是直线、曲线或其他形状的。

（2）表面裂隙，裂隙位于构件表面，或裂隙深度相对构件厚度较小就作为表面裂隙处理。对于表面裂隙常简化为半椭圆形裂隙。

（3）埋藏裂隙，裂隙位于构件内部，常简化为椭圆片状裂隙或圆片裂隙。

C　按裂隙成因分类

水文地质学中，根据裂隙的成因可分为成岩裂隙、构造裂隙和风化裂隙 3 种类型。

（1）成岩裂隙是岩石在成岩过程中，由于冷凝收缩（岩浆岩）或固结干缩（沉积岩）而产生的。岩浆岩中的裂隙较发育，最为典型的就是玄武岩中发育的柱状节理。

（2）构造裂隙是岩石受到构造应力而产生的破裂。在构造运动规律的影响下，使得构造裂隙具有特定的方向性，但大小悬殊（由隐蔽的节理到大断层）；同时，由于构造运动在地壳中的普遍存在，所以构造裂隙是 3 种裂隙类型中分布范围最广、影响最大的裂隙类型。

（3）风化裂隙是地表岩石在风化营力作用下，岩石破坏产生的裂隙，主要分布在地表附近。

本书研究范围高松矿田受构造影响强烈，区内断裂强烈发育，岩体裂隙类型以构造裂隙为主；而且由于在地下开拓系统的疏、排水综合作用下，对研究范围内地下水流场产生影响的主要为构造裂隙，所以本书研究的裂隙类型是构造成因的裂隙。野外裂隙数据测量、裂隙的模拟、岩体渗透张量的计算等均是围绕构造裂隙展开。

3.1.3 岩体裂隙数据获取

3.1.3.1 小尺度裂隙

高精度的岩石 CT 扫描技术精度已达到纳米级别，可以完成对岩石微观孔隙的识别和研究。研究对象为岩石内部裂隙时，则可以使用岩石 CT 扫描技术获取岩石内部裂隙形态信息，岩石 CT 扫描数据可以应用于岩石微裂隙的渗流、应力-应变关系、微裂隙扩展等方面的研究工作[57~60]。对于已揭露出的岩石裂隙面则使用高精度的三维激光扫描技术获取裂隙面的形态特征。本书中的小尺度裂隙，主要通过野外采集代表性岩石样品进行岩石 CT 扫描、高精度的三维激光扫描两种手段获取小尺度裂隙形态数据。

A 岩石样品 CT 扫描

为了更深入地研究小尺度岩石裂隙，在研究区使用定向采样方向采集了 34 件样品送至测试单位进行了岩石 CT 扫描和三维成像。不同于常规的观测手段只能观察到裂隙出露岩石表面的形态特征；基于 CT 扫描图像，可以清晰地观察到岩石内部裂隙发育情况，对认识裂隙三维空间形态特征、裂隙充填特征等方面提供直观的依据。

利用研究区内岩石样品的 CT 测试成果，基于扫描图像对其中 5 个不同岩类，且岩石中裂隙形态较为典型的样品进行图像分析和裂隙三维空间形态的识别，为进一步研究裂隙的水力性质提供了良好的裂隙形态信息数据。

对于岩石内部微观结构的研究中，研究人员希望既可以观察岩石内部结构，同时又不破坏样品，也就是采用岩石无损探测技术。源自医学领域的 X 射线扫描（CT）、核磁共振（NMR）、γ 射线扫描和同步加速器（Synchrotron）等技术，目前被引入到岩石的无损探测领域。

高精度的岩石 CT 扫描是大尺寸岩心 X 射线扫描成像的新兴无损检测技术。X 射线的能量在其穿过某一物质时，由于它与物质的原子相互影响会造成能量衰减，图 3-5 所示为岩石 CT 扫描示意图。在 X 射线穿过物体后进行能量的测定，可以反映出射线所经路径中被物质吸收的能量部

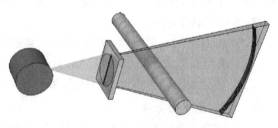

图 3-5 岩石 CT 扫描示意图

分。每种物质的密度不同，对 X 射线能量的吸收强度也不同，测量被测物体某一截面上 X 射线能量的变化，利用一定的重构算法便可以得到该截面上所测材料的空间结构。通过多次、多角度、连续的 X 射线扫描便可以重构出材料的三维空间结构，使用特定软件可以进行可视化。岩石中裂隙内主要是空气和水，两者的密度与岩石矿物颗粒密度差异很大，因

此岩石 CT 扫描技术也是研究岩石非均质性的重要技术手段之一。使用不同能量强度 X 射线扫描岩心，可以计算出岩心原子对 X 射线的吸收系数以及岩心可视密度的空间分布[122]。

穿透物质的 X 射线能量，其强度衰减呈指数关系。X 射线的衰减系数可用来表示物质的密度；不同物质密度不同，所以对 X 射线的吸收系数也不相同。Housfield 通过研究，以纯水 CT 数为 0 作为基准，以此为基础建立 CT 扫描的理想图像标准，相应空气的 CT 数为 -1000，冰的 CT 数为 -100。有了以上标准，那么物质对 X 射线的吸收强度就可以使用 CT 数来表示。当某物质对 X 射线的单位密度吸收系数 μ_m 是已知时，那么 CT 数就可以直接表示其密度 ρ，可以认为，CT 图像就是物体某截面上的密度图。物质的密度越大，CT 数越大[123]。

本研究取岩石 CT 样品共 34 个，CT 扫描仪类型为 GE-LightSpeed Plus 16、工作电流 80mA、电压 120kV、CT 扫描切片厚度 0.625mm，采用轴向扫描模式。图 3-6 展示了其中 7 号岩石样品的 CT 扫描成果。图 3-7 展示了 CT 数据初步处理结果。

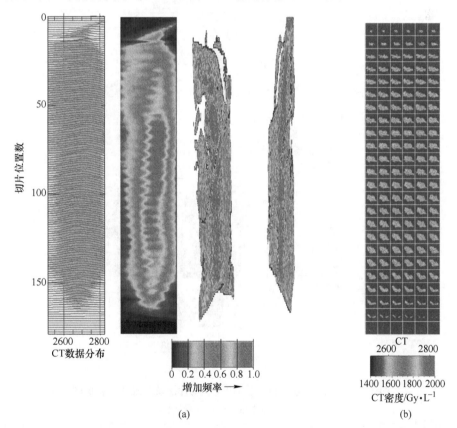

图 3-6　7 号岩石样品 CT 柱状直方图 (a) 及切片 (b)

为了保证 CT 扫描出的裂隙空间形态可以与地理空间相匹配起来，样品采样时就使用定向采样方向，也就是标注清楚每个样品的外表面的方向。表 3-1 所列为 CT 样品的编号及取样位置。

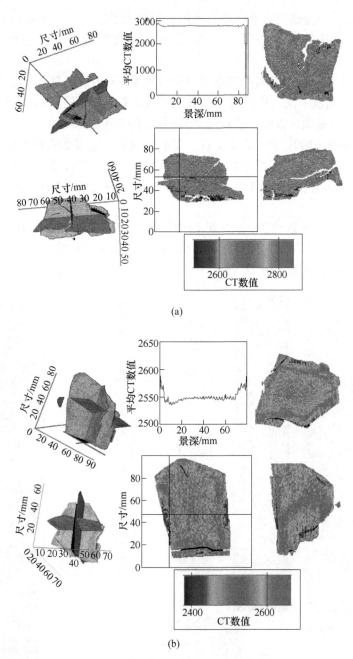

图 3-7 7 号、31 号岩石样品 CT 正交切片图及三维切片合成图

(a) 7 号样品；(b) 31 号样品

表 3-1 CT 样品编号及取样位置

序号	CT 编号	岩心编号	岩性
1	001	1360/304	灰岩
2	002	1540/526	灰岩
3	003	1540/527	灰岩

序号	CT 编号	岩心编号	岩性
4	004	1540/521	灰岩
5	005	地表 109	白云岩
6	006	1720/701	白云岩
7	007	1720/710	石灰岩
8	008	1360/307	花岗岩
9	009	地表 124	白云岩
10	010	地表 103	碎裂岩
11	011	地表 121	石灰岩
12	012	地表 113	石灰岩
13	013	1360/303	角砾岩
14	014	1540/525	花岗岩
15	015	1540/524	白云岩
16	016	地表 112	白云岩
17	017	1360/318	石灰岩
18	018	地表 126	石灰岩
19	019	1540/523	石灰岩
20	020	1720/729	白云岩
21	021	1720/722	石灰岩
22	022	1360/306	白云岩
23	023	1360/311	石灰岩
24	024	1360/308	白云岩
25	025	地表 125	花岗岩
26	026	1720/728	白云岩
27	027	1540/530	石灰岩
28	028	1720/725	糜砾岩
29	029	1720/705	石灰岩
30	030	1360/316	石灰岩
31	031	1540/503	玄武岩
32	032	1720/721	石灰岩
33	033	地表 127	石灰岩
34	034	1720/704	石灰岩

从图 3-7 中可以看出，利用 CT 扫描数据可以很好地还原扫描岩石内部的三维结构，并且岩石内部的裂隙可以清晰地显现出来，为后续进一步研究岩石裂隙渗透性提供了良好的数据基础。由于扫描样品较多，处理出的图形数量过多，正文中只展示了代表性较好的 7 号、31 号两个样品。

B   裂隙面三维激光扫描

因为 CT 扫描的样品还需要进行岩石渗透性测试，测试时要从样品上钻取小岩心，这一过程会完全破坏岩样，无法直接观察对比实物岩石裂隙面与 CT 图像提取裂隙的吻合情况。为弥补这一缺憾，从现场取回多个带天然裂隙面的钻孔岩心，并对岩心直接进行了裂隙面的三维激光扫描。本次共扫描了 12 个岩心样品的裂隙面，涵盖了主要的裂隙类型。12 个裂隙面样品三维扫描成果，图 3-8 所示为裂隙面激光扫描纹理化网格图，样品信息简表见表 3-2。

图 3-8   12 个样品的裂隙面激光扫描纹理化网格图

表 3-2　裂隙面激光扫描样品简表

编号	岩性	裂隙面性质	长×宽/mm×mm	描　述	扫描精度/mm
01	白云岩	剪切断裂面	80×120	有擦痕，泥质充填	0.170
02	白云岩	节理面	80×80	溶蚀明显，两组节理交叉	0.129
03	白云岩	剪切断裂面	80×80	有擦痕，有溶蚀	0.182
04	白云岩	节理面	80×80	无明显擦痕和溶蚀	0.203
05	白云岩	节理面	80×80	无明显擦痕和溶蚀	0.183
06	白云岩	节理面	80×120	无明显擦痕和溶蚀	0.207
07	白云岩	节理面	80×110	无明显擦痕和溶蚀	0.207
08	灰岩	剪切断裂面	80×120	有擦痕，泥质充填	0.212
09	灰岩	节理面	80×120	无明显擦痕和溶蚀，泥质充填	0.180
10	灰岩	节理面	80×80	无明显擦痕和溶蚀	0.212
11	灰岩	节理面	80×80	无明显擦痕和溶蚀	0.226
12	灰岩	节理面	80×180	无明显擦痕，弱溶蚀，泥质充填	0.230

　　对裂隙面三维扫描是全尺寸的，为提高精度并不要求对岩石样品进行全尺寸扫描。三维激光扫描仪扫描最大精度标称为 0.1mm，实际扫描精度为 0.2mm，在取得扫描数据后使用样品尺寸和扫描云点数反算出扫描精度在 0.12~0.23mm 之间。对比实际裂隙面尺寸最小宽度 80mm，上述扫描精度可以满足后续研究使用要求。

　　扫描样品中 1 号、8 号、9 号、12 号四个裂隙面上有明显流水沉积物，可以判断为天然透水裂隙；2 号、3 号样品裂隙面有明显溶蚀迹象，也可判断为天然透水裂隙。此外，从 1 号、12 号两个裂隙面上可以观察到擦痕，判断为断裂面。其他裂隙面均为天然裂隙面，而非人为断裂面。

　　仔细观察裂隙面时发现，如果仅从样品侧面看裂隙面边缘迹线，除 1 号、2 号、3 号、12 号外，其他样品的裂隙面应该较平直，但实际裂隙表面起伏明显；尤其是研究单裂隙渗流时，裂隙面的粗糙度对裂隙的渗透率影响十分显著，所以研究裂隙面三维形态特征非常有必要。在样品送去做三维激光扫描前，为了核对扫描成果中的裂隙尺寸与实际尺寸是否一致，在每一个裂隙面上用铅笔提前画出边长 5cm 的正方形区域。正方形区域的选择尽量位于裂隙面中间部位，避免扫描边缘可能出现的较大形变或数据处理过程中边缘容易产生的不合理变形，后续对裂隙面网格的提取和重新生成都是取正方形区域内的裂隙数据。

3.1.3.2　中尺度裂隙

　　中尺度裂隙的数据采集方法主要是实地测量。根据收集到的高松矿田资料，研究区地层岩性主要为灰岩、白云岩等碳酸盐岩，各地层之间岩性差异不明显；研究区内构造强烈发育，不同规模的断层有数百条。研究区内裂隙的主要为构造裂隙，分析构造特征，把地表裂隙主要测量范围定为由个旧断裂、背阴山断裂、甲介山断裂、个松断裂 4 条断裂围成的不规范多边形及其外围；最终地表测区为 9km×17km 的矩形边界区；为了后续描述和研究方便，依据断裂发育特征把研究区主要范围内沿多条断裂划分为 12 个分区，图 3-9 所示为研究区地表分区示意图（见文后彩图）。

　　野外裂隙测量过程中，为保证测量数据对研究区的代表性和准确性，把研究区分割为

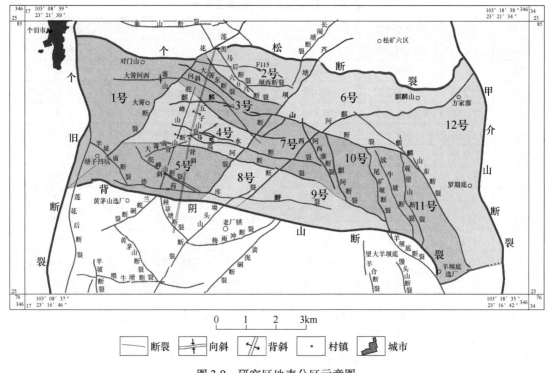

图 3-9   研究区地表分区示意图

若干个 200m×200m 的正方形网格，尽量保证每一个网格中都获取到有效的裂隙测量数据。对地下的裂隙测量，根据云锡松树脚分矿现有巷道分布情况来进行测量，分别对 1360m、1415m、1420m、1480m、1540m、1720m 水平几个中段巷道进行裂隙测量工作，但主要有效裂隙数据是 1360m、1540m、1720m 水平 3 个中段巷道测量成果。

地表和地下裂隙的测量主要是针对中度尺度的构造裂隙开展工作；具体就是裂隙迹线长度在数米到数十米范围内，迹长形态较为平直，且延伸性良好的裂隙，并能过现场的观察避开风化裂隙或人工爆破等产生的不规则裂隙。

裂隙测量方法：现场可以获取的裂隙数据有空间位置、方向、隙宽、迹长和表面粗糙性。

空间位置首先由 GPS 确定裂隙出露面的地理坐标，然后出露面上的裂隙由钢卷尺确定所测裂隙的相对位置；地下裂隙位置是根据巷道中位置标定桩来确定裂隙位置。同时，使用钢卷尺测量出露面上的裂隙迹长。

裂隙方向由地质罗盘测出裂隙出露面的倾向、倾角数据；裂隙隙宽使用 40 倍带有刻度的放大镜进行镜下测量，放大镜最小刻度为 0.05mm，估算精度 0.025mm，可以基本满足野外测量隙宽的要求。为保证隙宽的准确性，每条裂隙隙宽必须测量 3 次以上，取平均值。裂隙的表面粗糙性结合肉眼观察和镜下观察，做出粗糙性的定性描述，图 3-10 所示为裂隙出露面及镜下隙宽测量。

3.1.3.3 大尺度裂隙

本书中的大尺度裂隙宏观上主要是指具有一定规模的断裂，一般的裂隙可以通过野外

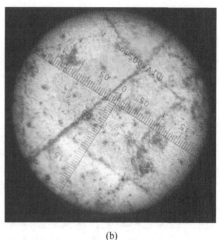

(a)   (b)

图 3-10　裂隙出露面（a）及镜下隙宽测量（b）

地质填图、遥感图像解译、已有地质资料分析等手段进行调查。受限于本研究周期，大尺度裂隙主要通过研究区内及周边的 1∶1000、1∶10000、1∶50000、1∶200000 多种比例尺图件进行综合分析，初步得到了研究区范围内大尺度裂隙发育特征。

3.2　裂隙多尺度性对渗透性的影响

由前文可以明确，自然界的裂隙具有多尺度性，相应地，不同尺度裂隙其渗透性特征、规律也不尽相同，具有各自的特点。

对于小尺度裂隙而言，由光滑平板实验得出的立方定律是其主要计算理论，其中裂隙隙宽是最重要的影响单裂隙渗透性的参数之一。当岩石裂隙隙宽值在 $0.2\mu m \sim 0.927mm$ 时立方定律成立[9,14]。随着隙宽的增加，裂隙渗流不再完全符合立方定律，而是由 Forchheimer 公式（二次方程）或 Izbash 方程（幂函数方程）进行描述[7]。此外，裂隙的粗糙度系数（JRC）、充填物等因素也对其渗透性产生显著的影响[14]。陈世江[124]通过对近年来裂隙粗糙度研究进展的总结，认为岩石裂隙的粗糙度系数也不是固定值，而是具有各向异性和尺寸效应，尤其在三维裂隙面形态研究中更为明显。这两个特性同样对岩石裂隙的渗透性带来影响，也就是单条裂隙的渗透性具有各向异性和尺寸效应问题。Berkowitz 和 Scher[39]认为粗糙岩体裂隙中有沟槽流现象，也可以认为就是裂隙渗透性各向异性的证据。

对于中尺度岩体裂隙网络的渗透性，常采用的分析模型是等效连续介质渗流模型。张有天[1]明确指出，使用等效连续介质模型需要满足的条件之一就是岩体裂隙网络渗透特性存在 REV 值（表征单元体积）。其原因是岩体裂隙网络具有尺度效应，只有当裂隙网络的空间尺寸大于 REV 值后，其渗透性才逐渐稳定到一个相对的固定值，图 3-11 所示为特征单元体 REV 示意图。何吉[80]、Guan[77]、吴月秀[33]、刘日成[71]等人也从不同角度开展了对岩体裂隙网络 REV 值和渗透性的研究工作。A. Pouya[74]、吴锦亮[78]、Lang[122]等学者通过研究发现，由于空间维度的不同，采用三维裂隙网络计算得到的岩体渗透张量对比二维裂隙网络更为精确。

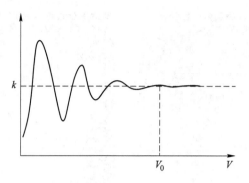

图 3-11　特征单元体 REV 示意图

大尺度的裂隙也称断裂，水文地质学中一般认为：发育在脆性岩石中的张性断裂本身渗透性较强；压性断裂往往隔水，但断裂两侧的破碎带易形成透水性良好地带；压扭性断裂导水性介于两者之间。发育在塑性岩石中的断裂，由于裂隙容易闭合普遍导水较差。此外，一条断裂往往经历多期次的构造运动，单条断裂上存在部分导水而另一部分隔水的现象。叶桢妮[125]发现，断裂上下盘的渗透性存在着差异。区域性的大断裂多数是由多条支断裂或宽度较大的断层破碎带组成，其渗透性与中小尺度的裂隙明显不同。

由此可以认为，不同尺度下的裂隙渗透性并不相同，裂隙尺度的变化会带来渗透性的变化，这也是本书从多尺度条件下研究裂隙渗透性的原因。

3.3　中尺度裂隙发育规律

经过长时间的努力，项目组最终测得地表裂隙 4412 组、共 16625 条有效裂隙参数，地下巷道裂隙测量数据 1501 组、共 7029 条有效裂隙参数，全部裂隙数据合计 5913 组、23654 条，这些测量成果为后续的裂隙分析提供了坚实的基础资料。地表覆盖范围基本达到了设定范围，受地表覆盖层的影响，东部边缘地段基岩露头很少，而且地形陡峻无法完成野外裂隙测量工作，因此缺少裂隙数据。地下巷道受巷道空间展布、巷道支护、坍塌等多种因素的影响，无法做到全部巷道都完成覆盖，只能在所有可测量地段完成地下裂隙的测量工作。实测裂隙数据分布如图 3-12 所示。

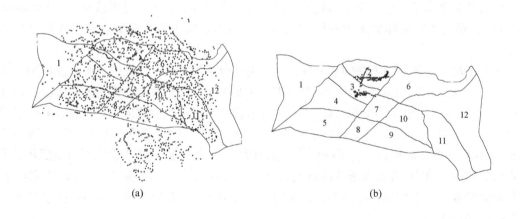

(a)　　　　　　　　　　　　　　　(b)

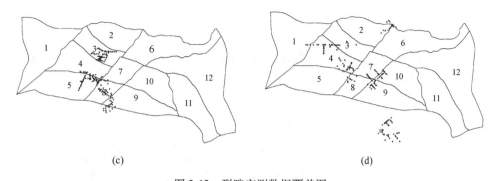

(c)　　　　　　　　　　　　　　(d)

图 3-12　裂隙实测数据覆盖图

（a）地表；（b）1720m 水平中段；（c）1540m 水平中段；（d）1360m 水平中段

　　高松矿田内实测裂隙数据多，分布广，为便于观察，根据 12 个分区的空间分布，对已有地表、各中段巷道实测数据进行整理汇总，见表 3-3（表中斜线代表该区内有实测裂隙数据）。

表 3-3　研究区实测裂隙数据分布

高程分段	1	2	3	4	5	6	7	8	9	10	11	12
地表	/	/	/	/	/	/	/	/	/	/	/	/
1720m中段		/	/	/	/		/	/	/			
1540m中段			/	/			/	/				
1360m中段		/	/			/	/	/	/			

注：斜线区代表有实测数据。

　　由于断裂具有一定的倾角，利用收集到的地下各中段地质图，综合分析后，使用地表 12 个分区相同的断裂，绘制了 1720m 高程和 1360m 高程的分区示意图。发现地下分区边界虽然与地表分区边界有差异，但由于研究区内的主要断裂倾角较大，变化最不强烈，图 3-13 所示为地表、地下分区示意图。

　　对于裂隙发育规律的研究，分别从水平方向、垂向两个空间方向进行对比，水平方向主要分析发育裂隙产状的变化规律；垂向除分析裂隙产状变化外，还对裂隙的隙宽变化进行分析。根据表 3-3，在水平方向分别对地表以及各中段进行横向对比；垂向分析受限于数据分布，选择 3 个分区进行，分别是 2 分区、3 分区和 8 分区，原因是这 3 个分区垂向上有 3 个高程范围的数据，具有分析价值。

3.3.1　水平发育规律分析

3.3.1.1　地表裂隙

　　地表裂隙数据在研究区东西两侧受地形、覆盖层影响裂隙测量数据不足，主要是 1 分区、12 分区，这两个分区是非中心区域，裂隙数据的不足对后续研究影响弱；研究区中部除局部受地形、覆盖层影响缺少数据外，整体上裂隙数据分布较为均匀，可以满足分析要求。地下巷道裂隙数据分布受巷道分布、现场条件影响很大，分布范围和均匀性有所欠

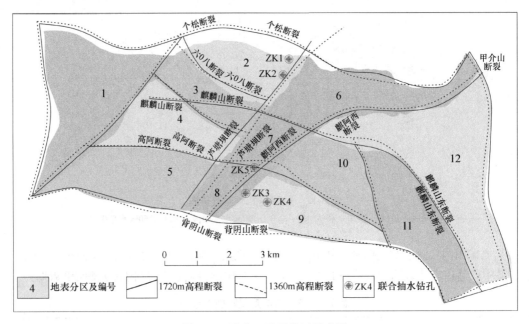

图 3-13 地表、地下分区示意图

缺，只是基本覆盖了中部的 5 个分区；但可以取得裂隙数据的巷道都是对区域地下水渗流影响的核心区块，整体上看是可以满足后续研究需要的。此外，巷道裂隙测量困难很大，能够获得现有的裂隙资料，已实属不易，如图 3-12 所示。

　　研究区构造复杂，加之裂隙数据量大，如果全区进行裂隙的统计分析，效果并不理想，因此还是根据 12 个分区划分方式，分别进行裂隙数据的分析和统计工作。该部分数据的分析主要是为后续裂隙网络的模拟和计算做准备，对 12 个分区中每一个分区制作裂隙的走向玫瑰花图、倾角直方图和隙宽统计直方图，如图 3-14~图 3-16 所示。

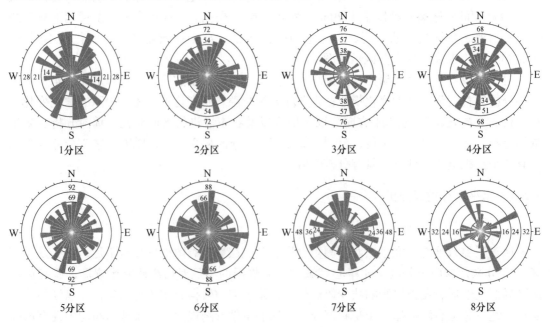

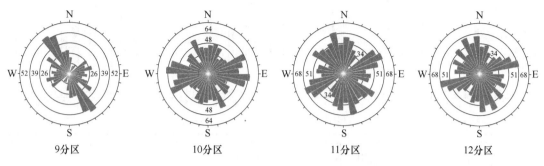

图 3-14 地表各分区裂隙走向玫瑰花图

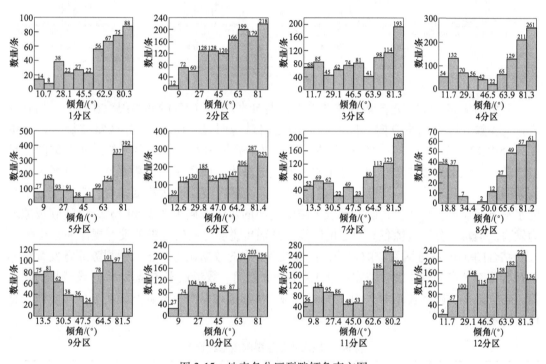

图 3-15 地表各分区裂隙倾角直方图

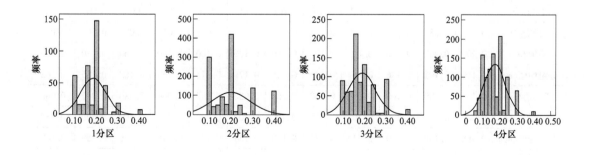

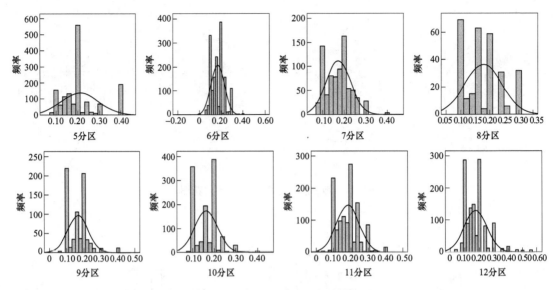

图 3-16   各分区裂隙隙宽统计图

分析图 3-14 的裂隙走向玫瑰花图看出，走向约 325°和 75°的两组裂隙在各分区均有发育，大多数分区为优势方向，以 8 分区的走向最为明显，而 4~6 分区略有旋转。分析图 3-15中 12 个分区的裂隙倾角直方图看出，每个分区都发育数量众多的陡倾角裂隙，且占比最大，该组裂隙非常有利于地下水流的垂向渗流。而缓倾角裂隙在 9~12 分区中优势较为明显，这几个分区是研究区的东部，从这几个区内裂隙产状角度来看，有利于地下水的水平方向渗流。总体上，研究地表区裂隙走向的优势方向为 325°和 75°，以陡倾裂隙最为发育。但每个分区裂隙各有自己的特点，从而也说明分区研究裂隙发育规律的必要性。

结合图 3-16 各分区裂隙隙宽统计图和表 3-4 中的数据认为，各分区裂隙隙宽发育整体上符合正态分布规律，裂隙隙宽在 0.1~0.4mm 之间，数量最多的是 0.2mm 或稍小的隙宽值。各分区平均隙宽在 0.169~0.21mm 之间，从巷道水平面上看隙宽无明显分布规律，整体变化不大。

表 3-4   地表各分区裂隙隙宽统计表

分区	1	2	3	4	5	6	7	8	9	10	11	12
均值/mm	0.186	0.200	0.187	0.169	0.210	0.170	0.173	0.178	0.165	0.163	0.183	0.174
数量/条	417	1282	861	1042	1484	1619	791	290	707	1166	1212	1265
标准差	0.058	0.088	0.063	0.062	0.087	0.062	0.056	0.063	0.059	0.054	0.066	0.078
中值/mm	0.200	0.200	0.180	0.160	0.200	0.160	0.180	0.160	0.160	0.160	0.180	0.160
分组中值/mm	0.188	0.191	0.176	0.161	0.195	0.165	0.176	0.171	0.169	0.169	0.185	0.162
极小值/mm	0.100	0.100	0.100	0.060	0.080	0.060	0.080	0.100	0.060	0.080	0.040	0.040
极大值/mm	0.400	0.400	0.400	0.400	0.400	0.400	0.400	0.300	0.400	0.400	0.400	0.560
调和均值/mm	0.168	0.166	0.169	0.147	0.180	0.148	0.154	0.156	0.146	0.146	0.159	0.147
几何均值/mm	0.177	0.182	0.178	0.158	0.194	0.159	0.163	0.167	0.155	0.155	0.171	0.160

3.3.1.2 1720m 中段和 1540m 中段

由于 1720m 和 1540m 中段裂隙数据相对较少，因此放一起进行分析。图 3-17 所示为 1720m 和 1540m 中段裂隙走向玫瑰花图和倾角直方图，下面分别对这两个中段进行分析。

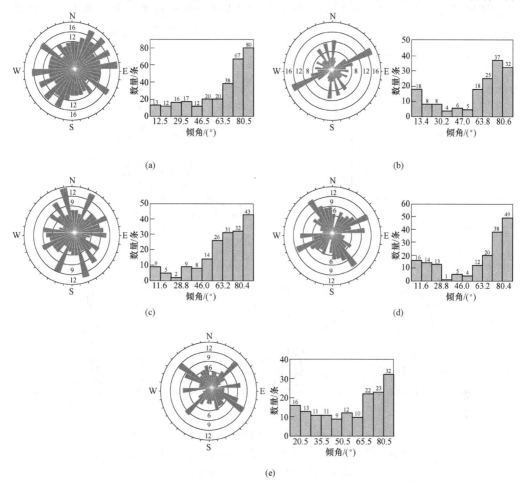

图 3-17　1720m 和 1540m 中段裂隙走向玫瑰花图和倾角直方图
(a) 1720m 中段 2 分区；(b) 1720m 中段 3 分区；(c) 1540m 中段 3 分区；
(d) 1540m 中段 5 分区；(e) 1540m 中段 8 分区

从 1720m 中段两个分区的走向玫瑰花图来看，两个区 65°左右走向的优势方向都较为突出；2 分区 330°、30°左右的走向也较为突出，相对而言裂隙走向分布范围较 3 分区更宽泛，而 3 分区次级优势走向是 350°~5°，两者的差异可能受到裂隙测量数据数量的影响，2 分区数据量空间分布更广、数据更多。在倾角上两个分区都是陡倾裂隙数量最大，倾角直立图大体一致。

1540m 中段 3 个分区裂隙走向优势方向差异较大，3 分区以 345°、30°、65°方向优势明显；5 分区以 325°、65°、90°走向方位较突出；8 分区以 305°、45°、90°方位较为突出。3 个分区内共同存在的裂隙走向为 90°和 45°~65°范围的相对突出的方向。在倾角上 3 个分区都以陡倾裂隙最为明显，缓倾裂隙分布比例差异稍大。

1720m 和 1540m 中段上各分区之间直向的优势走向都有明显差异，但基本都存在 65° 走向裂隙，且优势普遍突出。在倾角上都以陡倾裂隙发育为主，这一特点与地表近似。

结合图 3-18 和表 3-5 发现，1720m 中段各分区裂隙隙宽发育整体上符合正态分布规律，隙宽范围在 0.02~0.15mm 之间，数量最多的是 0.10mm 的隙宽值。各分区平均隙宽值在 0.0764~0.0910mm 之间，同一高程的中段平面方向上裂隙隙宽无明显分布规律，整体变化不大，相较于地表隙宽整体要明显变小。

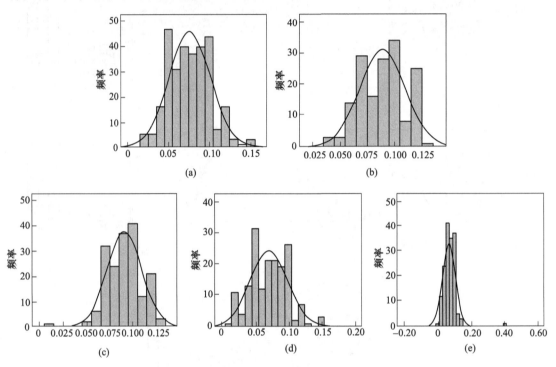

图 3-18　1720m 和 1540m 中段各分区裂隙隙宽统计图

(a) 1720m 中段 2 分区；(b) 1720m 中段 5 分区；(c) 1540m 中段 3 分区；

(d) 1540m 中段 5 分区；(e) 1540m 中段 8 分区

表 3-5　1720m 和 1540m 中段分区裂隙隙宽统计表

中段、分区	1720m 中段、2 分区	1720m 中段、3 分区	1540m 中段、3 分区	1540m 中段、5 分区	1540m 中段、8 分区
数量/条	295	161	179	172	159
均值/mm	0.0764	0.0891	0.0910	0.0712	0.0683
均值的标准误差	0.00148	0.00163	0.00140	0.00218	0.00307
众数/mm	0.05	0.10	0.10	0.05	0.10
标准差	0.02544	0.02072	0.01876	0.02853	0.03873
方差	0.001	0.000	0.000	0.001	0.002
极小值/mm	0.02	0.04	0.01	0.01	0
极大值/mm	0.15	0.13	0.13	0.15	0.40

　　1540m 中段各分区裂隙隙宽同样符合正态分布规律，隙宽范围在 0.01~0.40mm 之间，数量最多的是 0.10mm 的隙宽值。各分区平均隙宽在 0.0683~0.091mm 之间，1540m 中段高程平面方向上隙宽无明显分布规律，整体变化不大，相较于地表隙宽整体要明显变小。

3.3.1.3　1360m 中段

　　1360m 中段各个分区差异明显，仅从走向玫瑰花图上较难得出统一的结论，而从区域构造上看可以得出一些有用的结论，图 3-19 所示为 1360m 中段裂隙走向玫瑰花图和倾角直方图。图 3-19 中，2 分区数据较少，采集的数据位置主要靠近北北东向的芦塘断裂，所在裂隙走向以近平行或垂直断裂走向为主，即以 320° 和 60° 方向为主。4 分区、7 分区、8 分区、9 分区、10 分区裂隙数据采集位置除靠近局部近北北东向的断裂外，还靠近南东东向的断裂，所以近平行、垂直断裂走向的裂隙发育较明显。只是因为巷道内裂隙测量时测点分布无法做到均匀分布，受测量位置影响很大，因此各分区走向变化明显。在倾角上各分区都以陡倾裂隙为主，这在所有分区中都一致。相对而言，9 和 10 两个分区相似度较高。

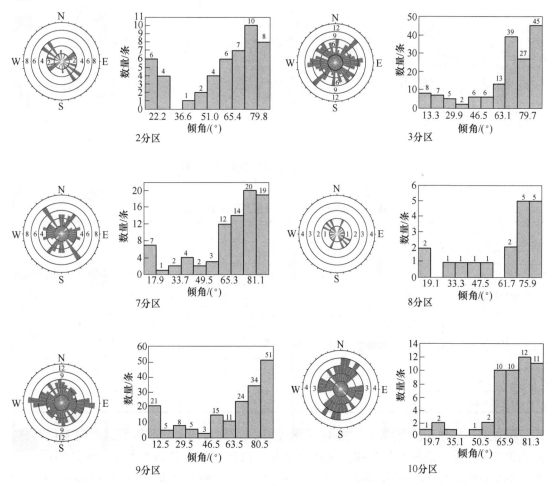

图 3-19　1360m 中段各分区的裂隙走向玫瑰花图和倾角直方图

　　结合图 3-20 和表 3-6 发现，1360m 中段各分区裂隙隙宽发育符合正态分布规律，隙宽范围在 0.02 ~ 0.15mm 之间，数量最多的是 0.07mm 的隙宽值。各分区平均隙宽在 0.0728 ~ 0.0796mm 之间，在 1360m 中段高程平面方向上裂隙隙宽无明显分布规律，整体变化不大。根据平均裂隙隙宽数据分析认为，该中段有整体变小趋势。

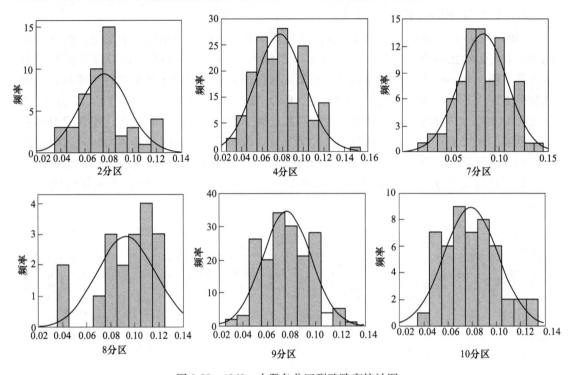

图 3-20   1360m 中段各分区裂隙隙宽统计图

表 3-6   1360m 中段各分区裂隙隙宽统计表

分区编号	2	4	7	8	9	10
数量/条	48	110	84	18	107	50
均值/mm	0.0763	0.0774	0.0827	0.0728	0.0758	0.0796
均值的标准误差	0.00293	0.00228	0.00272	0.00576	0.00177	0.00316
众数/mm	0.08	0.06	0.07b	0.09	0.07	0.07
标准差	0.02028	0.02391	0.02490	0.02445	0.01833	0.02231
方差	0	0.001	0.001	0.001	0	0
极小值/mm	0.04	0.03	0.02	0.02	0.05	0.04
极大值/mm	0.12	0.15	0.14	0.10	0.13	0.13

综合上述描述和图表显示，在同一高程的中段平面方向上研究区裂隙走向变化明显，但无论地表还是巷道内裂隙数据，反映出某几个走向优势方向基本上在各分区内都会出现，地表是走向约 325° 和 75° 的两组相对优势明显；1720m 中段是 65° 左右和 330° ~ 350° 走向；1540m 中段的优势走向方位是 340° 和 65°；1360m 中段的走向方位 320° 和 60° 基本在各分区都有出现。这一情况显然是裂隙发育受构造控制作用的结果，也间接说明野外测定

的裂隙以构造裂隙为主。陡倾裂隙不论在地表还是在地下巷道都是比例最高的，显然这一裂隙发育特征有利于地下水的垂向渗流。

在裂隙隙宽分布规律上，地表、地下巷道各分区基本都符合正态分布；隙宽在同一高程的中段平面方向上分布规律较差，但数据相对比较集中；根据地表和地下巷道隙宽的平均值有随深度逐渐减小的趋势，在下文中会开展更进一步的对比分析。

3.3.2 垂向发育规律分析

研究区地表最高海拔约 2500m，最低巷道 1360m，超过 2000m 高差范围内裂隙的发育规律可能有巨大的变化，一是各高程范围内裂隙优势发育方向有变化，二是隙宽随高度变化也会有变化。已有学者研究发现，地下裂隙的隙宽有随深度逐渐减小的趋势。本研究对各中段巷道也进行了大量的裂隙测量工作，这些巷道平面上有一定的重叠而高程不同，可以支持对特定范围内裂隙垂向发育规律进行研究和分析。

3.3.2.1 研究区总体裂隙垂向发育规律分析

由于各中段巷道展布不是覆盖全部研究区，因此选择地表、地下裂隙数据重叠的范围进行分析研究，具体而言主要以地表 2 分区、3 分区、4 分区、5 分区、7 分区、8 分区、9 分区、10 分区的平面范围进行分析，且将这 8 个分区数据合并在一起与地下数据进行对比分析。

巷道数据涉及 1360m、1415m、1420m、1480m、1510m、1540m、1720m 共 7 个中段，受现场条件影响，1415m、1420m、1480m、1510m 中段裂隙数据少，离散性强，不利于分析研究。为此，根据各数据点的高程，分别合并到临近中段巷道的数据中，最终形成 1360m、1540m、1720m 三个中段裂隙数据。

分析图 3-21 看出，从地表至 1360m 中段各高程的裂隙均存在陡倾裂隙发育数量最多的现象，且直方图变化趋势接近，也就是说从地表到地下发育裂隙的倾角分布情况大体一致。1720m 中段裂隙走向优势方位以 65°为主，其次在走向 300°、20°和 80°方向也有较为明显的表现。

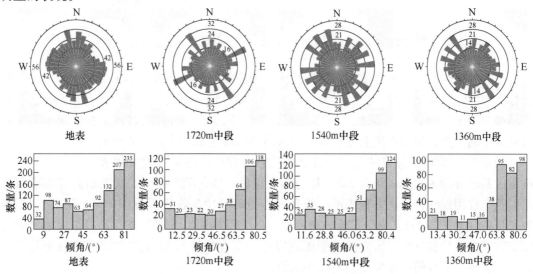

图 3-21　垂向各高程裂隙走向玫瑰花图及倾角直方图

图 3-21 的走向玫瑰花图中，地表最大优势走向为 270°~290° 和 15° 两个大方向，其次是 350° 和 80° 两个方向也较为明显，参考图 3-13 认为可能是由于该中段裂隙数据较为集中、分布范围偏窄造成。1540m 中段相较地表而言更为均匀一些，裂隙走向优势方向 300°~340° 区间较突出，其次是 50°~70° 方位较为明显。1360m 中段裂隙走向规律有些像综合了前面所有特点一样，上部各高程的裂隙优势方向，在该中段都有发育。总体而言，垂向裂隙走向发育规律性相较于同一高程平面方向上要明显一些，考虑数据量，可以认为地表裂隙走向在地下巷道内均有发育，只是优势没有地表突出。

为了更清晰地分析隙宽随深度的变化，把裂隙分布高程从 1360m 开始，每 30m 划分出高程段，统计各高程段内所有裂隙隙宽的平均值，然后观察其变化规律。从图 3-22（b）中可以看出，以高程、隙宽为坐标轴的分布图中，隙宽随深度的增加有明显的下降趋势，但各高程段隙宽平均值离散性也很强；对隙宽、高程关系进行了回归分析，对比多种回归方式，以线性回归效果最好，拟合方程的确定性系数 0.635，拟合程度不算太好；拟合方程如下：

$$y = 35075.2083x - 1058.3534 \tag{3-4}$$

式中，x 为隙宽，mm；y 为高程，m。

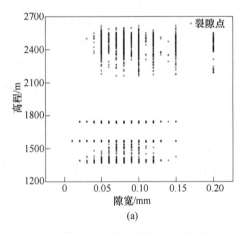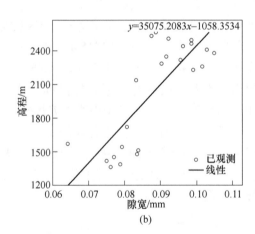

图 3-22   隙宽高程分布散点图（a）及高程分段隙宽平均值回归曲线（b）

上文对裂隙产状分析中发现，研究区优势裂隙的倾角以近直立和水平为主。为了观察优势裂隙的隙宽变化情况，分别对倾角在 1°~15° 和 75°~90° 范围的裂隙进行回归分析。分析结果如图 3-23 所示。从隙宽散点图上看，两组不同倾角的裂隙整体上都表现出隙宽随深度减小的趋势，但数据离散性更强；而从回归曲线上看，效果不太理想。

倾角 1°~15° 的裂隙组隙宽与高程之间关系方程用线性和三次方程表示，拟合方程的确定性系数分别为 0.369 和 0.323，拟合程度很差；倾角 75°~90° 的裂隙组隙宽与高程之间关系方程用线性和二次方程表示，拟合方程的确定性系数分别为 0.081 和 0.411，拟合效果更差（见图 3-23）。由于拟合效果不好，此处不再列出各回归方程。根据上述对裂隙隙宽数量的统计和分析，研究区内裂隙隙宽垂向发育规律与倪绍虎[66]研究的现象基本一致，即裂隙隙宽有随深度增加逐渐减小的趋势。

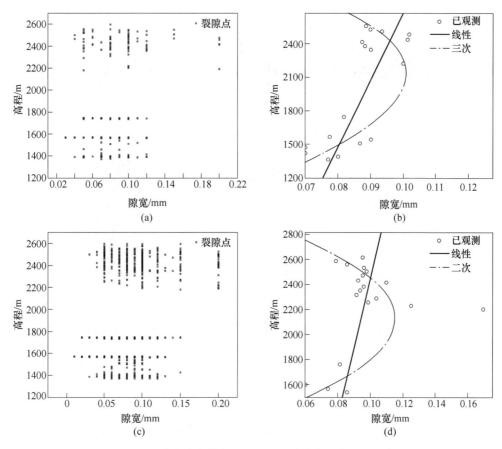

图 3-23　隙宽分布散点图及高程分段隙宽均值回归曲线
(a)，(b) 倾角 1°～15°裂隙组；(c)，(d) 倾角 75°～90°裂隙组

3.3.2.2　分区裂隙垂向发育规律分析

对裂隙垂向发育规律做总体分析时其规律性不是很强，为避免数据量及中段裂隙数据分布因素的影响，下面对 2 分区、3 分区、8 分区进行对比，这 3 个分区从地表到地下巷道平面上相互重叠，数据相对而言更为一致。

为了对比方便，把同一分区的地表和不同中段的裂隙走向玫瑰花图放在一起做对比，图 3-24 所示为分区垂向裂隙走向玫瑰花图。从整体上看，垂向上的裂隙相似度相较巷道平面要好很多。2 分区内从地表垂直向下发现有一个偏转，但偏转角度不是很大。3 分区除 1720m 中段 65°方向的优势方向突出外，其余的与地表和下部的 1360m 中段基本一致。8 分区地下中段裂隙发育方向有较轻微的偏转，特征较为一致，1360m 中段受限于裂隙测量数据量较小，现象不是很明显。

裂隙走向发育规律从总体上可认为相似度较高，特别是地下各中段间相对变化要小很多。在进行岩体渗透张量计算时需要逐一计算各分区的裂隙数据，根据研究区垂向裂隙方向相似度高的特点，在地下中段裂隙数据缺乏时，可以使用同一分区其他中段数据近似代替；如果分区内没有地下巷道裂隙测量数据，可以利用同一分区的地表数据近似代替；用这种处理方式计算出的岩体渗透张量结果将不会出现太大的偏差。

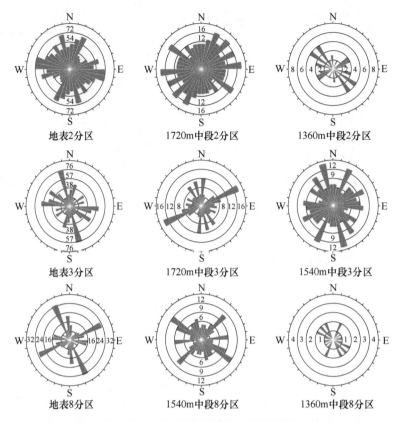

图 3-24   分区垂向裂隙走向玫瑰花图

受数据采集范围限制，只有 2 分区、3 分区、8 分区同时具有地表和两个地下中段垂向隙宽数据。对这 3 个分区制作了相应分区的隙宽、高程分布散点图和高程分段隙宽值的回归分析，希望能更进一步地分析出研究区内裂隙隙宽在垂向上的变化规律，图 3-25~图 3-27 所示为各分区的散点图和回归曲线图。

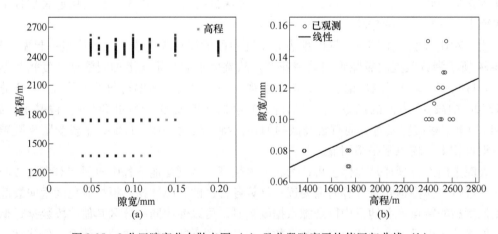

图 3-25   2 分区隙宽分布散点图（a）及分段隙宽平均值回归曲线（b）

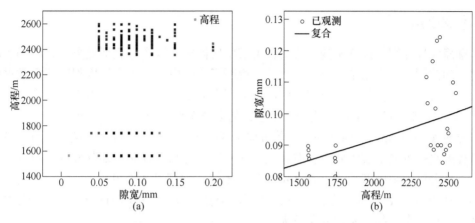

图 3-26　3 分区隙宽分布散点图（a）及分段隙宽平均值回归曲线（b）

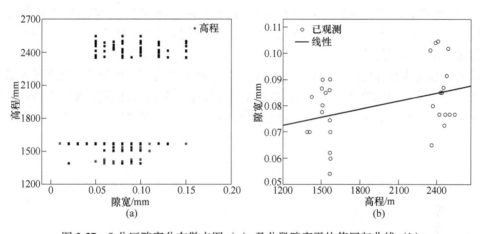

图 3-27　8 分区隙宽分布散点图（a）及分段隙宽平均值回归曲线（b）

观察图 3-25～图 3-27，发现总体垂向隙宽规律一致。然后把高程分段，取各段内隙宽平均值，然后进行数据回归分析，结果见表 3-7。

表 3-7　分区隙宽高程关系回归方程

分区	回归方程	方程类型	R^2
2	$Y = 3.86718105171685 \times 10^{-5}X + 0.01676461220836351$	线性	0.563
3	$Y = 0.05846299702501084 \times 1.000234660214207X^2$	复合	0.449
8	$Y = 2.632090038368905 \times 10^{-5}X + 0.02890148462216616$	线性	0.631

注：X 为隙宽，mm；Y 为高程，m。

从回归曲线方程上看两个为线性方程，一个是复合方程，拟合的效果一般，拟合方程的确定性系数都不超过 0.7。对比前文中总体规律分析时的回归方程，各分区隙宽垂向变化规律与总体规律大体一致，基本上高程、隙宽都以线性关系为主。各回归方程的确定性系数小，可能与裂隙测量空间分布有关，一个分区内的裂隙位置可能相距几百甚至上千米，数据仍有很大的分散性；如果使用同一钻孔内的数据进行分析，得到的效果将会改善很多。

3.4   本章小结

本章简要地介绍了尺度不变性含义，本书中岩体裂隙概念、表征及分类，明确了本书中研究区的范围，并介绍了研究区的概况；说明了小、中、大 3 个尺度裂隙测量数据的获取方法。中尺度裂隙数据最为丰富，因此根据研究区地质构造概况，确定把研究区划分为 12 个分区，分别对 12 个分区地表和地下巷道的裂隙发育规律进行分析和研究。

研究地表 12 个分区裂隙走向的优势方向为 325°和 75°，以陡倾裂隙最为发育，各分区同一高程的水平方向上裂隙发育各有特点，同一高程的水平方向上部分分区裂隙有一定的相似性。各分区裂隙隙宽总体上符合正态分布规律，隙宽范围在 0.1～0.4mm 之间，数量最多的是 0.2mm 或稍小的隙宽值；各分区平均隙宽在 0.169～0.21mm 之间，巷道水平面上隙宽无明显分布规律，整体变化不大。

研究区地下巷道裂隙平面分布规律稍有变化，1720m 中段裂隙优势方向分别为 65°和 330°～350°走向，1540m 中段裂隙优势走向方位是 340°和 65°，1360m 中段优势走向是 320°和 60°。在隙宽分布规律上，地表、地下巷道各分区基本都符合正态分布规律；隙宽在巷道水平面上分布规律较差。

垂向上裂隙优势方向略有变化，主要是地表与地下之间差异较明显；地下不同高程之间整体趋势一致。裂隙隙宽垂向上有较为明显的规律，隙宽有随深度增加逐渐减小的规律；总体上符合线性变化，并给出了线性回归方程，只是方程的拟合度并不是特别理想。

4　小尺度单裂隙渗透性

4.1　单裂隙渗透性研究

岩体裂隙由于形成环境的多变造成了其几何形态的复杂性。为了研究的方便,一般需要对其进行简化和抽象,最简单直接的方式就是把裂隙简化成由两块光滑平行板构成的缝隙。针对光滑平板流实验研究最早由苏联学者于 1941 年提出,随后 Pomm、Snow、Louis 等人也对裂隙渗透特性进行了大量实验和研究;发现通过光滑平板构成的裂隙的流量与裂隙宽度的三次方成正比,由此提出了著名的立方定律[1~5]。之后学者在研究岩石单裂隙流时,多以立方定律为基础开展研究工作。

4.1.1　立方定律

设两个光滑平板之间的隙宽为常数 a,则通过等宽缝隙的流量 q 与隙宽 a 之间有如下关系:

$$q = \frac{ga^3}{12\nu}J \tag{4-1}$$

式中,q 为流量,m^2/s;g 为重力加速度,m/s^2;a 为隙宽,m;J 为水力梯度;ν 为液体的运动黏滞系数,m^2/s。

从式 (4-1) 中可以看出,通过缝隙的流量 q 与缝隙隙宽 a 的三次方成正比,式 (4-1) 即为著名的立方定律。为了方便研究,也可以把式 (4-1) 写成达西定律的形式:

$$q = -k_f aJ \tag{4-2}$$

其中

$$k_f = \frac{ga^2}{12\nu} \tag{4-3}$$

此时,k_f 称为裂隙的水力传导系数 (m/s)。

用于描述流体的黏滞性的物理量,更为常用的是动力黏滞系数 μ (简称黏滞系数,单位为 $N \cdot s/m^2$ 或 $Pa \cdot s$),它与运动黏滞系数之间有以下关系:

$$\nu = \frac{\mu}{\rho} \tag{4-4}$$

使用式 (4-4),式 (4-3) 可以变为更常见的表达式:

$$k_f = \frac{\rho ga^2}{12\mu} \tag{4-5}$$

观察式 (4-5) 可以发现,裂隙的水力传导系数与流经其中的液体物理性质也有关系,为更好地表达裂隙本身的渗透特性,使用渗透率概念 $k_{in}(m^2)$,其表达式为

$$k_{in} = \frac{a^2}{12} \tag{4-6}$$

式（4-6）表示的是缝隙内在的水力传导性质，仅和隙宽的平方成正比。由于它的概念仅关注于缝隙本身，更为纯粹不受液体因素影响，所以渗透率概念在国内外文献和研究中使用更为广泛。使用渗透率立方定律可以写成下式：

$$q = - k_{in} \frac{\rho g a}{\mu} J \tag{4-7}$$

立方定律公式在推导过程中提前设定了假设条件：（1）流体呈层流运动；（2）缝隙平板光滑；（3）渗流为恒定流。因此，也决定了立方定律有其适用范围。根据前人的研究[9,14]，当缝隙中流体的雷诺数 $Re<500$ 时，立方定律适用。岩体在常温状态下，根据水的黏滞性，若此时缝隙中的水力梯度为1，由 $Re=500$ 可以求得隙宽 $a=0.927$mm，即隙宽不大于1mm时，缝隙中的水流为层流状态。岩石中的裂隙隙宽通常小于0.1mm，因此，对岩体中存在的大量小裂隙而言，立方定律成立；但对于隙宽大于1mm的大裂隙，以及水力梯度较大时，裂隙中水的流动状态将从层流逐渐过渡到湍流（或紊流）状态。此外，有学者研究发现，当岩石中的裂隙隙宽大于 0.2μm 时，立方定律成立。

4.1.2　单裂隙渗流能力的影响因素

影响裂隙渗流能力的因素主要有隙宽、应力、充填物、粗糙性以及多场耦合等，裂隙粗糙性和隙宽是研究相对较多的方面。对于裂隙粗糙性的描述方法很多，可归纳为3类：凸起高度表征法、节理粗糙度系数 JRC 表征法和分数维表征法[14]。

4.1.2.1　裂隙隙宽

隙宽即裂隙面的张开度。对光滑平板构成的裂隙，隙宽是指两壁之间的法向相对距离。天然裂隙表面通常是粗糙不平的，许多学者研究后发现可以使用隙宽概率分布密度函数来描述岩石隙宽的变化规律[20]，其概率密度函数主要是对数正态分布和负指数分布两种。

根据研究目的的不同，岩石裂隙隙宽有多种不同的定义，而且不同学者之间的定义划分也不尽相同。王媛[14]把隙宽分为3种定义：平均隙宽、力学隙宽（机械隙宽）和等效水力隙宽。张有天[1]把隙宽划分为5种定义：均值隙宽、水力等效隙宽、最大机械隙宽、机械隙宽和残留隙宽。张有天对隙宽的定义不仅考虑了裂隙的渗流能力，还增加了最大机械隙宽和残留隙宽两种定义，主要是从力学角度考虑。对粗糙裂隙渗流问题的研究而言，实际研究中等效水力隙宽更具有实际意义。

4.1.2.2　裂隙充填物

充填裂隙的渗流特征不仅与隙宽有关，还与充填材料性质有关，例如材料的成分、孔隙率、透水性、粒径等。田开铭[21]提出优化后有充填裂隙流的渗流公式，速宝玉[24]提出了充填裂隙渗透系数的计算公式。上述两位学者提出的计算公式均是以立方定律为基础，使用充填材料的孔隙率、颗粒直径或实验测定系数作为修正参数而得到相应公式，裂隙中的水是层流状态。Qian[10]、Brackbill[11]、Vassilios[12]等人则通过大型单裂隙渗流实验发现，使用 Forchheimer 和 Izbash 方程充分描述了非层流状态下裂隙中的水流运动特征。

4.1.2.3　裂隙粗糙性及立方定律修正

从前文可以发现，立方定律的成立是基于理想状态下的条件。但实际情况是岩石中的裂隙面并非完全光滑，而是粗糙的，其粗糙程度不同会造成裂隙渗透能力明显差异，若直接使用立方定律必然造成较大的计算误差。岩石裂隙表面凹凸不平，相对于平板流而言，流线长度增加；在相同水力梯度条件下，相同隙宽的粗糙表面比光滑表面会产生更大的沿程损耗，结果是其过水流量减少，而所得到的岩石裂隙渗透率减小。

前人对粗糙裂隙的水力学性质进行了大量的研究，发现裂隙的凸起程度与隙宽的比值对裂隙的渗透性有很大的影响。基于此认识提出了粗糙度修正系数的概念，用于修改立方定律，公式如下：

$$k_f = \frac{\rho g a^2}{12 \mu C} \qquad (4\text{-}8)$$

式中，C 为裂隙表面的粗糙度修正系数。

粗糙度修正系数 C 与表面的凸起度 Δ 相关，苏联学者通过实验研究认为 C 与 Δ/a 成正相关：

$$C = 1 + \left(\frac{\Delta}{a}\right)^{1.5} \qquad (4\text{-}9)$$

Louis 通过研究实验资料，建议使用下式：

$$C = 1 + 8.8 \left(\frac{\Delta}{2a}\right)^{1.5} \qquad (4\text{-}10)$$

以上几种计算裂隙粗糙度修正系数的方法都需要一个前提条件，就是相对精确地获得粗糙裂隙表面的形态数据才能进行计算。

凸起高度表征法是直接以裂隙表面的凸起高度函数或凸起高度的概率密度函数来描述裂隙表面的粗糙性，这一方法需精确测量裂隙面上每一测点的凸起高度，对于一个已知的裂隙面是可行的。

节理粗糙度系数（JRC）是岩体工程中常用来描述裂隙面粗糙性的一个重要几何参数，在裂隙隙宽、剪切刚度、剪切强度等诸多重要参数的经验公式中都直接包括着 JRC 的影响。Barton、吴月秀[18]等学者深入地研究了 JRC 的界定以及在裂隙表面形态的描述使用。

随着分形几何理论的发展，在裂隙面粗糙性表征方面也出现了利用分数维来表征的方法，即分数维法[18,19]。分数维法不但可以直接对粗糙裂隙表面进行描述，还可以结合岩体节理 JRC 值进行综合描述，并且利用可以计算机模拟技术生成任何需要的粗糙面形态，为进一步研究岩体裂隙网络渗透性提供了极大的方便，应该是一种最有前景的方法。

由于重点关注的是粗糙裂隙的渗流能力，本书中使用式（4-8）中的粗糙度修正系数指标来表征裂隙表面粗糙程度；该指标主要反映对裂隙的渗透性影响，其取值是根据典型单裂隙渗流的研究结果来确定。

4.2 岩石裂隙形态识别及提取

4.2.1 岩石 CT 图像处理及裂隙识别

本书中 34 个岩石样品的 CT 扫描成果以图像方式提供，分别有柱状直方图、正交切片图、切片、3D 展示图等内容，其中最主要的是切片图，各岩石样品 CT 扫描切片数据均在

125 张以上。以 7 号样品为例，测试单位提供了 138 张样品轴向切片图，为后续的岩石裂隙三维空间识别提供了高精度的数据源。考虑各样品的处理方式基本一致，此处以代表性较好的 7 号、31 号样品为例展示岩石 CT 扫描成果以及裂隙分析、识别方法。

图 3-6 展示了 7 号岩石样品的部分 CT 扫描成果，图 3-7 所示为 7 号、31 号样品的 CT 正交切片图及三维切片合成，从图中可以清晰地观察到岩石样品中的裂隙发育形态、相互交叉等情况；初步观察也可以发现岩石内部裂隙整体上较为平直，充填物较少，这点和野外调查过程中发现的情况一致。

CT 扫描作为一种无损检测物体内部结构的技术，是当前建立三维数字岩心最直接和最准确的方法，其原理是根据岩石中不同密度的成分对 X 射线吸收系数不同，以达到区分孔隙和骨架的目的[126]。

由于 CT 扫描的图像中存在各种各样的系统或设备噪声，这些噪声不但降低了图像的质量，还会对后续的图像处理工作带来很大干扰，因此难以做到精确的定量分析。对于 CT 图像处理和分析，一般情况下首先要对图像进行降噪，增强图像中的信噪比，降噪的主要算法就是滤波算法。对三维图像而言，常见的降噪算法有低通线性、高斯平滑和中值滤波 3 种。根据多次尝试，针对研究岩石 CT 切片图像采用中值滤波算法效果最好，本书选用了该算法。使用中值滤波算法处理图像后，岩石基质与裂隙之间的过渡更为自然，两者边界更为清晰，同时较好地保留了图像重要的特征信息。

图像的滤波只是第一步处理，要量化岩石基质和裂隙，还需要对图像进行分割处理，又称二值化。简单说就是设定合理的阈值，将大于和小于阈值的图像像素划分为两种，分别代表岩石基质和裂隙。二值化处理的关键点就是阈值的选择，人为因素很强。为了更好地选择阈值，需要对二值化处理的结果与已知参数进行对比以检验其合理性。本研究对岩石样品进行了岩石渗透性实验，得到了岩石的精确的孔隙度数据，可以把已知样品的孔隙度作为参数判断阈值选取的合理性。利用实测的孔隙度寻求分割阈值 k^* 的公式如下[126]。

$$f(k^*) = \min\left\{ f(k) = \left| \phi - \frac{\sum\limits_{i-I_{\min}}^{k} p(i)}{\sum\limits_{i-I_{\min}}^{I_{\max}} p(i)} \right| \right\}$$

(4-11)

式中，ϕ 为岩石样品的孔隙度；k 为图像阈值；$I_{\max}$，$I_{\min}$ 为图像中最大、最小灰度值；$p(i)$ 为灰度值为 i 的体素数。

灰度值低于阈值的体素，就代表了裂隙；高于阈值的则代表了岩石基质。以最终求得合理的阈值 k^*，对图像进行二值化处理。

对于数字岩心样品而言，理论上其尺寸越大越具有代表性，就更能准确地表征岩石的宏观特性；但更大尺寸也带来更多数据量，对计算机处理能力要求也就更高，面对这一问题有学者把岩体的 REV 值的概念引入到了岩石 CT 扫描技术中。根据姜黎明等人[127]的研究发现，当数字岩石样品的体素值在三维空间中超过 200×200×200 后，使用图像处理技术得到岩石物理性质（如孔隙度等）基本上就不再发生明显变化，也就是不再受岩石样品尺寸影响。据此，本研究送检的样品 CT 图像基本满足上述要求。

岩石 CT 图像处理和裂隙识别使用 FEI Avizo 软件，它是专门针对地球地质科学、材料科学等学科的一款可视化处理软件。该软件可以将 CT 扫描生成的切片数据进行精确的三维重构，并实现高精度的三维表面、体渲染功能；对于图像数据可以实现图像配准、溶解、对齐，排列配准多个数据集以进行多数据对比；融合多模型数据以增加信息量和模型精确度。对图像集可以实现图像分割，即基于个别像素分配做出不同的标记，以鉴别区分不同的结构来生成三维模型以及进一步的数据分析任务。

仔细观察本研究所有采集样品中发育、出露裂隙情况，发现大部分裂隙中充填物很少，裂隙中以空气为主。气体与岩石的密度差异巨大，相应地对 X 射线的吸收系数不同，这样使得大部分裂隙的 CT 图像较为清晰、明显，也为样品的裂隙识别和提取提供了良好的先决条件。

大部分样品 CT 切片图像中裂隙形态很好，但要提取出裂隙三维空间数据仍然需要比较复杂的处理过程，同时由于各种原因只提取出数个有效的三维裂隙数据。其主要原因：（1）并非所有裂隙空间连续良好，有些裂隙在部分切片中图像很清晰，但其他图像并不突出，原因之一就是受扫描精度限制；（2）受 CT 扫描对样品尺寸的限制，岩石样品尺寸同样受限，很多裂隙只是局部发育在样品中，且还有部分裂隙的缺失，不能提取出较为完整的裂隙，事后分析认为这是由于采样经验不足造成的；（3）一个样品图像就需要同步处理 100 多张 CT 切片图，对于计算机性能要求很高，普通计算机处理一个样品数据需要很长时间。考虑整体研究进度，无法对每个岩石样品 CT 数据进行详细的处理和裂隙识别。因此，最终提取出 5 条形态完整的三维裂隙数据。

对 CT 扫描的原始图像处理，主要是需要经过灰度化、滤波、二值化分割、表面生成等过程的处理，之后才能只保留样品中裂隙部分的图像，从中选出合适的裂隙并删除不必要的数据，最后合成形态完整的单裂隙的三维图像。因为后续需要使用单裂隙数据进行数值计算，所以在保证裂隙形态精度不变的前提下，生成单裂隙表面网格数据格式，以备后续用。图 4-1 所示为样品的三维还原及灰度切片，展示的是初步处理后使用 CT 扫描切片完成的三维还原效果及灰度切片图。图像的三维还原是检验原始 CT 数据完整性的有效方法，同时直观地反映出 CT 扫描精度，也可以在计算机上从三维角度详细观察 CT 扫描样品。

在完成上述的一系列处理过程后生成了 5 条裂隙三维图，图 4-2 展示了 CT6、CT7、CT16、CT19、CT31 这 5 个样品中提取出的裂隙图像，可以看出裂隙整体较为平直，但也有局部闭合和分岔，并且有隙宽的逐步变化。受样品尺寸的影响，多数只能提取出长条状的裂隙，从裂隙空间延伸性来看效果有些缺憾，因为短边的裂隙随机性较强，可能放大某些属性参数的强烈不均匀性。理想状态是提取出的裂隙应大体为正方形的裂隙面，有利于分析裂隙渗透性的方向性以及裂隙隙宽的统计。使用裂隙面三维图像生成裂隙的三维网格数据，作为后续的数值建模基础。查看图 4-2 中的网格形态，可以很好地反映出裂隙三维形态，为后续的单裂隙渗流研究工作提供了良好的基础数据。

4.2.2　激光扫描裂隙面提取

因为 CT 扫描的样品还需要进行岩石渗透性测试，测试时要从样品上钻取小岩心，这一过程会完全破坏岩样，无法直接观察对比实物岩石裂隙面与 CT 图像提取裂隙的吻合情况。为弥补这一缺憾，从现场取回多个带天然裂隙面的钻孔岩心，并对岩心直接进行了裂隙面的三维激光扫描。本研究共扫描了 12 个岩心样品的裂隙面，涵盖了主要的裂隙类型。12 个裂隙面样品三维扫描结果如图 3-8 所示，样品信息见表 3-2。

CT6

CT7

CT16

CT19

CT31

图 4-1 样品的三维还原及灰度切片

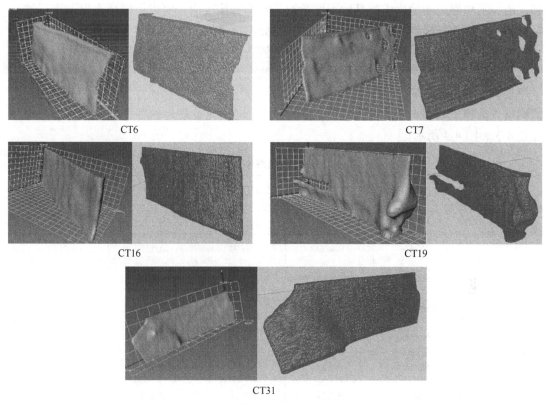

图 4-2 岩石样品的典型裂隙三维图及其网格图

为提高精度并不要求对岩石样品进行全尺寸扫描，重点在裂隙面上。三维激光扫描仪扫描最大精度标称为 0.1mm，实际扫描精度为 0.2mm，在取得扫描数据后使用样品尺寸和扫描云点数反算出扫描精度在 0.12~0.23mm 之间。对比实际裂隙面尺寸最小宽度 80mm，上述扫描精度可以满足后续研究使用要求。

4.2.3 裂隙面提取及网格化处理

上一节中对裂隙面扫描做了简单的介绍和评述，但原始扫描数据只能还原出扫描对象的形态，并不方便直接用于后续的研究工作。扫描裂隙面除直观反映裂隙面形态外，更希望利用高精度的扫描成果，对由裂隙面组成的裂隙进行渗透性研究。为此，需要从每个样品扫描数据中提取出边缘相对规则的裂隙面局部区块范围。裂隙扫描数据是以不规则网格或点云格式保存，而数值实验最好的是边缘平整、网格尺寸统一的数据；此外，尺寸统一的网格数据才能用于生成拟合的对立裂隙面，进而计算出上下裂隙面间隙宽的三维空间数据。

由于样品送检之前已经标出 5cm 边长的裂隙范围，在有纹理贴片的不规则网格中很容易识别出需要的正方形区域，只要把外围区域修剪好即可。扫描过程中由于样品不规则，不能保证所有裂隙面网格是整体水平的。为了后续操作和计算方便，人为地把裂隙面网格整体旋转至水平，这一过程不影响裂隙面精度。

得到正方形的不规则网格后，提取每一个网格点形成点云数据用于下一步的分析流程。因为不规则网格的生成就是使用原始点云数据直接生成，所以由网格点提取点云这一过程并不会影响扫描数据的精度，操作过程此处不再赘述。

有了不规则点云数据，就可以使用数值插值法形成等间距的规则网格形式。因为进行了数值插值运算，对原始网格数据有了一定的改变，可能造成裂隙面形态精度的下降。为了尽量减少这一过程的影响，形成的插值网格点数应尽量接近原始点云数，并利用插值后的网格点估算了处理后的裂隙面精度，见表 4-1。网格化处理后的各个裂隙面三维形态图如图 4-3 和图 4-4 所示。

表 4-1 裂隙面网格化精度简表

编号	长×宽/mm×mm	扫描点数	最大起伏高度/mm	扫描精度/mm	网格化后精度/mm
1	50×50	86719	10.18	0.170	0.25
2	50×50	149566	50.33	0.129	0.25
3	50×50	75064	22.64	0.182	0.25
4	50×50	60802	5.174	0.203	0.25
5	50×50	75024	3.76	0.183	0.25
6	50×50	58337	6.67	0.207	0.25
7	50×50	58107	5.27	0.207	0.25
8	50×50	55859	3.51	0.212	0.25
9	50×50	76741	3.97	0.180	0.25
10	50×50	55403	5.37	0.212	0.25
11	50×50	48959	3.30	0.226	0.25
12	50×50	47345	5.40	0.230	0.25

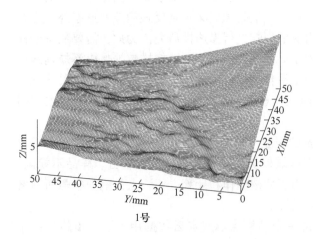

1号

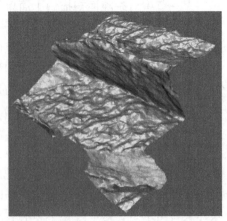

2号

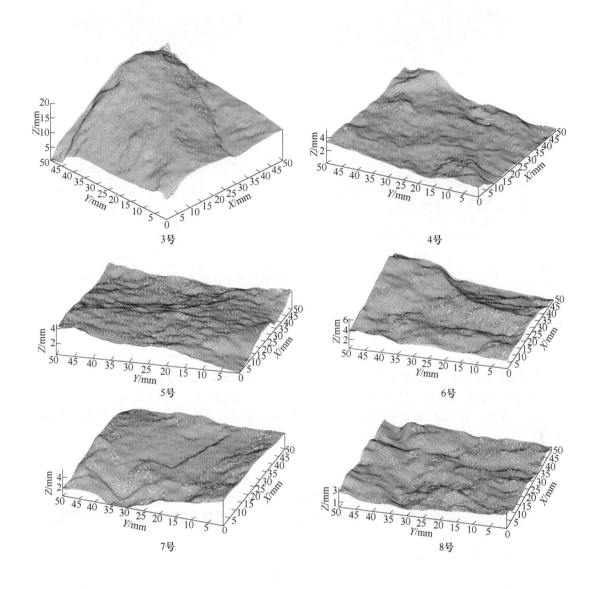

图4-3 1~8号裂隙面三维形态网络图

需要特别指出的是 2 号裂隙面样品，由于是两组裂隙相互交叉，虽然单条裂隙较平整，但整体起伏非常大，样品表面实际是由两组三条裂隙共同构成，局部甚至出现了反倾，这类表面使用数值插值法没有办法形成合理的单一表面。即使强行处理，得出的结果与原始表面形态差异也太大，因此 2 号裂隙面不进行后续的操作，只对原始扫描的数据进行展示。

经过与实物样品进行对比，生成的网格化裂隙面形态效果良好，可以反映出实物样品表面的起伏状态，认为可以满足后续研究的要求。

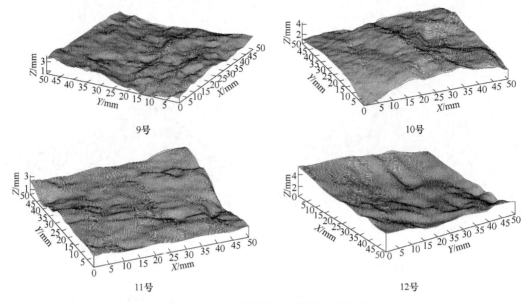

图 4-4　9~12 号裂隙面三维形态网络图

4.3　岩石渗透性测试及分析

本研究对 34 个样品完成 CT 扫描后，对岩石样品采用气体法测试了孔隙度、渗透率、密度等物理性质参数。测试时，在岩石样品上取直径 2.5cm 的柱塞共计 35 个（4 号岩样两个柱塞），获取有效测试结果数据 33 个。

测试方法：按照石油天然气行业标准《岩心常规分析方法》（SY/T 5336—2006）执行。

4.3.1　氦孔隙度测试说明

测试仪器：美国 coretest 公司的氦孔隙度仪 phi220。

质量控制：全部样品在 105℃ 下烘干至恒重后测试，系统在测试工作展开前使用标准块校正。

基于波义耳定理，理论公式为

$$p_1 V_1 = p_2 V_2 \tag{4-12}$$

测样固体颗粒体积计算公式：

$$V_{\text{grain}} = V_{\text{ref}} + V_{\text{matrix}} - \frac{p_1}{p_2} V_{\text{ref}} \tag{4-13}$$

式中，p_1 为参比室中的压力，MPa；V_{ref} 为参比室的体积；p_2 为氦气扩散进岩心杯后的压力，MPa；V_{matrix} 为岩心杯的体积，mL；V_{grain} 为样品的颗粒体积，mL。

用千分尺测量样品的直径和长度后计算样品总体积，孔隙体积为总体积减去颗粒体积。样品孔隙度计算公式为

$$\phi = \frac{V_{\text{p}}}{V_{\text{b}}} \times 100\% \tag{4-14}$$

式中，V_{p} 为孔隙体积，cm^3；V_{b} 为总体积，cm^3。

4.3.2 岩石渗透率测试说明

测试仪器：CAT112 高低渗透率仪。

测试流程：哈斯勒夹持器中使用 1379kPa（200psi）围压将样品密封，测件一端加压，使用干燥空气稳定透过测样，测量进出口压力以及空气流速。

质量控制：全部样品在 105℃ 下烘干至恒重后测试，系统在测试工作展开前使用标准块校正。

气体渗透率符合达西定律，计算公式为

$$K = 2 \times 10^6 \cdot \frac{p_{atm}\mu Q_a L}{A(p_1^2 - p_2^2)} \tag{4-15}$$

式中，K 为渗透率，μm^2；p_{atm} 为大气压，atm（$1atm = 1.01325 \times 10^5 Pa$）；$\mu$ 为气体动力黏滞性系数，$mPa \cdot s$；p_1 为进口压力，atm；p_2 为出口压力，atm；Q_a 为气体流量，mL；A 为样品横截面面积，cm^2；L 为样品长度，cm。

测试单位提供的结果中气测渗透率单位为 mD（毫达西），$1mD = 0.9869 \times 10^{-3} \mu m^2 = 0.9869 \times 10^{-15} m^2$。

34 个样品实验结果见表 4-2，为了方便对比，表 4-2 中除原始渗透率结果外，全部又换算为单位 m^2。

表 4-2 岩石渗透性气测成果表

CT 编号	岩心编号	岩性	编号	孔隙度/%	颗粒密度/g·cm⁻³	密度/g·cm⁻³	气测渗透率 K_a/mD	渗透率/m²
1	1360m/304	个旧石灰岩	1	1.01	2.72	2.70	0.780	7.70×10^{-16}
2	1540m/526	个旧石灰岩	2	0.77	2.71	2.69	1.385	1.37×10^{-15}
3	1540m/527	个旧石灰岩	3	0.33	2.70	2.69	0.0016	1.58×10^{-18}
4	1540m/521	个旧石灰岩	4-1	1.68	2.82	2.77	0.0087	8.59×10^{-18}
			4-2	1.53	2.78	2.74	0.0308	3.04×10^{-17}
5	地表 109	个旧白云岩	5	1.78	2.85	2.80	0.0042	4.15×10^{-18}
6	1720m/701	个旧石灰岩	6	0.42	2.81	2.80	0.0008	7.90×10^{-19}
7	1720m/710	个旧花岗岩	7	1.62	2.73	2.69	0.0138	1.36×10^{-17}
8	1360m/307	个旧白云岩	8	0.77	2.70	2.68	0.0020	1.97×10^{-18}
9	地表 124	个旧碎裂岩	9	1.57	2.84	2.80	0.0039	3.85×10^{-18}
10	地表 103	个旧石灰岩	10	13.11	2.78	2.41	0.238	2.35×10^{-16}
11	地表 121	个旧石灰岩	11	0.63	2.83	2.81	0.0021	2.07×10^{-18}
12	地表 113	个旧角砾岩	12	4.77	2.70	2.57	0.0015	1.48×10^{-18}
13	1360m/303	个旧花岗岩	13	0.08	2.62	2.62	0.0054	5.33×10^{-18}
14	1540m/525	个旧白云岩	14	1.19	2.71	2.68	0.0062	6.12×10^{-18}
15	1540m/524	个旧白云岩	15	0.82	2.72	2.70	0.0048	4.74×10^{-18}

CT 编号	岩心编号	岩性	编号	孔隙度/%	颗粒密度/g·cm^{-3}	密度/g·cm^{-3}	气测渗透率 K_a/mD	渗透率/m^2
16	地表112	个旧石灰岩	16	3.66	2.84	2.74	11.658	1.15×10^{-14}
17	1360m/318	个旧石灰岩	17	0.60	2.74	2.72	0.0159	1.57×10^{-17}
18	地表126	个旧石灰岩	18	1.05	2.73	2.70	0.0035	3.45×10^{-18}
19	1540m/523	个旧白云岩	19	2.70	2.82	2.74	8.39	8.28×10^{-15}
20	1720m/729	个旧石灰岩	20	2.04	2.84	2.78	0.0071	7.01×10^{-18}
21	1720m/722	个旧白云岩	21	4.27	2.79	2.67	0.0137	1.35×10^{-17}
22	1360m/306	个旧石灰岩	22	0.56	2.72	2.70	0.0283	2.79×10^{-17}
23	1360m/311	个旧白云岩	23	0.88	2.70	2.67	0.0028	2.76×10^{-18}
24	1360m/308	个旧花岗岩	24	—	—	—	—	—
25	地表125	个旧白云岩	25	0.51	2.84	2.83	0.0149	1.47×10^{-17}
26	1720m/728	个旧石灰岩	26	0.94	2.83	2.81	0.0056	5.53×10^{-18}
27	1540m/530	个旧糜砾岩	27	3.08	2.74	2.66	0.0020	1.97×10^{-18}
28	1720m/725	个旧石灰岩	28	0.80	2.71	2.69	0.0026	2.57×10^{-18}
29	1720m/705	个旧石灰岩	29	0.52	2.73	2.72	0.0823	8.12×10^{-17}
30	1360m/316	个旧玄武岩	30	0.24	2.88	2.87	0.0020	1.97×10^{-18}
31	1540m/503	个旧石灰岩	31	—	—	—	—	—
32	1720m/721	个旧石灰岩	32	0.21	2.74	2.74	0.0013	1.28×10^{-18}
33	地表127	个旧石灰岩	33	0.65	2.73	2.71	0.0028	2.76×10^{-18}
34	1720m/704	个旧石灰岩	34	0.31	2.79	2.78	0.0207	2.04×10^{-17}

项目组 2016 年对研究区内采集的两块岩石进行了气体和液体两种方式的渗透实验。岩样 1 号为灰质白云岩，岩样 2 号为粗晶白云岩，两块岩样肉眼未见裂隙。然后从两个岩样中各钻取 3 个柱塞，共计 6 块用于岩石渗透性实验。渗透实验柱塞编号 1~6，其中 1~3 号取自岩样 1 号中，4~6 号取自岩样 2 号，渗透性实验结果表见 4-3。

表 4-3   2016 年气、液测的岩石渗透率列表

编号	孔隙度/%	气测渗透率/μm^2	气测渗透率/m^2	液测渗透率/mD	液测渗透率/m^2	气测/液测的比值
1	1.3	0.00429×10^{-3}	4.29×10^{-18}	0.000022	2.17×10^{-20}	197.58
2	1.2	0.00762×10^{-3}	7.62×10^{-18}	0.000017	1.68×10^{-20}	454.17
3	1.2	0.00531×10^{-3}	5.31×10^{-18}	0.000022	2.17×10^{-20}	244.56
4	2	0.835×10^{-3}	8.35×10^{-16}	0.000082	8.09×10^{-20}	10317.85
5	1.2	0.0214×10^{-3}	2.14×10^{-17}	0.000046	4.54×10^{-20}	471.38
6	2.1	0.0419×10^{-3}	4.19×10^{-17}	0.000051	5.03×10^{-20}	832.45

根据表 4-2 中 34 个样品的测试结果，石灰岩渗透率平均值 7.41×10^{-16} m^2，最小值为 7.90×10^{-19} m^2，最大值为 1.37×10^{-15} m^2；白云岩渗透率平均值 1.04×10^{-15} m^2，最小值为

$2.76×10^{-18}m^2$，最大值为 $8.28×10^{-15}m^2$。其他岩性样品数量少，可直接查看结果表 4-2。观察渗透率最大的 2 号、6 号和 19 号柱塞样，样品上发育明显裂隙，故这两个样品的渗透率数值明显大于其他样品的渗透率数值。

根据表 4-3 中的测试结果，灰质白云岩气测渗透率平均值 $5.74×10^{-18}m^2$、液测平均值 $2.01×10^{-20}m^2$；白云岩气测渗透率平均值 $2.99×10^{-16}m^2$、液测平均值 $5.89×10^{-20}m^2$。由于气测时气体的滑脱效应，因此造成气测值远大于液测值。对比了气测、液测渗透率的比值，发现无明显规律性，最小的为 197.58 倍，最大的为 10317.85 倍。因此，岩石透水性能参考液测实验数据更为准确，但渗透性相对大小可以参考气测实验结果。

4.4 粗糙单裂隙渗透性及等效水力宽度计算

岩石裂隙广泛分布于地下岩体中，对于流体运移而言，岩体裂隙的渗透能力显著大于岩石基质[1]。岩体裂隙的水力特性对评估地下工程的性能具有重要作用，例如，地热能开发，提高采收率，核废料处置，地下水污染治理[128~132]。由立方定律可知，裂隙隙宽对其渗透性影响巨大，使用等效水力隙宽计算的裂隙渗透率是最能够反映裂隙真实渗透性的结果。裂隙发育在岩体内部，野外能够测量的隙宽值绝大多数也仅是裂隙面出露的痕迹线宽度，它只能代表三维裂隙面出露在痕迹线所处面上的隙宽值，是一个局部的数值。直接把痕迹线隙宽值用于渗透率计算必然造成较大的差异，并不能反映裂隙真实渗透能力。但裂隙痕迹线宽度又是最容易大量获取到的一类数据，如何合理地使用这些数据非常关键。

流体在岩体裂隙中流动可以使用 N-S 方程组进行计算。使用 N-S 方程求解裂隙流，计算结果精度高，由于裂隙隙宽尺寸相较延伸方向尺寸来讲，要小很多，造成模型制作难度大，且计算工作量大。J. Q. Zhou 等人[133]使用 N-S 方程求解一个尺寸为 150mm×120mm 的真实岩石裂隙渗流模型，为了保证计算精度，模型网格单元数量超过了 10^6 个。

天然的岩体裂隙表面是粗糙的，限制了裂隙中流体的流动，使用立方定律计算裂隙流，会过高地估计裂隙的渗透率[134,135]。通过理论推导和实验研究，有学者提出低雷诺数（$Re≪1$）条件下，可以忽略流体的惯性流影响，采用局部立方定律（雷诺方程）对裂隙渗流进行计算，其计算结果偏差不大[136~139]。Zimmerman 等人[137]通过单裂隙渗流试验发现，当 $Re=1~10$ 时，裂隙中的流体存在弱惯性效应区，裂隙渗流流量与水力梯度逐渐偏离线性关系，而是成一种非线性关系。通过对几何平均隙宽、算术平均隙宽、表面粗糙度因子、曲折度因子进行修正后，局部立方定律仍可以用于评估裂隙中的流体流动[136,139,140]。朱红光等人[120]通过理论推导和实验研究认为，当裂隙的流程足够长，流体在层流范围（$Re≤2300$）内立方定律仍然有很好的适用性。

Javadi 等人[116]、Liu 等人[118]研究发现，裂隙中线性流和非线性流计算结果有偏差，但在低雷诺数条件下，两者相差并不是太大。由此可以认为，在低雷诺数条件下，采用粗糙裂隙模型，使用局部立方定律计算裂隙中的流体流动是一种具有较好精度的计算方法。

本研究利用高精度的激光扫描技术获取粗糙岩石裂隙表面的空间形态数据，经处理后生成粗糙裂隙模型用于单裂隙渗流计算。然后，使用两个裂隙面生成裂隙隙宽的空间数据列表，并把该数据列表当作一个随空间变化的函数，即裂隙隙宽函数（Aperture function，AF）。利用已取得的裂隙隙宽函数作为数值模型的隙宽参数，其中一个裂隙壁面作为几何模型，基于局部立方定律进行粗糙裂隙渗流计算。将计算结果与物理实验以及基于 Navier-

Stokes（N-S）方程求解的粗糙裂隙渗流数值模型结果进行了对比，并对两者计算结果的偏差及其原因做了进一步的分析。

4.4.1 三维双壁粗糙裂隙模型

岩石裂隙两壁之间的空隙空间主要受剪切位移或法向位移而引起的裂缝变形，裂隙中的流体便在这些空隙中运动。当裂隙面形态已知时，Javadi 等人[116]提出了一种假设裂隙上壁光滑下壁粗糙裂隙模型，称为单壁粗糙裂隙模型（single-rough-walled model），然后使用该模型研究流体在裂隙中的运动规律。该模型其实是把裂隙隙宽以固定间距投影到一个二维光滑平面上，所以 Huang 等人[117]认为它只是一个准三维模型，不能很好地反映双壁粗糙裂隙面造成的空隙非均匀性和各向异性。

为了更好地研究粗糙裂隙，Liu 等人[118]提出了一种三维粗糙双壁裂隙模型（Double-rough-walled model）。该模型的建立方法有两种：一种是建立一个粗糙的裂缝面后，根据正态分布规律向每一个单元添加一个隙宽，以此形成另一个粗糙的裂隙壁面；这种方法虽然考虑了各向异性隙宽的分布，但在一定程度上与剪切引起的空隙空间有所不同。另一种方法是创建两个匹配良好的粗糙裂隙面，然后人为地将一个裂隙面沿切向和法向方向移动。Li 等人[119]发现上述第二种方法，即人为移动裂隙壁的方法所建立的三维粗糙双壁裂隙模型计算结果与试验结果更吻合。Zhou 等人[141]、Liu 等人[142]使用这一方法生成裂隙壁面，并开展进一步的研究工作。移动其中一个裂隙面需要考虑岩石所处应力环境以及岩石的强度等问题，本书也采用移动裂隙面的方法，因为不研究应力条件下的裂隙渗流能力，所以只设定裂隙面的切向和法向位移量，以此适当简化处理过程和计算量。

数值模拟计算都需要模型的几何数据和对应点上的属性数据，两种数值都可以使用空间点的数据列表来表示。几何数据可以表示为 $g(x, y, z)$，某一种空间属性可以表示为 $e(x, y, z)$，当属性数据只是根据 (x, y) 而发生变化，那么就可以表示为 $(x, y, e(x, y))$，例如，裂隙隙宽。无论是 $g(x, y, z)$，还是 $(x, y, e(x, y))$ 都可以使用数据列表的方式存放，并以一个函数方式进行调用，从可视化角度就形成了有规律分布的空间点。例如，可以通过连接空间各点而产生裂隙壁面。

对已获得的裂隙表面数据，设裂隙面起伏高度为 z，使用 x、y 表示裂隙平面坐标，在笛卡尔坐标系中便可用函数 $z = g(x, y)$ 表示裂隙面几何形态。三维扫描的裂隙表面经过处理后形成可用函数 $z = g(x, y)$ 表示的数值列表。为便于后续计算，把 x 方向设定为剪切方向移动。上裂隙面函数为 $g_U(x, y)$，下裂隙面函数为 $g_L(x, y)$。图 4-5（a）展示了如何使用裂隙壁面切向位移方法生成另一个裂隙面。

计算两个裂隙壁面之间的隙宽可用下列方程[141~143]：

$$a(x,y) = \begin{cases} g_U(x + u_s, y) - g_L(x,y) + u_v & ,当\ g_U(x + u_s, y) > g_L(x,y) \\ 0 & ,当\ g_U(x + u_s, y) \leq g_L(x,y) \end{cases} \quad (4-16)$$

式中，$a(x, y)$ 为上下裂隙壁面隙宽函数；u_s 为剪切向位移；u_v 为法向位移。

图 4-5（c）展示了生成裂隙隙宽形态，起伏高度代表了裂隙隙宽的数值。

岩石 CT 扫描图像识别的岩石裂隙已包含上下裂隙数据，无须切向位移操作可以直接使用。而三维激光扫描的数据只能提供一个裂隙面数据作为下裂隙面，所以使用上述方法生成的上裂隙面数据，上下裂隙面之间的垂直距离作为隙宽。裂隙切向根据自然裂隙面已

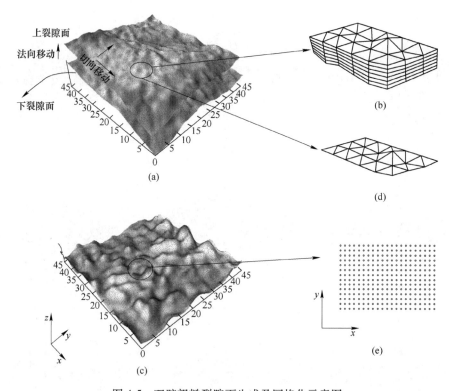

图 4-5　双壁粗糙裂隙面生成及网格化示意图

（a）三维粗糙裂隙模型生成；（b）局部裂隙三维空间离散图；（c）图（a）中裂隙
隙宽数据网格化；（d）下裂隙局部网格；（e）局部隙宽数据格点

有迹象判断位移方向及位移量，没有明显位移迹象的，位移量取 0.5~1.5mm 之间。法向位移量根据对研究区裂隙隙宽统计结果，统一取值 0.2mm。此外，激光扫描的 2 号、3 号裂隙面样品由于起伏过大，不适用该方法，不对其作裂隙面渗透研究。其他裂隙面位移量以及生成隙宽简表见表 4-4。生成各裂隙隙宽影像图如图 4-6 所示。

表 4-4　裂隙面位移量及生成隙宽简表

编号	切向移动 X/Y/mm	法向移动/mm	生成裂隙最大隙宽/mm	生成裂隙平均隙宽/mm
1	1.5/1.0	0.2	1.458	0.199
2	—	—	—	—
3	—	—	—	—
4	1.0/0.5	0.2	0.36	0.139
5	1.0/0.5	0.2	0.552	0.140
6	0.5/1.0	0.2	0.480	0.175
7	0.5/1.0	0.2	1.152	0.237
8	0.5/1.0	0.2	0.817	0.196
9	1.0/0.5	0.2	0.706	0.199
10	1.5/0.5	0.2	1.095	0.172
11	1.0/1.0	0.2	0.842	0.194
12	0.5/1.0	0.2	0.513	0.148

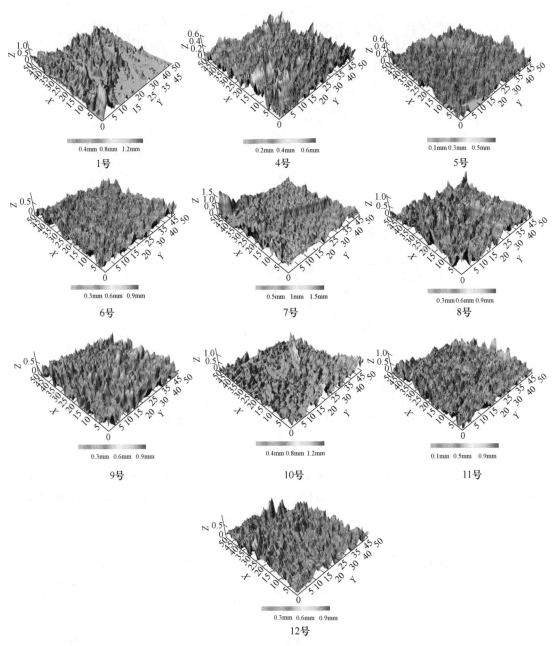

图 4-6 试样裂隙隙宽三维形态示意图

观察图 4-6 中生成的各岩石裂隙面隙宽影像图，每个裂隙面中都存在局部隙宽值为 0 的闭合区块，在二维裂隙剖面上局部隙宽为 0 则裂隙无法透水，而在三维裂隙面中闭合区块则产生沟槽流现象，这在后续的模拟过程中反应非常明显。裂隙面 X 和 Y 方向的隙宽分布也有显著差异，这也造成三维裂隙渗流的各向异性。所有裂隙法向位移均为 0.2mm，但生成的隙宽影像图中最大隙宽值各不相同，充分地说明裂隙面形态差异和复杂性。

4.4.2　三维裂隙隙宽函数法

对三维粗糙裂隙渗流的数值计算，一般方法是直接建立三维裂隙空间几何模型，然后进行空间离散，之后使用局部立方定律或流体 N-S 方程进行求解。理论上该方法没有问题，但在实际操作过程中由于裂隙本身性质的影响，会造成一些问题：（1）裂隙的延伸方向尺寸往往超过隙宽几个数量级，网格离散时易出错；（2）数值计算时都需要先建立几何模型，因为裂隙表面粗糙性，生成几何模型时很难保证几何模型不变形；加之三维裂隙是由距离非常近的两个粗糙面构成，几何模型变形更大；（3）三维裂隙形态复杂，离散网络数量巨大，计算量较大。

粗糙裂隙面引起裂隙隙宽在局部会发生突变，引起局部流体的过量压力降损耗，而整体立方定律不能精确地计算出来，因此对于粗糙裂隙面而言，并非所有裂隙都适合立方定律，部分裂隙只适合于局部立方定律。刘日成[91]、朱红光[120]认为，立方定律对于粗糙裂隙的适用条件是：（1）裂隙流程对隙宽而言足够长；（2）裂隙面粗糙性足够小；（3）流体流动的惯性影响可以忽略，即流动速度小。对于粗糙面而言，（1）、（3）两个条件容易满足，但第（2）条很难满足，所以如果要较为精确地进行粗糙裂隙面的渗流计算，则必须使用局部立方定律。简单而言，把裂隙面划分为若干个裂隙段，逐段裂隙使用立方定律计算。而这一思想与数值计算中的网格剖分一样，即把三维裂隙面分割为若干个小单元格，在每个单元格都足够小时就可以满足局部立方定律的要求。针对上述几个问题，提出使用三维裂隙隙宽函数法进行渗流数值计算。

隙宽函数法的基本思路是，只生成裂隙的一个粗糙壁面，相应的裂隙隙宽使用空间插值函数表达，基于局部立方定律进行三维裂隙的渗流计算。隙宽空间函数由实测或计算的隙宽数据生成，可以保证与原始数据一致；由于是以函数形式参与计算，不存在几何形态变形问题。

4.4.2.1　隙宽函数插值方法

三维粗糙裂隙的隙宽值是一个随空间变化的变量，可以表示为 $a(x, y, z)$，但对某一个单元格而言则是常量，所以连续性方程中 a 是常量。这里需要讨论 a 的取值问题。

裂隙隙宽随空间 (x, y) 而变化，如图 4-5（c）所示。使用坐标 (x_i, y_j) 表示隙宽数据列表中每一个点空间位置，使用坐标 (x_l, y_k) 表示裂隙壁面数据列表中每一个点的空间位置，而坐标 (x_i, y_j) 与坐标 (x_l, y_k) 并不一定可以一一对应。图 4-7（a）中，$g_{i,j}$ 与 $a_{i,j}$ 两点的坐标 (x, y) 并不一定相同，这可能造成数值计算过程中错误的出现。如果 $g_{i,j}$ 格点需要获得对应空间上的裂隙隙宽的数值，设 $g_{i,j}$ 垂直投影到 a_{ij} 所在空间曲面的点是 $a(x, y)$，那么就需要对 $a(x, y)$ 进行空间插值找到相应的位置的隙宽数值，图 4-7（b）展示了一种简单的空间插值方法。

裂隙隙宽是空间坐标 (x, y) 的函数，所以四个点可分别表示为：$(x_1, y_1, a(x_1, y_1))$，$(x_1, y_2, a(x_1, y_2))$，$(x_2, y_1, a(x_2, y_1))$，$(x_2, y_2, a(x_2, y_2))$，如果要得到四个点中间的某一位移上隙宽数值 $a(x, y)$，可以用线性插值估计。

首先，对 x 进行插值求 $a(x, y_1)$ 和 $a(x, y_2)$：

$$a(x, y_1) = a(x_1, y_1) \times \frac{x_2 - x}{x_2 - x_1} + a(x_2, y_1) \times \frac{x - x_1}{x_2 - x_1} \tag{4-17}$$

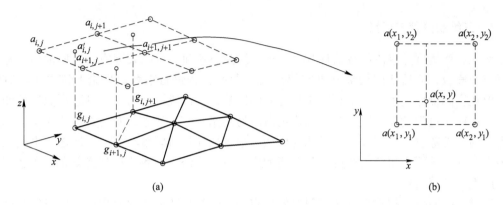

图 4-7   裂隙隙宽插值方法示意图

（a）裂隙壁面网格点与隙宽网格点关系；（b）求解某一位置（$e(x,y)$）上隙宽数值

$$a(x,y_2) = a(x_1,y_2) \times \frac{x_2 - x}{x_2 - x_1} + a(x_2,y_2) \times \frac{x - x_1}{x_2 - x_1} \qquad (4\text{-}18)$$

然后，再使用相同的思路求 $a(x, y)$：

$$a(x,y) = a(x_1,y_1) \times \frac{y_2 - y}{y_2 - y_1} + a(x,y_2) \times \frac{y - y_1}{y_2 - y_1} \qquad (4\text{-}19)$$

通过上述的线性插值方法，就可以得到隙宽空间分布范围内任一位置上的隙宽数值，则裂隙壁面网格上每一个点也都可以对应地找到所需要的隙宽数值。

经过上面的数据处理，可以得到下部裂隙壁面上每个空间网格点的数据，以及每一点所对应的隙宽值。对裂隙数值模型进行网格离散化时，每一个裂隙壁面网格点对应一个微小的几何网格单元。每一个网格单元都可以找到对应的裂隙隙宽数据，在这个单元范围内，隙宽值是一个给定数值，那么几何网格单元与隙宽值可以形成一个微小的虚拟平板流模型。对每一个微小的虚拟平板模型可以使用立方定律进行裂隙流计算，从整体上看就是局部立方定律的应用。由于每个单元的裂隙面、隙宽值都是随空间变化的数值列表，形成两个壁面的粗糙裂隙模型。裂隙数据离散时可以使用三角形网格，也可以使用矩形网格，如图 4-8 所示。

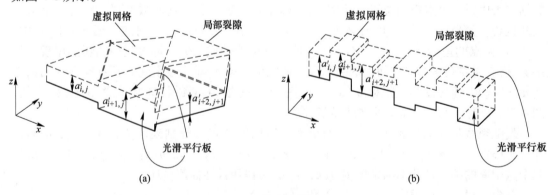

图 4-8   裂隙表离散示意图

（a）三角形离散网格；（b）矩形离散网格

经过上述的函数插值计算，可以得到粗糙裂隙面上任意一点的隙宽数值，之后便可以进行下一步的分析和计算。

4.4.2.2 裂隙流的连续性方程

根据隙宽函数插值可以得到裂隙面上任意一点隙宽数值，从整体上来看，一条裂隙上隙宽值不再是一个常量，而是一个变量，此时需要使用局部立方定律进行数值计算。最初的立方定律是在二维条件下推导出的，三维条件同样适用。在一个微小单元格内，联立式（4-1）和式（4-8）扩展到三维条件下的立方定律：

$$q = -\frac{a^3}{12\mu C}\nabla p \tag{4-20}$$

展开公式为

$$q_x = -\frac{a^3}{12\mu C}\cdot\frac{\partial p}{\partial x}$$
$$q_y = -\frac{a^3}{12\mu C}\cdot\frac{\partial p}{\partial y} \tag{4-21}$$
$$q_z = -\frac{a^3}{12\mu C}\cdot\frac{\partial p}{\partial z}$$

式中，∇p 为压力梯度；C 为裂隙面粗糙度修正系数；其他符号与前文一致。

式（4-20）未考虑重力因素影响，把重力因素加入，因为裂隙隙宽很小，可以忽略裂隙内部垂直裂隙面方向上的压力变化；同时使用裂隙渗透率代入公式，则有：

$$q = -\frac{\kappa_f}{\mu}a(\nabla_T p + \rho g) \tag{4-22}$$

式中，q 为裂隙中单位长度体积流量；a 为裂隙的隙宽；∇_T 为沿裂隙切线方向梯度算子；κ_f 为裂隙的渗透率，$\kappa_f = \frac{a^2}{12C}$；$p$ 为流体压力；C 为裂隙面粗糙度修正系数；g 为重力加速度；ρ 为流体密度。

裂隙内的渗流速度 u 使用水力学原理，利用流量和隙宽可以得出，即 $u = \frac{q}{a}$。

一个裂隙单元格内符合质量守恒定律，可以得出单元格内裂隙流的三维连续性方程形式：

$$a\frac{\partial}{\partial t}(\varepsilon\rho) + \nabla_T\cdot(\rho q) = aQ_m \tag{4-23}$$

式中，ε 为裂隙的孔隙度；ρ 为流体密度；t 为时间项；Q_m 为质量源项，kg/($m^3\cdot s$)；a 为隙宽，是空间坐标函数；q 为裂隙中单位长度体积流量；∇_T 为沿裂隙切线方向梯度算子。

当流体是不可压缩流体时密度 ρ 为常量；当不考虑裂隙充填物时，孔隙度为 1，式（4-23）方程左边第一项为 0；单元内流量均衡时，式（4-23）就可以简化为

$$\frac{\rho a^3}{12\mu}\left(\frac{\partial^2 p}{\partial x^2} + \frac{\partial^2 p}{\partial y^2}\right) = 0 \tag{4-24}$$

式（4-24）是微小单元格内，由立方定律推导出来的连续性方程，当单元格足够小时认为裂隙面的粗糙度修正系数为 1。

把隙宽函数 $a(x, y)$ 代入式（4-24），可以得到基于隙宽函数的裂隙连续性方程：

$$\frac{\rho a (x,y)^3}{12\mu}\left(\frac{\partial^2 p}{\partial x^2} + \frac{\partial^2 p}{\partial y^2}\right) = 0 \tag{4-25}$$

岩体裂隙中的流体流动速度很慢，忽略惯性力的影响，可以从 Navier-Stokes（N-S）方程推导得到（Zimmerman 等人[137]、Lee 等人[144]、Huang 等人[117]）层流状态下的裂隙流动方程，即雷诺方程。代入隙宽函数 $a(x, y)$ 有：

$$\frac{\partial}{\partial x}\left[\frac{\rho g a^3(x,y)}{12\mu}\frac{\partial h}{\partial x}\right] + \frac{\partial}{\partial y}\left[\frac{\rho g a^3(x,y)}{12\mu}\frac{\partial h}{\partial y}\right] = 0 \tag{4-26}$$

式中，h 为水头；μ 为流体的动力黏滞系数；ρ 为流体的密度；g 为重力加速度；$a(x, y)$ 为裂隙隙宽函数。对比式（4-25）和式（4-26）看出，两者等价。

图 4-8 使用图形方式展示了式（4-25）和式（4-26）的含义，即把粗糙裂隙面划分为一系列相连的小平行板。

把使用隙宽函数表征裂隙隙宽值，基于局部立方定律求解粗糙裂隙流的计算方法简称为隙宽函数法（Aperture Function Method，AFM）。

4.4.2.3　计算方法验证

为了验证隙宽函数方法（AFM）的合理性，本研究对照朱红光[120,145]完成的粗糙裂隙流体流动物理实验结果进行分析。其实验采用岩石力学中典型的岩石裂隙粗糙曲线定义（JRC），选取其中第 1、3、6、9 条曲线，使用 20mm 厚的有机玻璃板加工成与 JRC 曲线形貌一致的裂隙面；分别与光滑平板组合形成 4 种不同粗糙度系数的裂隙模型，每种裂隙长度 100mm，最小隙宽值 0.51mm。对每个人工裂隙样品进行多次裂隙渗流实验，压力梯度、流量取平均值。该物理实验设计合理，实验结果可信度高，可作为此处的验证数据。为便于表述，把 4 种模型的编号分别称为 JRC1、JRC3、JRC6、JRC9。

利用前文中裂隙壁面切向位移方法，生成隙宽空间数据列表，并制作为隙宽函数。使用 AFM 完成 4 种裂隙模型的渗流数值计算。采用有限元数值计算软件 Comsol Multiphysics 完成裂隙数值模型的制作和计算。为更好地展示，数值模型中把四条裂隙曲线都沿着垂直于水力梯度方向拉伸形成 4 个裂隙空间曲面。图 4-9 展示了数值模型、隙宽空间分布和裂隙渗流场，从图中可以观察到裂隙的渗流能力受最小隙宽影响非常明显。

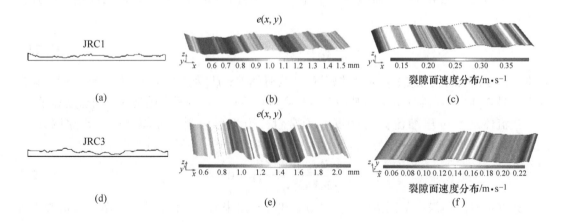

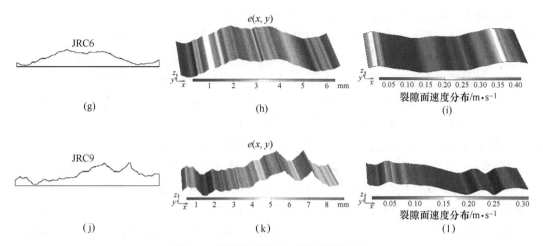

图 4-9 裂隙渗流隙宽函数法数值实验

（a），（d），（g），（j）裂隙曲线（为便于展示进行了适当的拉伸）；（b），（e），（h），（k）裂隙隙宽空间展布；

（c），（f），（i），（l）数值模型裂隙表面的速度分布

（a）～（c）JRC1 试样；（d）～（f）JRC3 试样；（g）～（i）JRC6 试样；（j）～（l）JRC9 试样

表 4-5 中的误差值计算公式：

$$\varepsilon = \frac{q_{\mathrm{s}} - q_{\mathrm{c}}}{q_{\mathrm{s}}} \times 100\% \tag{4-27}$$

式中，ε 为流量误差；q_{s} 为实验测得的裂隙单位宽度流量；q_{c} 为按平均隙宽和整体立方定律计算的 q_{p} 或使用隙宽函数法（AFM）计算的 q_{n}。

表 4-5 是不同计算方法与实验结果的对比。可以看出，按平均隙宽和整体立方定律计算的结果与实验实测结果偏差非常大。当裂隙粗糙程度增加后，整体立方定律计算结果的误差更大。使用隙宽函数法（AFM）的数值模型计算的结果吻合程度较好，可以说明 AFM 法是一种具有较好精度的计算方法。

表 4-5 按平均隙宽和隙宽插值函数对实验结果的分析对比

试件编号	p_{s}/Pa	q_{s}/m²·s⁻¹	e_{p}/mm	q_{p}/m²·s⁻¹	$\varepsilon(q_{\mathrm{p}})$/%	q_{n}/m²·s⁻¹	e_{n}/mm	$\varepsilon(q_{\mathrm{n}})$/%
JRC1	486.50	0.165×10^{-3}	0.91	0.268×10^{-3}	62	0.185×10^{-3}	0.773	12
	98.20	0.035×10^{-3}	0.91	0.054×10^{-3}	55	0.037×10^{-3}	0.773	7
JRC3	147.50	0.097×10^{-3}	1.35	0.265×10^{-3}	174	0.106×10^{-3}	0.956	9
	98.20	0.034×10^{-3}	1.35	0.088×10^{-3}	160	0.035×10^{-3}	0.956	4
JRC6	290.20	0.187×10^{-3}	3.30	7.623×10^{-3}	3977	0.217×10^{-3}	0.967	16
	149.00	0.106×10^{-3}	3.30	3.914×10^{-3}	3593	0.112×10^{-3}	0.968	5
JRC9	49.80	0.120×10^{-3}	4.37	3.038×10^{-3}	2432	0.139×10^{-3}	1.499	15
	29.90	0.081×10^{-3}	4.37	1.824×10^{-3}	2146	0.083×10^{-3}	1.499	2

注：下标 s 表示物理实验实测结果；下标 p 表示按平均隙宽和整体立方定律计算结果；下标 n 表示隙宽函数法（AFM）计算结果。$\varepsilon(q_{\mathrm{p}})$ 和 $\varepsilon(q_{\mathrm{n}})$ 表示按流量计算的误差。

4.4.2.4 误差分析及讨论

从表 4-5 中的流量结果对比可以看出，按隙宽函数法（AFM）计算的结果吻合程度较

好，但仍存在一定的误差。隙宽函数法（AFM）使用的裂隙渗流计算理论是局部立方定律，该定律因为忽略了流体的惯性力影响，使得流量与压力损耗（对应水力梯度）之间呈线性关系。而 Javadi[116] 认为流体在裂隙内流动过程中的压力损耗有两种类型：一种是由于流体黏滞性产生的黏滞压力损耗（Viscous Pressure Drop，VPD）；另一种是由于隙宽突变产生的局部压力损耗（Local Pressure Drop，LPD）。Javadi 进一步地阐述了两种压力损耗。对于光滑平板中的层流，黏滞压力损耗（VPD）可以使用立方定律计算。对于粗糙裂隙，则需要对裂隙壁面粗糙度和裂隙弯曲程度进行修正，也就是使用局部立方定律进行计算。

局部压力损耗（LPD）是流体流经裂隙隙宽突然变化的部位时产生的压力损耗（或者说是能量损失）。在使用基于局部立方定律的隙宽函数方法（AFM）进行渗流计算时不能计算出局部压力损耗（LPD），这也是表 4-5 中使 AFM 计算结果出现偏差的主要原因。

朱红光等人[120]，Liu 等人[118] 也发现了局部压力损耗这一现象。Lee 等人[144]、Zhou 等人[133,146] 通过物理实验和数值实验发现，在稳定层流状态下，裂隙中的流体在流经隙宽突变部位时会产生回流区（Recirculation Zone，RZ），回流区形成于不规则的实体边界，并且与主流分离。回流区流体同样消耗了部分流动能量，而且由于流体在回流区自行发生回流，并不能在裂隙出口产生有效的流量。因此，粗糙裂隙中由于回流区的这部分流体造成的能量消耗就是局部压力损耗的本质。而回流区的大小与流体流速、裂隙粗糙程度呈非线性关系，并不能使用简单的方程计算出其范围大小。除此以外，Lee 等人[147] 通过实验发现特定条件下，流体在裂隙壁面还可以产生滑移现象，也会影响到裂隙整体的渗流流量。

为了进一步验证上述的裂隙模型中是否会产生流体的回流区，以及分析回流区影响是线性还是非线性问题。在其他几何、隙宽等条件不变的情况下，设置多种压力边界条件，分别使用 N-S 求解和 AFM 求解两种方法进行计算和对比。JRC3 裂隙模型入口分别施加 10~890Pa 的压力（$-\mathrm{d}h/\mathrm{d}l = 0.01 \sim 0.76$），共计 36 个子模型。JRC6 裂隙模型入口分别施加 25~650Pa 压力（$-\mathrm{d}h/\mathrm{d}l = 0.02 \sim 0.55$），共计 26 个子模型，所有模型的出口压力为 0Pa。模型中流体密度为 998.2kg/m³，动力黏滞系数（dynamic viscosity）为 0.0010093Pa·s。计算软件使用 Comsol Multiphysics 有限元法进行。JRC3 和 JRC6 两个裂隙的数值模型基本信息见表 4-6。

表 4-6　JRC3 和 JRC6 数值模型基本信息

裂纹模型	JRC3		JRC6	
求解方法	N-S 法	AFM 法	N-S 法	AFM 法
$e(x, y)$/mm	0.51~2.15		0.51~6.37	
单元数量	743377	151790	265772	77884
单元数量比率	4.90		3.41	
网格尺寸/m	$3.58\times10^{-7}\sim$ 3.1×10^{-5}	$1.82\times10^{-5}\sim$ 2.78×10^{-4}	$9.83\times10^{-7}\sim$ 8.52×10^{-5}	$2.54\times10^{-5}\sim$ 3.9×10^{-4}
入口边界条件/Pa	10~890		25~650	
水力梯度（$-\mathrm{d}h/\mathrm{d}l$）	0.01~0.76		0.02~0.55	
$-\Delta p$/Pa·m^{-1}	86.29~7422.89		248.15~6477.29	
子模型数量	36	36	26	26

图4-10和图4-11中的（c）～（g）分别展示出JRC3、JRC6典型水力梯度条件下裂隙中的流线，可以直观地观察是否存在回流区。低水力梯度（JRC3，$-\mathrm{d}h/\mathrm{d}l = 0.13$；JRC6，$-\mathrm{d}h/\mathrm{d}l = 0.02$）条件下，裂隙渗流场中流体流动速度缓慢，流体的惯性力影响小，

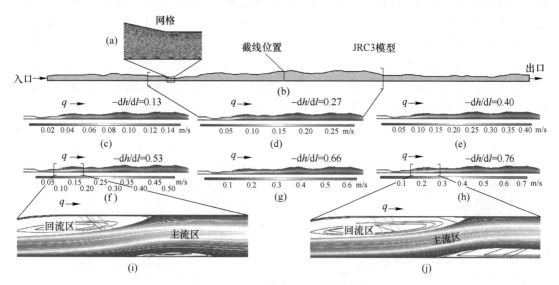

图4-10 JRC3模型N-S法计算结果

（a）剖分网格（局部）；（b）JRC3模型；（c）～（h）不同水力梯度（$-\mathrm{d}h/\mathrm{d}l$）下的流线；（i），（j）局部流量放大图

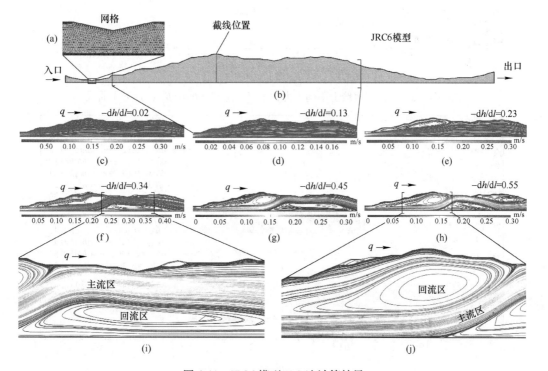

图4-11 JRC6模型N-S法计算结果

（a）剖分网格（局部）；（b）JRC6模型；（c）～（h）不同水力梯度（$-\mathrm{d}h/\mathrm{d}l$）下的流线；（i），（j）局部流量放大图

并没有观察到明显的回流区形成，如图 4-10（c）和图 4-11（c）所示。随着施加水力梯度的增加，流体惯性力影响逐渐增大，在裂隙壁面变化大的区域出现小的回流区，回流区范围较小，对主流区影响不大，如图 4-10（f）和图 4-11（e）所示。水力梯度进一步增加，流体惯性力影响进一步显现，不但使回流区范围扩大，而且出现了多个大小不等的回流区，造成主流区收窄、弯曲，如图 4-10（g）、（h）和图 4-11（f）、（g）所示。回流区不只是出现在粗糙裂隙壁面一侧，光滑壁面一侧也产生明显回流区，由此反映出流体惯性力影响非常强烈。图 4-10（i）、（j）和图 4-11（i）、（j）是局部流线放大图，流线上的箭头显示了回流区流体发生明显回流，没有进入主流区。回流区流体消耗了一部分裂隙流的能量，产生了局部压力损耗（LPD），但不能在裂隙出口产生有效的流量。

图 4-12 和图 4-13 中展示了 JRC3 和 JRC6 裂隙中一个截线上的流体速度曲线随水力梯

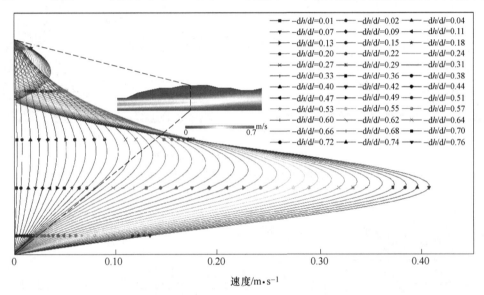

图 4-12　JRC3 模型截线上不同水力梯度（$-\mathrm{d}h/\mathrm{d}l$）的速度（v）分布曲线

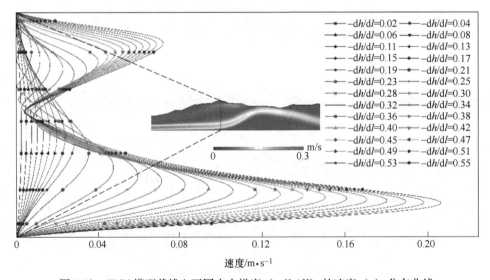

图 4-13　JRC6 模型截线上不同水力梯度（$-\mathrm{d}h/\mathrm{d}l$）的速度（v）分布曲线

度变化情况。水力梯度较小时（JRC3 为$-\mathrm{d}h/\mathrm{d}l<0.22$，JRC6 为$-\mathrm{d}h/\mathrm{d}l<0.17$，与表 4-7 中临界雷诺数相对应的水力梯度），截线上的速度分布呈抛物线形状；水力梯度继续增加，由于回流区的产生，速度曲线呈双峰形状，反映了回流区的形成。

表 4-7 JRC3 和 JRC6 数值模型主要计算结果

裂隙模型	JRC3		JRC6	
求解方法	N-S 法	AFM 法	N-S 法	AFM 法
模型计算时长/s	176712	28	58665	8
计算时长比例	6311.14		7333.13	
$q/\mathrm{m}^2 \cdot \mathrm{s}^{-1}$	$(0.00363\sim0.242)$ $\times10^{-3}$	$(0.00364\sim0.313)$ $\times10^{-3}$	$(0.00985\sim0.218)$ $\times10^{-3}$	$(0.00992\sim0.278)$ $\times10^{-3}$
$\varepsilon(q_n)/\%$	$0.15\sim29.12$		$0.73\sim32.47$	
Re	$3.59\sim239.63$	$3.60\sim309.42$	$9.74\sim259.32$	$9.82\sim343.52$
临界雷诺数 Re_c	82.7	—	74.03	—
临界雷诺数 Re_c对应的水力梯度（$-\mathrm{d}h/\mathrm{d}l$）	0.2221	—	0.1663	—
临界雷诺数 Re_c对应的 $\varepsilon(q_n)/\%$	9.63	—	8.28	—
拟合的 Forchheimer 公式	$-\nabla p = 12008.61v + 7591.07v^2$		$-\nabla p = 11817.25v + 8412.23v^2$	
R^2	0.9997		0.9996	

裂隙中流体非线性流的数学描述最经典的是 Forchheimer 定律（Zimmerman 等人[138]、Zhou 等人[148]）

$$-\nabla p = \frac{\mu}{k}v + \rho\beta v^2 \tag{4-28}$$

式中，∇p 为水力梯度，$\nabla p = \rho g(\mathrm{d}h/\mathrm{d}l)$；$v$ 为水力梯度条件下流体的平均流速，$v=q/a_\mathrm{h}$；k 为裂隙的本征渗透率，$k = a_\mathrm{h}^2/12$；β 为流体的惯性阻力系数（the inertial resistance coefficient），m^{-1}；a_h 为裂隙的等效水力隙宽；μ 为流体的黏滞系数；ρ 为流体密度。

需要注意的是，k 是当水力梯度（$-\mathrm{d}h/\mathrm{d}l$）很小时，可以忽略流体惯性力影响时的渗透率。水力梯度增大时，当有回流区的产生时，a_h 会发生变化。$k(a_\mathrm{h})$ 和系数 β 可以根据所施加的水力梯度和流量拟合方程（4-28）得到。图 4-14 和图 4-15 中分别标注了 JRC3、JRC6 模型 Forchheimer 方程的拟合公式，拟合曲线效果非常好，反映裂隙中存在着非线性流动现象。

雷诺数是比较流体中惯性力与黏性力比例关系的定量化参数，对于通过裂隙中的流体，雷诺数计算公式（Zimmerman 等人[138]）：

$$Re = \frac{\rho v D}{\mu} = \frac{\rho Q}{\mu w} \tag{4-29}$$

式中，v 为裂隙中流体的平均流速；μ 为流体的黏滞系数，ρ 为流体密度；D 为流动系统中的特征长度，这里取裂隙的平均隙宽；Q 为裂隙流量；w 为裂隙样品垂直于水力梯度方向的宽度。

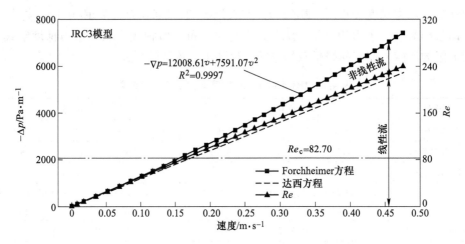

图 4-14　JRC3 模型的 Forchheimer 方程拟合曲线

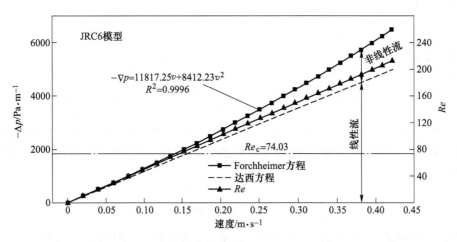

图 4-15　JRC6 模型的 Forchheimer 方程拟合曲线

　　本研究分别计算出了 JRC3、JRC6 裂隙 N-S 渗流模型中每种水力梯度条件下的雷诺数（见表 4-7），并以曲线表示了雷诺数的变化（见图 4-14 和图 4-15）。得到的雷诺数只能说明流体惯性力随水力梯度增加的趋势，但并不能判断出哪种条件下出现明显的非线性流。

　　为了量化非线性流，Javadi 等人[149]、Zhou 等人[148] 提出使用临界雷诺数（Critical Reynolds number）Re_c 进行判断。Re_c 表示流体流动向非达西流过渡的开始，可以定义为非线性压力损耗（$\beta \rho v^2$）占总压力损耗（$\mu v/k + \beta \rho v^2$）的百分比达到 α 这一临界点时的雷诺数。Re_c 可由下式得到：

$$Re_c = \frac{\alpha a_h}{(1-\alpha)\beta k} \tag{4-30}$$

式中，$\alpha = 5\%$；a_h、β、k 由 JRC3、JRC6 两个模型的 Forchheimer 定律拟合公式得到。使用式（4-30）计算得到，JRC3 的 $Re_c = 82.70$（见图 4-14），对应的水力梯度 $-dh/dl = 0.2221$（见表 4-7），JRC6 的 $Re_c = 74.03$（见图 4-15），对应的水力梯度 $-dh/dl =$

0.1633（见表 4-7）。参照临界雷诺数的含义，可以认为，临界雷诺数所对应的水力梯度，理论上流体惯性力对于整体压力损耗等于 5%；结合式（4-29）计算出雷诺数的变化情况，水力梯度越小，雷诺数也越小，相应的惯性力影响也更小。

　　把隙宽函数法（AFM）计算的流量结果与 N-S 方程求解的结果放在一起进行对比，绘制出两种计算方法得出的流量随水力梯度变化曲线，并绘制出两者流量的误差曲线，如图 4-16 和图 4-17 所示。误差曲线显示，隙宽函数法（AFM）计算结果高估了裂隙的渗透率，造成其计算出的流量偏大，这与 Yeo 等人[134]、Bauget 等人[135]研究结果一致。低水力梯度条件下 N-S 法与 AFM 法两者计算结果误差小，随水力梯度逐渐增大，误差也逐渐变大，与 Oron 等人[136]、Zimmerman 等人[138]研究结果相符。流量误差变化也显现出一种非线性的变化规律，而不是简单的线性增大。

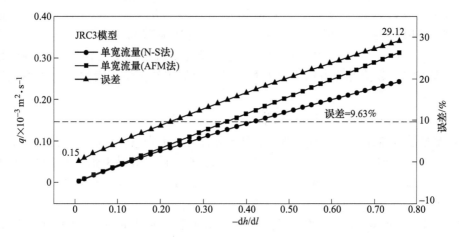

图 4-16　JRC3 模型单宽流量（q）随水力梯度（$-dh/dl$）变化曲线

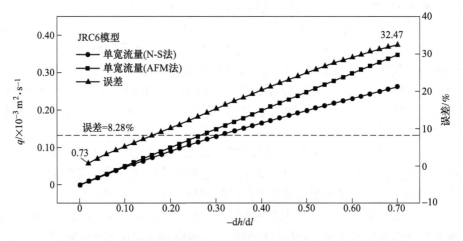

图 4-17　JRC6 模型单宽流量（q）随水力梯度（$-dh/dl$）变化曲线

　　临界雷诺数表示裂隙流中线性流与非线性流的临界点。在临界雷诺数对应的水力梯度处，由于线性流忽略了流体中惯性力的影响，没有计算局部压力损耗（LPD），两者的偏差应该为 5%（Re_c 定义中，$\alpha = 5\%$ 为临界点）。理论上裂隙流量与水力梯度正相关，那么相应的裂隙流量误差也应该在 5%。

在临界雷诺数对应的水力梯度条件下，使用线性流（AFM）和非线性流（N-S）两种计算方法所得到的流量，JRC3 模型流量误差为 9.63%（$Re_c = 82.70$，$-dh/dl = 0.2221$），JRC6 模型流量误差为 8.25%（$Re_c = 74.03$，$-dh/dl = 0.1633$），基本符合上述误差为 5% 的理论分析，并且水力梯度越小，流量误差也进一步减小。JRC3 模型最小流量误差为 0.15%（$-dh/dl = 0.0088$），JRC6 模型最小流量误差为 0.73%（$-dh/dl = 0.0211$）。因此，在低水力梯度、低雷诺数条件下，使用隙宽函数法（AFM）计算仅会产生较小的误差。同时也说明，裂隙中由于非线性流而产生的回流，是造成局部压力损耗（LPD）的主要原因。

JRC3、JRC6 模型在 Re_c 对应的流量误差分别为 9.63%、8.28%，其中忽略惯性力而产生的误差 5%。除此之外，还存在着 4.93%、3.28% 的偏差，其原因是：（1）即使更小的水力梯度或雷诺数，裂隙中仍然有回流区产生，例如，Lee 等人[144]由实验发现 $Re = 8.6$ 时，粗糙裂隙边缘仍产生回流；（2）粗糙裂隙壁面并非完全非滑移条件，例如，Zhou[133]、Lee[144]等人分析了裂隙滑移边界条件下流量的变化；（3）计算过程都采用数值计算方法，数值计算方法本身就是一种近似的求解方法，有很多因素可以产生计算误差。

4.4.2.5　隙宽函数法（AFM）优势

对粗糙裂隙渗流模型，显然直接求解 N-S 方程可以更为精确地反映裂隙中的非线性流动状态，例如，Ferchheimer 方程的拟合度非常高，相应的计算结果也更为准确。但其弊端也非常明显，就是数值计算量非常大。相比较，此处提出的隙宽函数法（AFM）计算效率要远高于前者。

对比 JRC3、JRC6 两种模型，直接求解 N-S 方程，模型离散网格单元数量分别为 743377、265772。而使用隙宽函数法（AFM），因为只需要离散一个裂隙壁面，离散网格单元数量分别为 151790、77884，前者的数量分别是后者的 4.90 倍和 3.41 倍（见表 4-6）。

使用同一台计算机进行数值求解（CPU：Intel（R）Xeon（R）CPU E5-1620 v3，RAM：16G），计算效率上两者差别巨大。对 JRC3 裂隙 36 个子模型，求解 N-S 方程共花费 49h5min12s，使用隙宽函数法（AFM）求解只花费 28s，隙宽函数法（AFM）计算耗时约为前者的 1/6000。对 JRC6 裂隙 26 个子模型，求解 N-S 方程共花费 16h17min45s，使用隙宽函数法（AFM）求解只花费 8s，隙宽函数法（AFM）计算耗时约为前者的 1/7000（见表 4-7）。

隙宽函数法（AFM）巨大的计算效率优势可以在短时间内完成更多的模型计算。因为单个粗糙裂隙模型计算耗时很短，只需要使用普通的计算机就可以完成复杂三维空间粗糙裂隙网络（例如，由数千条粗糙裂隙组成的裂隙网络）的渗流计算。

此外，隙宽函数法（AFM）的几何模型只需要一个裂隙壁面，数值模型的建立较简单；而隙宽数据可以借助于第三方软件或编程，也可以较为快速的制作完成。

由此来看，隙宽函数法（AFM）巨大的数值计算效率足可以抵消其计算误差带来的影响，而且在低雷诺数条件下其误差并不明显，这将有助于研究人员开展大范围岩体裂隙网络的渗流计算和研究工作。

4.4.2.6　裂隙表面粗糙性精度分析

理论上，裂隙面离散时单元网格尺寸越小，整体模型的计算精度也越高。实际上，即使采用高精度的激光扫描技术获取的数据，扫描数据点之间也有一定的间距。当离散网格尺寸与激光扫描间距基本一致时，就可以较好地反映裂隙壁面的粗糙程度。

从图4-8中离散的效果可以看出，裂隙面离散时，单元格剖分越细，单元格内的隙宽越接近于真实的局部隙宽；受限于裂隙面激光扫描时采样点精度，裂隙形态不可能与真实裂隙完全一致，只能无限接近。在计算机中辅助处理裂隙形态时最多的就是与激光扫描结果一致，理论上单元格尺寸与扫描采样精度一致时，可以完全反映出激光扫描的裂隙面形态。实际上，激光扫描采样点不可能与网格剖分时的单元格完全对应，所以总会存在偏差，但可以把激光扫描采样点的间距作为单元格的最小尺寸。

对于粗糙裂隙面而言，任何测量手段都不能做到百分百还原真实裂隙面形态，其形态取决于测量手段的精度，例如激光扫描的精度等。利用裂隙面形态采集的数据可以在其对应的采集点上获得相应的隙宽值，所有隙宽值组成插值函数可以很好地还原隙宽采集精度下的隙宽数据。根据有限元法的计算原理，基于局部立方定律时，当离散网格尺寸与数据采集精度基本一致时，通过隙宽函数可以给离散网格的节点赋上与采集精度基本一致的隙宽值，然后进行数值计算，此时能达到的计算精度很好，图4-7所示为隙宽函数插值法示意图。配合裂隙下壁面三维空间形态，使用隙宽的空间分布函数后与三维双壁粗糙裂隙模型效果一致。数值的几何模型只有一个三维空间曲面，此时可以使用尺寸很小的网格，离散后网络数量也不会太多，在保证精度的前提下有效地增加了计算速度和精度。

为便于计算，对使用激光扫描技术采集的裂隙面经过整体旋转大体平行于XOY平面，裂隙边缘大体平行于X、Y轴。数值实验时首先在三维裂隙平行于X轴的裂隙边缘施加20mm水头的压力，对立的另一裂隙边水头为0，整体渗流方向沿Y轴正方向；计算结束后，取消水头压力，然后在平行于Y轴的边缘施加20mm水头压力，对立边缘水力设定为0，此时整体渗流方向沿X轴正方向。流体设定为纯水，相应的动力黏滞系数取温度为20℃时对应纯水的值。裂隙空间形态设定为下裂隙面形态，隙宽则根据空间坐标为每个单元格进行赋隙宽值。

为了观察裂隙渗流状态，计算了每一个单元格中的雷诺数（见式（4-29）），并绘制裂隙面雷诺数分布图。因裂隙面数据较多，因此选择其中一个岩石裂隙面计算结果进行分析。图4-18和图4-19是裂隙面5号沿Y轴、X轴渗流计算结果。粗糙裂隙中局部隙宽的

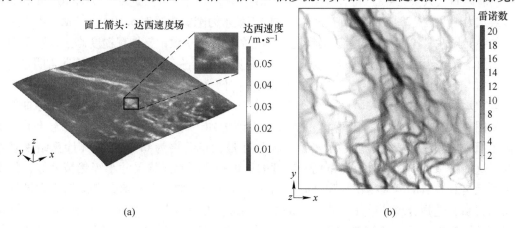

(a)   (b)

图4-18　5号裂隙面沿Y轴正方向渗流计算成果

（a）三维裂隙面速度及速度矢量图；（b）裂隙面雷诺数分布图

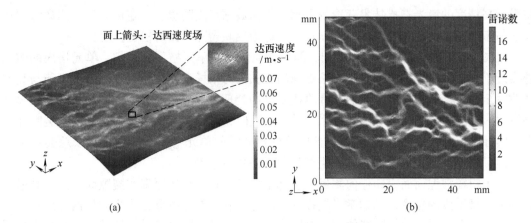

图 4-19　5 号裂隙面沿 X 轴正方向渗流计算成果

（a）三维裂隙面速度及速度矢量图；（b）裂隙面雷诺数分布图

变化也带来渗流速度的显著差异，从图中可以看出明显的裂隙沟槽流现象以及优势流现象；并且施加的边界水头压力方向不同时，渗流速度分布差异明显，是粗糙裂隙面各向异性的直观表现。从雷诺数分布图中可以看到，整个渗流域雷诺数普遍很低，可以认为全部渗流过程都处于层流状态，这也符合立方定律的适用条件。

统计裂隙渗流出口的渗流速度平均值，利用式（4-20）可以很容易计算出等效水力隙宽。统计裂隙面四个边缘隙宽数值作为平均隙宽，然后利用式（4-8）和等效水力隙宽计算裂隙粗糙度修正系数，用于后续裂隙岩体网络的等效渗透张量计算。表 4-8 为激光扫描 5 号裂隙面计算结果。

表 4-8　激光扫描 5 号裂隙面计算结果

样品编号	渗流方向	平均隙宽/mm	等效水力隙宽/mm	粗糙度修正系数	粗糙度修正系数平均值
激光扫描 5 号	沿 Y 轴渗流	0.142	0.076	3.500	3.337
	沿 X 轴渗流	0.142	0.080	3.174	

将各隙宽代入式（4-8）可计算出相应的渗透率，平均隙宽渗透率 $1.681×10^{-9}\text{m}^2$，Y 方向等效水力隙宽渗透率 $4.858×10^{-10}\text{m}^2$，X 方向等效水力隙宽渗透率 $5.30×10^{-10}\text{m}^2$。由于裂隙渗透的各向异性，各渗流方向得出的粗糙度修正系数并不一致，整体粗糙度修正系数取两个的平均值，5 号裂隙面粗糙度修正系数 3.337，裂隙面粗糙性对其渗流能力影响非常明显。

在对 5 号裂隙面进行渗流计算时尝试使用多种网格尺寸计算，以此分析单元格尺寸与计算等效水力隙宽之间的关联。图 4-20 是计算等效水力隙宽随网格尺寸变化的关系曲线。

从图 4-20 中可以看出，随着单元格尺寸逐渐增加，计算等效水力隙宽、统计平均隙宽都由原来的不稳定变化逐渐趋于平稳，大致在最大单元格为 0.9mm 时其计算结果基本不变。这些结果与前文中对单元格剖分精度的认识一致。单元格尺寸小固然精度好，但也带来单元格总数量的巨大变化，随之而来的就是计算量增加，需要综合考虑精度和计算量之间的关系，选择合理的单元尺寸。本例中，当最大单元格尺寸在 0.7~0.9mm 时，既可以保证计算精度，同时计算量也不会增加太大，是一个合理的选择区间。需要强调的是 0.7~0.9mm 单元格尺寸不具备普遍意义，仅仅适用于本书中样品的扫描采集精度。

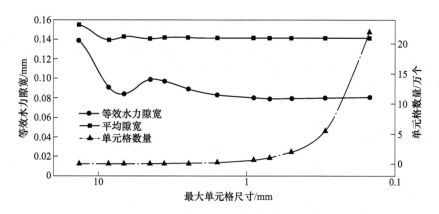

图 4-20 计算等效水力隙宽与单元格尺寸关系曲线

4.4.3 研究区岩石样品裂隙渗流计算结果

使用前文隙宽函数法（AFM）对本书中 CT 扫描的 5 个，激光扫描的 10 个裂隙面样品进行了裂隙渗流计算。考虑到后续研究中主要使用的数据是等效水力隙宽和粗糙度修正系数，表 4-9 列出了所有样品的计算结果。

表 4-9 岩石裂隙面渗流计算结果

样品编号	岩性	渗流方向	平均隙宽 /mm	等效水力隙宽 /mm	粗糙度修正系数	粗糙度修正系数平均值
CT6	白云岩	沿 Y 轴渗流	0.215	0.187	1.328	1.330
		沿 X 轴渗流	0.215	0.186	1.333	
CT7	灰岩	沿 Y 轴渗流	0.316	0.114	7.724	5.870
		沿 X 轴渗流	0.316	0.158	4.015	
CT16	白云岩	沿 Y 轴渗流	0.233	0.086	7.289	8.211
		沿 X 轴渗流	0.233	0.077	9.133	
CT19	灰岩	沿 Y 轴渗流	0.231	0.139	2.762	3.508
		沿 X 轴渗流	0.231	0.112	4.254	
CT31	玄武岩	沿 Y 轴渗流	0.174	0.128	1.860	2.414
		沿 X 轴渗流	0.174	0.101	2.968	
激光扫描 1	白云岩	沿 Y 轴渗流	0.140	0.075	3.475	2.790
		沿 X 轴渗流	0.140	0.097	2.105	
激光扫描 4	白云岩	沿 Y 轴渗流	0.140	0.076	3.358	2.685
		沿 X 轴渗流	0.140	0.099	2.012	
激光扫描 5	白云岩	沿 Y 轴渗流	0.142	0.076	3.500	3.337
		沿 X 轴渗流	0.142	0.080	3.174	
激光扫描 6	白云岩	沿 Y 轴渗流	0.184	0.146	1.588	1.919
		沿 X 轴渗流	0.184	0.123	2.249	

样品编号	岩性	渗流方向	平均隙宽 /mm	等效水力隙宽 /mm	粗糙度修正系数	粗糙度修正系数平均值
激光扫描 7	白云岩	沿 Y 轴渗流	0.311	0.142	4.803	3.211
		沿 X 轴渗流	0.311	0.245	1.618	
激光扫描 8	灰岩	沿 Y 轴渗流	0.223	0.077	8.387	5.745
		沿 X 轴渗流	0.223	0.127	3.103	
激光扫描 9	灰岩	沿 Y 轴渗流	0.193	0.112	2.975	3.439
		沿 X 轴渗流	0.193	0.098	3.902	
激光扫描 10	灰岩	沿 Y 轴渗流	0.208	0.132	2.487	2.235
		沿 X 轴渗流	0.208	0.148	1.983	
激光扫描 11	灰岩	沿 Y 轴渗流	0.172	0.129	1.792	1.487
		沿 X 轴渗流	0.172	0.158	1.182	
激光扫描 12	灰岩	沿 Y 轴渗流	0.183	0.092	3.974	3.632
		沿 X 轴渗流	0.183	0.101	3.289	

数值计算成果图非常多，本书选取每个样品裂隙面沿 Y 方向渗流时的雷诺数分布图作为展示，以便于对每个样品有一个直观的认识，如图 4-21 和图 4-22 所示。

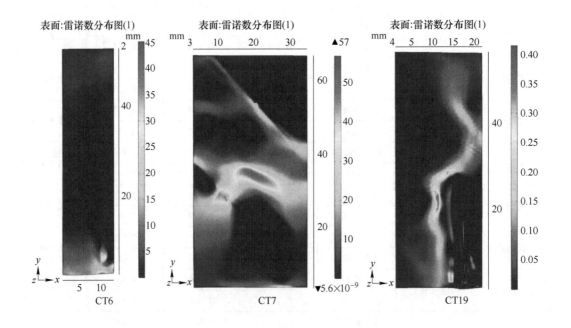

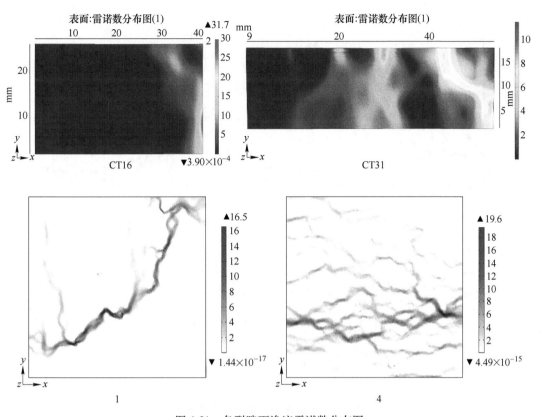

图 4-21 各裂隙面渗流雷诺数分布图

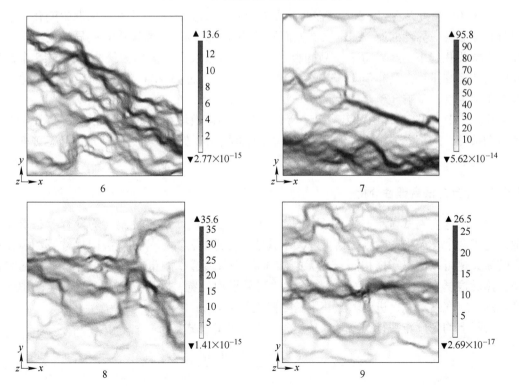

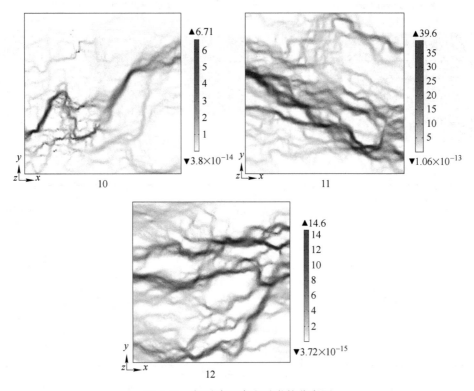

图 4-22 各裂隙面渗流雷诺数分布图

从表 4-9 中可以看到，裂隙渗流时施加的水头压力方向不同计算结果发生变化，也是岩石裂隙面各向异性的原因。本次裂隙面样品都是非定向样，裂隙面各向异性无法与实际地理方位关联起来，所以每个样品的粗糙度修正系数取平均值作为最终结果。15 个裂隙面的粗糙度修正系数最小值 1.33，最大值 8.211，平均值 3.454，从侧面反映出裂隙面形态对单裂隙渗流影响显著。

从图 4-21 和图 4-22 中可以看出，所有裂隙面雷诺数均小于 500，裂隙中的渗流符合层流运动条件，局部立方定律可以适用。各裂隙面渗流沟槽优势流变化各异，形态多变，裂隙面形态的复杂可见一斑。

4.4.4 计算方法合理性分析

岩石渗透性测试样品中的 16 号灰岩、19 号白云岩两个岩石柱塞上均发育一条贯通裂隙，造成两个样品渗透率测试结果远大于其他无裂隙的样品。样品上裂隙尺寸及隙宽使用高倍放大镜可以测得；把相同岩性无裂隙岩石柱塞渗透率测量结果当作岩石基质的渗透率，然后根据实测 16 号、19 号两个样品的测量平均隙宽，就可以计算出岩石样品中单条裂隙的等效气透隙宽，进而求出其粗糙度修正系数。

岩石上均匀分布平行裂隙时，其渗透率理论计算公式如下：

$$k_{avg} = \frac{(A_c - A_f)k_m + A_f k_{f,eq}}{A_c} \tag{4-31}$$

式中，k_{avg}为裂隙岩石渗率；A_c为裂隙岩石样品截面面积；A_f为裂隙在截面上的面积；k_m为岩石基质渗透率；$k_{f,eq}$为裂隙等效渗透率。

其中，裂隙等效渗透率公式为

$$k_{f,eq} = \frac{a_{f,eq}^2}{12}$$ (4-32)

式中，下角标f, eq为裂隙等效水力隙宽标识。

当岩石截面上分布多条裂隙时，A_f的计算公式为

$$A_f = \sum_{i=1}^{n} a_{f,i} L_{f,i}$$ (4-33)

式中，$a_{f,i}$为第i条裂隙隙宽；$L_{f,i}$为第i条裂隙截面上的延伸长度；n为截面上裂隙数量。

当已知岩石的基质渗透率、截面裂隙尺寸、裂隙岩石整体渗透率时，可以反算裂隙的等效渗透率，公式如下：

$$k_{f,eq} = \frac{k_{avg}A_c - (A_c - A_f)k_m}{A_f}$$ (4-34)

根据裂隙粗糙度修正系数的定义，可得裂隙粗糙度修正系数公式为

$$C = \frac{k_f}{k_{f,eq}}$$ (4-35)

式中，C为裂隙粗糙度修正系数；k_f为平均隙宽计算的裂隙渗透率；$k_{f,eq}$为裂隙等效水力隙宽计算的渗透率。

利用表4-2实测岩石渗透率的数据以及观察的样品实际裂隙发育情况，把6号样品渗透率作为灰岩基质渗透率，对应的16号样品渗透率作为含单裂隙的灰岩渗透率；把8号样品渗透率作为白云岩基质渗透率，19号样品渗透率作为发育单条裂隙的白云岩样品渗透率。其他参数见表4-10，计算两种岩石中发育的裂隙粗糙度修正系数。

表4-10 粗糙度系数计算表

项 目	灰 岩	白 云 岩
基质渗透率/m²	7.90×10^{-19}	1.97×10^{-18}
含单裂隙岩石渗透率/m²	1.15×10^{-14}	8.28×10^{-15}
样品截面半径/mm	12.5	12.5
截面上裂隙长度/mm	22	21
裂隙平均隙宽/mm	0.015	0.020
理论计算粗糙度修正系数	1.245	4.102
数值法计算平均粗糙度修正系数	3.308	2.788

对比理论计算粗糙度修正系数与前文中的数值计算粗糙度修正系数平均值，两者之间是有一定差距的，主要原因是数值计算的裂隙面与理论公式计算的裂隙不是一一对应关系。但两种方法计算结果都在同一数量级内，在前文的单裂隙数值计算结果中也发现粗糙度修正系数是在一个范围内进行变动的，从这一点来看，数值计算方法是合理的。

4.5 本章小结

本章介绍了岩石单裂隙渗流理论立方定律，以及单裂隙渗流影响因素和研究方法。除

张开度外，粗糙度对岩石单裂隙的渗透性影响非常明显，为进—步明确研究区内各类裂隙的粗糙性，使用三维双壁粗糙裂隙模型对裂隙渗透性进行了模拟和研究。

使用岩石 CT 扫描技术测试了 34 件不同岩性的样品，样品的 CT 数据经过灰度化、滤波、二值化分割、常规表面合成等过程的处理后，提取单裂隙形态数据。最终利用 CT 扫描图像提取出 5 条形态良好、典型的裂隙三维空间图像，并生成单裂隙形态的三维网格。为进一步研究裂隙面形态，从野外采集 12 个不同岩性中的裂隙面样品，借助高精度三维激光扫描技术提取出各裂隙面形态数据，并进行裂隙面数据网格化处理。

使用气体法、液体法分批次共测试了 40 个不同岩性岩样的孔隙度、渗透率数据；34 个样品的气测结果中，石灰岩渗透率平均值为 $7.41 \times 10^{-16} \, \mathrm{m}^2$，最小值为 $7.90 \times 10^{-19} \, \mathrm{m}^2$，最大值为 $1.37 \times 10^{-15} \, \mathrm{m}^2$；白云岩渗透率平均值为 $1.04 \times 10^{-15} \, \mathrm{m}^2$，最小值为 $2.76 \times 10^{-18} \, \mathrm{m}^2$，最大值为 $8.28 \times 10^{-15} \, \mathrm{m}^2$。对比气体法和液体法对同一样品渗透率的测量结果发现，由于气体的滑脱效应，造成气体法测定的渗透率远大于液体法测定值；对比了气测、液测渗透率的比值，无明显规律性，最小的为 197.58 倍，最大的为 10317.85 倍。岩石透水性能参考液测实验数据更为准确，但渗透性相对大小可以参考气测实验结果。

利用已获得的单裂隙数据，使用裂隙面切向、法向双位移量控制的方法，生成激光扫描裂隙面的三维双壁粗糙裂隙模型。以局部立方定律为理论基础，建立三维裂隙隙宽函数法（AFM），在低雷诺数条件下，使用隙宽函数法（AFM）可以完成粗糙裂隙的渗流数值计算工作，但计算结果会产生一些微小的误差，并详细分析了产生误差的主要原因。隙宽函数法（AFM）主要的优势在于其数值计算的高效性。分析认为：使用局部立方定律求解粗糙裂隙渗流，其计算结果误差主要源自回流区造成的局部压力损耗；裂隙流量误差会随水力梯度的增加而变大。

使用 AFM 法对 15 个可用的裂隙面进行了渗流模拟，并计算出各裂隙面的粗糙度修正系数。15 个裂隙面的粗糙度修正系数最小值为 1.33，最大值为 8.211，平均值为 3.454，从侧面反映出裂隙面形态对单裂隙渗流影响显著。

5 中尺度裂隙网络模拟及渗透性计算

岩体内部存在着不连续面、断层、节理裂隙，造成岩体的力学性能、渗透性质与岩石的差异非常大，这主要取决于岩体中节理、裂隙发育情况。相对于岩石，岩体中的裂隙渗透性要高出很多，一般情况下裂隙的渗透性可以超过百倍，甚至千倍。与岩体裂隙渗透性相关的最重要的一个因素是裂隙隙宽；随着隙宽的增加，单裂隙中水的流动状态可以从层流逐渐过渡到湍流，裂隙的渗透性也将产生非线性变化。此外，粗糙性、应力、充填物等也会对单裂隙渗透性产生明显的影响。

随着岩体中裂隙数量的增加，各裂隙相互交叉、连通形成复杂三维空间裂隙网络，由于裂隙发育具有方向性、不均匀性，因此造成岩体裂隙网络整体渗透性具有非均质性和各向异性。为了更好地研究岩体裂隙网络的渗流特性，其渗流模型可以分为 3 种基本的类型：（1）等效连续体模型；（2）离散裂隙网络渗流模型（DFN）；（3）将上述两种模型联合起来的混合模型。离散裂隙网络渗流模型最为接近于真实的岩体裂隙渗流，由于每一条裂隙都需要模拟计算，在模拟范围较大、裂隙数据巨大时，海量的计算就成为该方法的重要壁垒。相对而言，等效连续体模型是研究和应用范围最广的模型，国内外学者对此做出了大量的有成效的研究。

当判断出岩体裂隙网络具有表征单元体积（Representative Elementary Volume，REV）值，且符合其他必要的适用条件后，等效连续体模型的岩体裂隙网络可以使用等效渗透系数张量来表征其渗透特性。计算裂隙岩体的等效渗透系数张量常见的方法：一是基于优势节理采用统计理论来推导渗透张量的方法（也称利用裂隙几何参数），但该方法很难确定裂隙之间的连通性，对其计算结果的可靠性带来很大影响；二是利用离散裂隙网络水力学求解渗透张量，由于裂隙网络的复杂性，这是一种准三维模型计算方法，所计算的是三维裂隙网络某一切面上的二维裂隙网络渗透张量。

两种方法有一个共同特点，即都不考虑岩石本身的渗透性（即基质渗透性，一般情况下基质渗透性要远小于裂隙渗透性），不考虑基质的渗透张量计算结果影响不太大。只是当遇到基质渗透性强、基质本身各向异性、基质对裂隙连通性产生影响等情景时，上述两种方法就无法很好地达到计算要求。

下面将采用离散裂隙和基质模型（Discrete Fracture and Matrix，DFM）计算岩体裂隙网络的渗透张量，可以避免上述两种方法的不足。

5.1 裂隙岩体的等效连续介质模型

自然界的土由不同粒径的固体颗粒以及颗粒间的空隙构成，水在空隙中发生流动。严格来讲，土体也是一种离散体；相对于宏观的土体而言，由于单一的颗粒、空隙尺寸非常小，因此在研究土体的渗流时往往把上体抽象为连续介质体。如果把裂隙岩体也视为孔隙介质进行渗流分析，计算岩体渗透性时使用土体的计算理论做近似估算，同样可以把裂隙岩体抽象成为连续介质模型。岩石本身（基质）相对于岩体裂隙而言渗透性非常小，普通的工程问题中多数忽略基质影响，而重点关注岩体裂隙的渗透性。把岩体抽象为连续介质就是把裂隙的透水能力平均到岩石基质中，这就是岩体等效连续介质模型的由来。这种等效只能是渗流量的等效，除进行流量问题研究时，其他方面可能带来不同的问题。

5.1.1 等效连续介质模型分析的必要条件

岩体的等效连续介质模型因为可以使用土体的渗流理论，所以一直是一种应用范围十分广泛的方法，而渗透系数张量就是其中的重要参数之一。岩体裂隙网格的等效性并非任何情况下都适用，需要满足一定的条件[1]。

土体作为一种孔隙介质，微观上固体颗粒和颗粒间的空隙分属于不同的材料类型，其本质上并不连续；但在研究土体的渗流、力学的应力应变等问题时，众多学者都认同可以把土体抽象为连续介质体。其原因就是土体的表征单元体（REV）的存在，并且尺寸非常小。材料学认为，当一个试件的尺寸超过某一个特定值后，材料的性质就不再与试件的尺寸有关，这一尺寸就是该材料的表征单元体积。一般而言，小于材料的表征单元格时，材料的性质是波动的。以土体渗透性为例，当测试土体体积小于其 REV 时，随着尺寸的变化，其渗透系数也发生变化而形成波状曲线；当大于 REV 时，测试土体的渗透系数则保持稳定。

（1）岩体的渗透性主要取决于裂隙的发育程度，把裂隙岩体抽象成等效连续介质体，首先就是要确定岩体的 REV 值是否存在。裂隙的空间尺度跨度很大，同时渗透性也强，这也就不能保证每个岩体都具有 REV 值，其等效性也并非总是可行的。

（2）研究对象的尺度要远大于岩体的 REV 值时才可以使用连续介质模型。等效连续介质模型主要应用于数值方法进行计算，根据研究对象和问题的特点，选择合适的研究范围，并依据研究对象的大小、几何特征、分析精度等需求，生成合适的网格尺寸。当大部分的网格尺寸大于 REV 值时，抽象为等效连续介质模型是合理的。

（3）当岩体渗流问题与时间关联性不强时，才能抽象为等效连续介质模型。

对于孔隙介质而言，使用达西定律求得的水的流速是达西流速，是一种等效的流速。实际中由于水是在固体颗粒的孔隙中流动，真实的流动速度大于达西速度。土体中连通的孔隙蜿蜒曲折，虽然速度快，但实际流程也长，相应的水力梯度小。因而使用等效连续介质分析土体渗流问题时，使用达西速度研究与时间相关的计算问题，对结果的影响并不大。

对于单裂隙而言，使用裂隙的单宽流量 q 除以隙宽 a，即可得裂隙的平均流速 v，即 $v=q/a$。因为自然界岩体裂隙的粗糙性，裂隙的隙宽是一个变量，所以常用等效隙宽表示，即 $v=q/a_h$，形式与达西公式一致，得到的速度为达西速度。粗糙裂隙中的隙宽有大有小，造成裂隙中流体的实际流速也是快慢不同，流量也大小不一，会产生沟槽流现象。宏观上来看，单裂隙中整体的流速与使用等效隙宽计算的流速近似，这时使用达西速度进行计算影响不大。相应地，离散裂隙网络中每条裂隙都使用等效水力隙宽时，每条裂隙同样可使用达西速度[1]。

当把裂隙网络以流量相等的原则等效到连续介质模型中时，情况将发变化。假设岩体中分布着一组间距为 b、隙宽为 a 的裂隙。对于单条裂隙其流速为 $v_f = -k_f J_f$，单宽流量为 $q_f = v_f a_h$。等效介质的流量为 $q_c = v_c b$。因为流量相等，即 $q_f = q_c$，当不计岩石基质的渗透性时，等效连续介质的达西流速为

$$v_c = \frac{a_h}{b} u_f$$

代入一个常数值，裂隙隙宽 $a_h = 0.1\text{mm}$、间距 $b = 1\text{m}$，容易计算出：

$$v_f = 10^4 u_b$$

可以看出，岩体裂隙网络的等效连续介质中的达西流速要远小于裂隙中的实际流速；两者相差几个数量级，这一结论是工程分析中不容忽略的重要问题。

根据这一分析，当面对与时间关联紧密的非恒定流问题，特别是需要关注裂隙网络渗流过程变化时，需要慎用等效连续介质模型；但以流量问题为研究重点时，则可以继续使用。

5.1.2 裂隙岩体等效渗透系数张量计算方法

5.1.2.1 利用裂隙几何参数计算渗透张量

利用裂隙几何参数计算渗透张量，该方法又称基于优势节理的统计理论计算法；计算的理论基础为光滑平板流理论。若岩体中存在一组平行裂隙，且每条裂隙的隙宽相同、间隔一致，如果裂隙面与水力梯度方向相同时（见图 5-1）[1,151,152]，则该组裂隙中的渗流过程可用达西定律表示：

$$v_e = K_f \frac{e}{L} \boldsymbol{J} = \frac{ge^3}{12\nu_w L} = K_e \boldsymbol{J} \tag{5-1}$$

式中，v_e 为裂隙中达西渗流速度；K_e 为平行裂隙组的等效渗透系数；L 为平行裂隙的间距；e 为裂隙隙宽；$\boldsymbol{J}$ 为水力梯度。

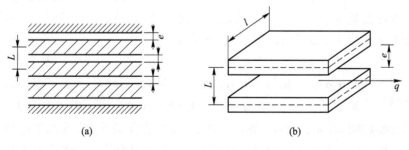

图 5-1　水力梯度（a）与裂隙面平行渗透示意图（b）

式（5-1）的前置条件过于理想化，更多的是天然状态下裂隙中的水力梯度与裂隙面

并不平行；这种情况下裂隙内的水流速度取决于平行于裂隙面的水力梯度。水力梯度为一个向量，所以可以把裂隙面的延伸方向作为基准，那么水力梯度 J 则可以划分为垂直于裂隙面的 J_n 和平行于裂隙面的 J_f 两个相互垂直的矢量分量，如图 5-2 所示。

利用矢量运算法则，则有总水力梯度和两个水力梯度矢量分量之间存在以下关系：

$$J_f = J - J_n \tag{5-2}$$

令 n_f 为垂直裂隙面的单位矢量，根据总矢量和分量间的关系则有：

$$J_n = (J \cdot n_f) n_f \tag{5-3}$$

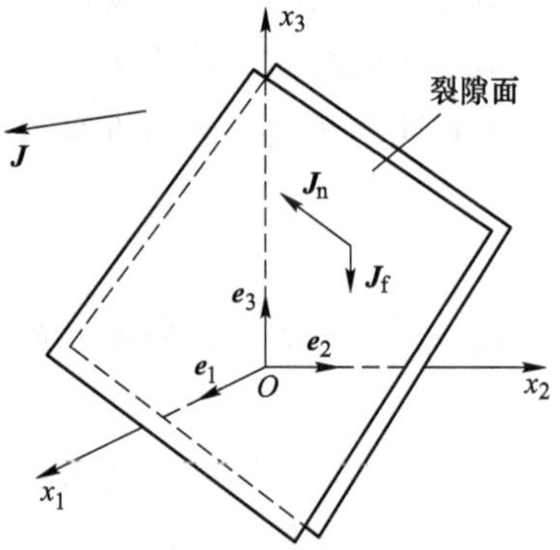

为便于表述和分析，构建一直角坐标系 $Ox_1x_2x_3$ 使裂隙流渗流场处于该坐标系范围内，该直角坐标系 3 个坐标轴的单位矢量分别用 e_1、e_2、e_3 表示。利用几何法则，令垂直裂隙面的矢量 n_f 对应于 3 个坐标轴的方向余弦分别表示为 $\cos\alpha_1$、$\cos\alpha_2$、$\cos\alpha_3$，那么可得 n_f 的表达式：

$$n_f = \cos\alpha_1 e_1 + \cos\alpha_2 e_2 + \cos\alpha_3 e_3 \tag{5-4}$$

图 5-2 水力梯度与裂隙面
不平行渗透示意图

设总水力梯度 J 在坐标系中 3 个坐标轴上的投影分别为 J_1、J_2、J_3，那么 J 矢量表达式为

$$J = J_1 e_1 + J_2 e_2 + J_3 e_3 \tag{5-5}$$

然后将式（5-2）~式（5-5）代入式（5-1）中，则可得：

$$
\begin{aligned}
v_e = K_e J_f &= K_e [J - (J \cdot n_f) n_f] \\
&= K_e \left\{
\begin{array}{l}
[J_1(1 - \cos\alpha_1\cos\alpha_1) - J_2\cos\alpha_2\cos\alpha_1 - J_3\cos\alpha_3\cos\alpha_1] e_1 + \\
[-J_1\cos\alpha_1\cos\alpha_2 + J_2(1 - \cos\alpha_2\cos\alpha_2) - J_3\cos\alpha_3\cos\alpha_2] e_2 + \\
[-J_1\cos\alpha_1\cos\alpha_3 - J_2\cos\alpha_2\cos\alpha_3 + J_3(1 - \cos\alpha_3\cos\alpha_3)] e_3
\end{array}
\right\}
\end{aligned} \tag{5-6}
$$

由式（5-6）可以得出，达西速度 v_e 在坐标轴 3 个方向上的计算公式分别是：

$$
\begin{aligned}
v_1 &= K_e [J_1(1 - \cos\alpha_1\cos\alpha_1) - J_2\cos\alpha_2\cos\alpha_1 - J_3\cos\alpha_3\cos\alpha_1] \\
v_2 &= K_e [-J_1\cos\alpha_1\cos\alpha_2 + J_2(1 - \cos\alpha_2\cos\alpha_2) - J_3\cos\alpha_3\cos\alpha_2] \\
v_3 &= K_e [-J_1\cos\alpha_1\cos\alpha_3 - J_2\cos\alpha_2\cos\alpha_3 + J_3(1 - \cos\alpha_3\cos\alpha_3)]
\end{aligned} \tag{5-7}
$$

在式（5-7）的基础上，根据张量的定义可以得到渗透系数张量 K 计算公式，同时也可以确定出渗透张量为二阶正定对称张量。为便于书写，把式（5-7）中 $\cos\alpha$ 用 α 来表示，则渗透张量 K 的 9 个分量可以写成二阶矩阵形式：

$$
K = \begin{bmatrix}
K_e(1 - \alpha_1\alpha_1) & -K_e\alpha_2\alpha_1 & -K_e\alpha_3\alpha_1 \\
-K_e\alpha_1\alpha_2 & K_e(1 - \alpha_2\alpha_2) & -K_e\alpha_3\alpha_2 \\
-K_e\alpha_1\alpha_3 & -K_e\alpha_2\alpha_3 & K_e(1 - \alpha_3\alpha_3)
\end{bmatrix} = \begin{bmatrix}
K_{11} & K_{12} & K_{13} \\
K_{21} & K_{22} & K_{23} \\
K_{31} & K_{32} & K_{33}
\end{bmatrix} \tag{5-8}
$$

一组裂隙面裂隙的走向、倾向和倾角，可以由垂直方向的单位矢量与坐标轴 3 个轴之间的方向余弦反映出来，因此，式（5-8）的含义是只有一组裂隙时岩体的等效渗透系数张量的计算公式。当岩体裂隙具有多组产状时，每一组裂隙都可以使用式（5-8）求出该组裂隙的渗透张量值，然后求和，便可得到裂隙岩体整体的等效渗透系数张量，其公式为

$$\boldsymbol{v}_e = \sum_{i=1}^{n} V_{ei} = \sum_{i=1}^{n} K_{ei} [\boldsymbol{J} - (\boldsymbol{J} \cdot \boldsymbol{n}_{fi}) \boldsymbol{n}_{fi}]$$

$$= \begin{bmatrix} \sum_{i=1}^{n} K_{ei}(1-\alpha_{1i}\alpha_{1i}) & -\sum_{i=1}^{n} K_{ei}\alpha_{2i}\alpha_{1i} & -\sum_{i=1}^{n} K_{ei}\alpha_{3i}\alpha_{1i} \\ -\sum_{i=1}^{n} K_{ei}\alpha_{1i}\alpha_{2i} & \sum_{i=1}^{n} K_{ei}(1-\alpha_{2i}\alpha_{2i}) & -\sum_{i=1}^{n} K_{ei}\alpha_{3i}\alpha_{2i} \\ -\sum_{i=1}^{n} K_{ei}\alpha_{1i}\alpha_{3i} & -\sum_{i=1}^{n} K_{ei}\alpha_{2i}\alpha_{3i} & \sum_{i=1}^{n} K_{ei}(1-\alpha_{3i}\alpha_{3i}) \end{bmatrix} \boldsymbol{J}$$

$$= \sum_{i=1}^{n} K_{ei} \begin{bmatrix} 1-\alpha_{1i}\alpha_{1i} & -\alpha_{2i}\alpha_{1i} & -\alpha_{3i}\alpha_{1i} \\ -\alpha_{1i}\alpha_{2i} & 1-\alpha_{2i}\alpha_{2i} & -\alpha_{3i}\alpha_{2i} \\ -\alpha_{1i}\alpha_{3i} & -\alpha_{2i}\alpha_{3i} & 1-\alpha_{3i}\alpha_{3i} \end{bmatrix} \boldsymbol{J}$$

$$= \sum_{i=1}^{n} K_i \boldsymbol{J} = \boldsymbol{K} \boldsymbol{J} \qquad (5\text{-}9)$$

式中，i 为第 i 组裂隙的编号；n 为裂隙岩体中裂隙组数；其他符号与前文中相同。

上述计算方法理论清晰，易于理解，基于现有的技术条件，其计算量小，过程简单，是工程中常用的方法之一。显然，它也有一定的缺点：首先该方法是基于裂隙无限延伸推导出来的，即岩体中每条裂隙都是贯通裂隙；其次测定了每组裂隙的间距相同，实际上裂隙间距、产状、尺寸等要素的分布是具有一定的随机性的，需要根据裂隙真实分布情况计算岩体渗透张量；最后该公式没有考虑裂隙之间连通性的问题，这也会给计算结果带来偏差。有学者针对它的缺点，提出了改进计算公式，但也带来新增参数确定困难、计算复杂等问题。

5.1.2.2 利用离散裂隙网络计算渗透张量

岩体中发育的裂隙根据规模可以划分为两大类：一是数量较少而延伸长度和影响带宽度规模都很大的裂隙和断裂，因其规模大、数量少，每条裂隙和断裂都可以测定出产状要素，可称为确定性的裂隙；二是数量众多，延伸长度小、宽度小的裂隙，因为数量过大，没有办法逐一测定产状，只有使用测线、测窗等方法测量得到其统计参数，这类裂隙具有一定的随机性，可称为随机裂隙。对于这类具有随机性的裂隙所构成的裂隙网络，其渗透性可以在保证流量相同的前提下采用连续介质等效渗透系数张量来表示，相应的模型就是等效连续介质模型。在使用等效连续介质模型之前，需要确定几个条件：岩体裂隙网络存在表征单元体 REV，REV 的体积相对于研究对象而言足够小，存在渗透张量的渗透椭圆或渗透椭球体[71,79]。

离散元理论假定岩体是由分离的岩石和岩石块体间的结构面共同构成的。基于离散元理论可以创建出岩体离散裂隙网络模型，在模型中可以分别指定各裂隙的产状、位置、隙宽、延伸长度等信息，然后在此模型上，以立方定律为基础完成数值模拟的渗透实验，以此确定出裂隙岩体的渗透张量。

离散裂隙网络（DFN）模型的建立首先是裂隙的生成；一般先分析野外调查的裂隙属性和统计学参数的特性后，利用随机模拟技术（最常用的是 Monte-Carlo 法）生成裂隙网络数据，并且根据裂隙产状分组对裂隙进行隙宽的赋值。初始生成的裂隙网络范围要足够大，然后以这个原始裂隙网络模型中心点为基准点，分别截出从小到大多个不同尺寸的裂隙网络模型。因为裂隙网络渗透性具有明显的方向性，所以同一尺寸的截取框要取不同方向的裂隙网络；将每次截取裂隙的矩形框顺时针旋转一定角度，重复这一操作，直到矩形的截取框旋转一周。最终形成若干个尺寸不同、方向不同的裂隙网络，截取过程示意图如图 5-3 所示。

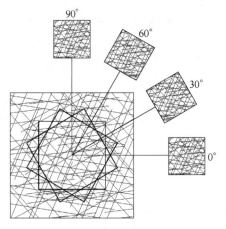

裂隙的长度和隙宽之间并非完全孤立，根据大量的实测数据表明，裂隙长度和隙宽之间为正相关，可以根据裂隙延伸长度计算出隙宽值。自然界中的裂隙表面粗糙，隙宽也非固定值，但在离散裂

图 5-3 裂隙网络截取示意图

隙网络模型中为了简化，一般都假设单条裂隙具有固定的隙宽值，表面光滑，然后使用立方定律来计算其流量。通过 DFN 模型对立边施加不同的水头（h_1 和 h_2），并设定不同类型的边界水力条件，如图 5-4 所示（边界类型编号分别为 BC1~BC4）；便可以计算出一个模型 X 和 Y 方向的不同流量。

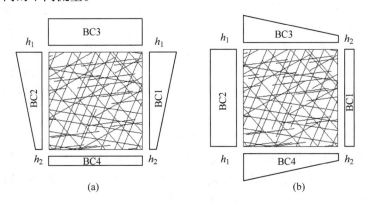

图 5-4 DFN 模型的两种水力边界条件

依据达西定律，并考虑重力作用的影响（也可以不考虑），就可以利用式（5-10）和式（5-11）反算出岩体裂隙网络 X、Y 方向的等效渗透率：

$$Q_x = A \frac{k_x}{\mu} \frac{\partial p}{\partial x} \tag{5-10}$$

$$Q_y = A \frac{k_y}{\mu} \frac{\partial p}{\partial x} \tag{5-11}$$

式中，Q_x，Q_y 分别为 X，Y 方向上的流量，m^3/s；A 为 DFN 模型的横截面面积，m^2；k_x，k_y 为 DFN 模型的 X，Y 方向上的等效渗透率，m^2；μ 为流体的动力黏滞系数，$Pa \cdot s$；p 为水头压力，Pa。

使用上述方法计算出裂隙网络模型中截取的每一个样本 x、y 方向的等效渗透率；然后利用相同方向、不同尺寸样本的渗透系数值制作曲线图。如果曲线随样本尺寸变大而逐渐稳定到某一值时就说明 REV 值存在，该值对应的就是 REV 值。

使用尺寸大于或等于 REV 值的样本，把相同尺寸、不同旋转方向裂隙网络样本的渗透系数，沿着 φ 角度，方位径长为 $\sqrt{\dfrac{1}{k_\varphi}}$，单位为 $(\text{m/s})^{\frac{1}{2}}$，绘制在极坐标图中，就可以拟合出一个渗透椭圆，根据拟合的结果可以得出渗透张量的主值和主方向。

离散裂隙网络法（DFN）可以对每组裂隙的产状、隙宽和延伸长度进行指定，裂隙网络自动匹配，根据流体压力的传导可以判断出裂隙的连通性，即孤立的裂隙对计算结果不产生影响。通过等间距的旋转截取框取得各方向的裂隙网络样本，可以充分地反映样本的方向性特征。虽然每一个研究裂隙网络的样本数量较多，但每一个样本的计算量并不大，容易在计算机上完成计算，该方法也是现有工程、研究领域常用方法之一。

离散裂隙网络是一个三维空间网络，上述方法计算时需要截取某一个二维截面的裂隙形态，截取位置不同差异明显。图 5-5 是一个三维裂隙网络在不同水平位置的截面，可以发现每个截面裂隙数量、形态并不一致，说明该方法是一种二维计算法。也有学者除水平方向截取裂隙外，同时在三维裂隙网络的垂直方向也使用相同方法截取裂隙数据和计算，但这样的结果是样本数量过多。以刘日成[71]的研究案例来说，一个二维裂隙网络就产生576 个截取的样本网络，如果再考虑垂直方向上的截取样本，数量将更为宏大，也必然造成计算的前后处理工作量过大的问题。

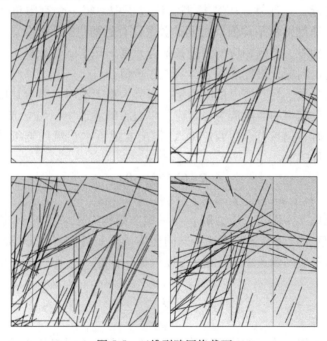

图 5-5　三维裂隙网络截面

从查阅的大量文献来看，目前离散裂隙网络法（DFN）最常使用的计算软件是二维离散元程序 UDEC。该软件设计的初衷主要是用于岩体力学计算，对裂隙网络渗流计算时没有办法对裂隙的粗糙度进行设定，受限于此，在精细化研究时有所局限。

除上述渗透张量的计算方法外，郭良[85]通过大量的野外岩溶洼地调查，使用地质学统计方法，根据岩溶洼地的长轴、短轴大小和方向的比例关系，计算出研究区域内可溶性岩体的渗透张量。经过与裂隙网络的结果进行对比,其计算效果良好。但该方法仅限于碳酸盐岩大面积发育,且地表岩溶洼地发育数量较多的地区,非可溶性岩地区的渗透张计算无法使用,大大限制了该方法的使用范围。

5.2 基于 DFM 模型的三维渗透张量计算

岩体裂隙网格非常复杂,随着数值模拟技术的快速发展,国内外众多学者应用离散裂隙网络(Discrete Fracture Network,DFN)模型开展了大量岩体渗流领域的研究[18,31,34,40,150],DFN 模型仅考虑了岩石裂隙中的渗流,而不考虑岩石基质的渗透性。当把 DFN 模型中裂隙流和岩石基质的渗流联合形成统一的渗流场时,裂隙岩体的渗透张量可以当作岩体中一个连续的、内在的物理量,利用有限元的思想可以求解出任意裂隙岩体的二维、三维渗透张量值。由此产生了一种裂隙和渗透性基质的分析模型,即离散裂隙和基质模型(Discrete Fracture and Matrix,DFM)[121,122,153]。该模型不仅是用于计算裂隙岩体渗透张量,而且可以计算出 DFM 模型中任意一点的压力、速度,还可以与热传递、物质扩散、多相流等物理过程进行耦合,极大地扩展了其应用范围,可以作为精细研究裂隙岩体多物理场耦合的一个有力工具。

为了能够计算出岩体中单相流的等效渗透张量,使用有限元法对岩体的裂隙流和岩石孔隙的介质渗流进行统一计算。DFM 模型渗流过程中,每一个有限单元体内平均压力梯度与速度场通量(速度体积平均值)之间的关系符合达西定律。然后,根据渗透张量为二阶对称正定张量的性质,得到相应的渗透张量各元素的超定线性代数方程组,可以利用最小二乘法来求解超定问题,最终求得岩体渗透张量值。

对于一个渗透介质,当其研究范围确定、渗流为稳定流时,符合达西定律(当渗透介质为裂隙岩体时,设其中的裂隙流为稳定流,单裂隙的渗透率使用立方定律表征;把裂隙岩体作为整体研究时,仍然符合达西定律),得出的地下水渗流的连续性方程,可以写成一个拉普拉斯方程形式:

$$\nabla \cdot (k \nabla p) = 0 \tag{5-12}$$

式中,k 为渗透率,m^2;p 为压力,Pa。

对于单个有限单元格而言,压力解 p 在三维非结构有限单元网格的节点处采用 GalerKin 方法求解;黏度 μ 设为常数;无论各向同性均质还是各向异性非均质体,需要分别设定渗透介质和裂隙介质的渗透率 k。由此可以根据达西定律,得到某一单元格中速度体积平均值:

$$v^e = - \frac{k^e}{\mu} \nabla p^e \tag{5-13}$$

式中,v^e 为一个单元格中速度的体积平均值,m/s;k^e 为单元格的渗透率,m^2;∇p^e 为单元格的压力梯度,Pa/m。

使用有限元法时需要先对研究对象进行网格离散化,如果单元格之间的尺寸差异太大,则造成网格尺寸变化过大降低整体网络质量。在保证网络质量前提下,则会产生数量过于庞大的网格,计算量也相应巨大,普通计算机无法完成计算工作;除了量上的增加,还会造成计算错误或者计算结果不收敛。

一般情况下,岩体裂隙隙宽尺寸与岩体空间尺寸之间可以有几个数量级的差异;对含有裂隙网络的岩体对象进行有限元计算时，为了避免上述问题的出现，使数值计算顺利进行，常常需要对裂隙面进行降维化处理，即在三维空间中把裂隙面处理为二维面；二维空间下把裂隙处理为一维线，配合使用隙宽值，可以完成对裂隙面的渗流计算。

5.2.1 二维等效渗透张量

根据式（5-13），在二维情况下，渗透速度面平均值和压力梯度之间的关系使用张量形式表示为

$$v_j = -\frac{k_{ij}}{\mu}\frac{\partial p}{\partial x_i} \tag{5-14}$$

式中，v_j 为 j 方向的渗流速度，m/s；k_{ij} 为渗透张量的各分量，m²；$\frac{\partial p}{\partial x_i}$ 为 x_i 方向上的压力梯度，Pa/m；i，j 为笛卡尔坐标系中的 x，y，z 坐标轴（i，j=1，2，3）。

定义 $\langle u_j \rangle$ 为 j 方向上研究岩体的速度体积平均值；$\langle \frac{\partial p}{\partial x_i} \rangle$ 为 i 方向上研究岩体的压力梯度体积平均值，则有：

$$\langle u_j \rangle = \frac{1}{V_t}\sum_e \int_{V^e} u_j^e \mathrm{d}V^e \tag{5-15}$$

$$\langle \frac{\partial p}{\partial x_i} \rangle = \frac{1}{V_t}\sum_e \int_{V^e} \frac{\partial p^e}{\partial x_i}\mathrm{d}V^e \tag{5-16}$$

对于体积 V_t 的求解域内的所有单元 e。需要注意的是，降维化处理的裂隙面需要等效水力隙宽的属性值做体积积分处理。二维分析中分别沿 x、y 轴的两个方向做渗流数值实验，为了方便矩阵形式，各符号 x，y 两次实验由 Ⅰ 和 Ⅱ 上角标表示：

$$\begin{bmatrix} \langle \frac{\partial p}{\partial x} \rangle^{\mathrm{I}} & \langle \frac{\partial p}{\partial y} \rangle^{\mathrm{I}} & 0 & 0 \\ 0 & 0 & \langle \frac{\partial p}{\partial x} \rangle^{\mathrm{I}} & \langle \frac{\partial p}{\partial y} \rangle^{\mathrm{I}} \\ \langle \frac{\partial p}{\partial x} \rangle^{\mathrm{II}} & \langle \frac{\partial p}{\partial y} \rangle^{\mathrm{II}} & 0 & 0 \\ 0 & 0 & \langle \frac{\partial p}{\partial x} \rangle^{\mathrm{II}} & \langle \frac{\partial p}{\partial y} \rangle^{\mathrm{II}} \\ 0 & 1 & -1 & 0 \end{bmatrix} \begin{bmatrix} k_{xx} \\ k_{xy} \\ k_{yx} \\ k_{yy} \end{bmatrix} = \begin{bmatrix} \langle u_x \rangle^{\mathrm{I}} \\ \langle u_y \rangle^{\mathrm{I}} \\ \langle u_x \rangle^{\mathrm{II}} \\ \langle u_y \rangle^{\mathrm{II}} \end{bmatrix} \tag{5-17}$$

为了方便公式表示，此处暂时把流体的黏滞性系数设定为 1，并且忽略压力梯度方向和渗透张量方向相反的问题。但这些假设需要在计算完后，代回原公式中进行处理。对于渗透张量的性质，已经有多位学者证明是一个二阶对称正定张量；因此利用其对称性，可以增加一个方程，使上述方程展开后形成由五个线性方程组成的方程组。自此，当前方程组形成一组 5 个方程和 4 个未知量的超定方程组；在上述方程中，等号左侧第一项的 4×5 矩阵里，最后一行便是渗透张量对称性的反映，即 $k_{xy}=-k_{yx}$。

式（5-17）形成一个由矩阵形式表达的 $\boldsymbol{Ax}=\boldsymbol{b}$ 的线性方程组，然后就可以利用最小二乘法来求解超定方程组，最终得到岩体渗透张量值。其中，$\boldsymbol{A}$ 表示求解域中压力梯度体积

平均值矩阵，x 代表渗透张量各分量组成的单列矩阵，b 为求解域中的平均速度矩阵。

5.2.2　三维等效渗透张量

可以把二维的渗透张量求解公式（5-17）扩展到三维空间中。在三维空间中，由式（5-15）和式（5-16）给出速度体积平均值和压力梯度体积平均值需要与笛卡尔坐标系三个坐标轴方向一致；为了方便表示，沿 x、y、z 3 个方向施加水力梯度条件的计算数据，分别使用 I、II、III 3 个上角标表示。矩阵形式表示为

$$\begin{bmatrix} \langle \partial \boldsymbol{p}_0 \rangle^{\mathrm{I}} & \langle \partial \boldsymbol{p}_1 \rangle^{\mathrm{I}} & \langle \partial \boldsymbol{p}_2 \rangle^{\mathrm{I}} \\ \langle \partial \boldsymbol{p}_0 \rangle^{\mathrm{II}} & \langle \partial \boldsymbol{p}_1 \rangle^{\mathrm{II}} & \langle \partial \boldsymbol{p}_2 \rangle^{\mathrm{II}} \\ \langle \partial \boldsymbol{p}_0 \rangle^{\mathrm{III}} & \langle \partial \boldsymbol{p}_2 \rangle^{\mathrm{III}} & \langle \partial \boldsymbol{p}_2 \rangle^{\mathrm{III}} \\ \boldsymbol{I}_0 & \boldsymbol{I}_1 & \boldsymbol{I}_2 \end{bmatrix} \begin{bmatrix} k_{xx} \\ k_{xy} \\ k_{xz} \\ k_{yx} \\ k_{yy} \\ k_{yz} \\ k_{zx} \\ k_{zy} \\ k_{zz} \end{bmatrix} = \begin{bmatrix} \langle u_x \rangle^{\mathrm{I}} \\ \langle u_y \rangle^{\mathrm{I}} \\ \langle u_z \rangle^{\mathrm{I}} \\ \langle u_x \rangle^{\mathrm{II}} \\ \langle u_y \rangle^{\mathrm{II}} \\ \langle u_z \rangle^{\mathrm{II}} \\ \langle u_x \rangle^{\mathrm{III}} \\ \langle u_y \rangle^{\mathrm{III}} \\ \langle u_z \rangle^{\mathrm{III}} \\ 0 \\ 0 \\ 0 \end{bmatrix} \quad (5\text{-}18)$$

其中：

$$\langle \partial \boldsymbol{p}_0 \rangle^i = \begin{bmatrix} \langle \frac{\partial p}{\partial x} \rangle^i & \langle \frac{\partial p}{\partial y} \rangle^i & \langle \frac{\partial p}{\partial z} \rangle^i \\ 0 & 0 & 0 \\ 0 & 0 & 0 \end{bmatrix} \quad (5\text{-}19)$$

$$\langle \partial \boldsymbol{p}_1 \rangle^i = \begin{bmatrix} 0 & 0 & 0 \\ \langle \frac{\partial p}{\partial x} \rangle^i & \langle \frac{\partial p}{\partial y} \rangle^i & \langle \frac{\partial p}{\partial z} \rangle^i \\ 0 & 0 & 0 \end{bmatrix} \quad (5\text{-}20)$$

$$\langle \partial \boldsymbol{p}_2 \rangle^i = \begin{bmatrix} 0 & 0 & 0 \\ 0 & 0 & 0 \\ \langle \frac{\partial p}{\partial x} \rangle^i & \langle \frac{\partial p}{\partial y} \rangle^i & \langle \frac{\partial p}{\partial z} \rangle^i \end{bmatrix} \quad (5\text{-}21)$$

$$\boldsymbol{I}_0 = \begin{bmatrix} 0 & 1 & 0 \\ 0 & 0 & 1 \\ 0 & 0 & 0 \end{bmatrix} \quad (5\text{-}22)$$

$$\boldsymbol{I}_1 = \begin{bmatrix} -1 & 0 & 0 \\ 0 & 0 & 0 \\ 0 & 0 & 1 \end{bmatrix} \quad (5\text{-}23)$$

$$I_2 = \begin{bmatrix} 0 & 0 & 0 \\ -1 & 0 & 0 \\ 0 & -1 & 0 \end{bmatrix} \tag{5-24}$$

公式（5-18）矩阵形式展开后产生 12 个方程和 9 个未知量的超定线性方程组。由渗透张量的对称性 $k_{xy} = k_{yx}$，$k_{xz} = k_{zx}$ 和 $k_{yz} = k_{zy}$ 可知，实际只有 6 个未知量，也即符合以下形式：

$$A^T A x = A^T b \tag{5-25}$$

式中，A 为求解域中压力梯度体积平均值矩阵；x 为渗透张量矩阵；b 为求解域中平均速度矩阵。

由于存在各类计算误差，计算出的渗透张量并不一定符合对称性特点，此时可以强制 $k_{ij} = k_{ji}$（其中 $i \neq j$），具体使用以下公式计算：

$$k_{ij} = k_{ji} = \frac{k_{ij} + k_{ji}}{2} \tag{5-26}$$

上述所呈现的矩阵问题是基于达西定律的张量形式，这在物理上意味着矩阵对角线上的各渗透率项表示通量与沿相同方向的压力梯度相关，而非对角线上的渗透率项表示通量与垂直方向的压力梯度相关。这既适用于局部（元素）标度，又适用于全局（断裂矩阵）标度，通量和压力梯度分别是离散值和平均值。

根据式（5-18）中的计算式，张量求解要求对一个三维岩体裂隙网络问题进行 3 次数值渗流模拟实验。最初的方法是在结构化网格上进行模拟实验，同时使用通量周期性边界条件约束对立面的边界。而对于离散断裂网络显然只能使用非结构化的网格，那么原先的这种边界条件将是不可行的，使用非结构化网格时相反要在该方法中使用非对称的渗流边界条件。在每个裂隙网络渗流模拟中，将一对相对边界面上分别施加压力，使其压力差为 Δp；其余平行宏观流动方向的 4 个边界面被设置为无流量边界条件，此时可以使垂直于其平面的压力梯度为零。最终，计算出的等效渗透率便是所施加的边界条件及其不对称性的函数。在靠近边界，单元格压力梯度将反映设定的无流量边界约束，而不是局部渗透率和几何形状的影响；这造成无流量边界附近单元格，严格意义上不符合式（5-17）和式（5-18），也将可能造成局部的失真。在计算岩体裂隙网络的体积平均速度和体积平均压力梯度时，需要剔除无流量边界附近的单元格，以此保证计算结果的真实性。此外，裂隙面因为是降维化处理形成的二维面，所以在计算裂隙面的流量和压力梯度体积平均值时，需要根据裂隙体积把裂隙面等效到整个岩体体积中。

在上述计算方法中，把 DFM 模型离散为若干个有限元单元格，这些单元格中既包含岩石基质，也包含裂隙面；在每一个单元格中都包含了流速和压力梯度值，这两个值是受单元格自身的渗透性影响的，所以反算出的渗透系数是单元格自身固有的属性；把所有单元格的流速和压力梯度进行积分后，使用其体积平均值求取 DFM 模型的渗透张量，那么所代表的就是模型自身固有渗透特性。从这个角度来看，DFM 模型中无论裂隙数量的多与少，都有其自身的渗透特性，也就是可以用一个渗透张量来表征。例如，一个岩体中只有一条裂隙时，裂隙与岩石基质联合在一起可以形成一个具有特定的渗透能力的透水介质，那么自然可以用渗透张量来表征其透水能力。

根据上文分析可以认为，使用 DFM 模型求解裂隙岩体渗透张量可以不考虑岩体 REV

值是否存在，都能够计算出结果。这一点看似和前文中对岩体 REV 必要条件的论述相悖，但仔细分析 REV 的含义可以发现，其核心是当岩体体积大于 REV 值后，岩体的渗透性就趋于稳定不再发生变化。而 DFM 模型可以求出任意尺寸和裂隙数量岩体的渗透张量，但不能代表岩体尺寸范围改变后它的渗透张量值不发生变化，也就是说 DFM 模型求出的渗透张量并不一定符合等效连续介质模型的要求，同样需要进行 REV 值的分析和计算。

5.2.3　裂隙流与达西流耦合控制方程

前文中论述过，由于裂隙隙宽与裂隙延展尺度之间的巨大差异，为了保证计算的顺利，在三维岩体模型中需要把裂隙简化为二维面，在二维岩体模型中把裂隙简化为一维线，也即对裂隙进行降维化处理。此时就面临裂隙流与达西流的耦合问题，即不同维度相邻网格之间的质量交换、压力传导、速度连续性等物理场相互联系的问题，否则将会出现裂隙与岩体网格内的物理过程各自独立、互不相干的错误。

式（4-22）为裂隙中流量方程，式（4-23）为裂隙单元格内连续性方程，为了和岩体内的达西渗流场一起分析方便，这里重新写出这两个公式并给出新的编号。裂隙内流量方程为

$$q_F = -\frac{\kappa_F}{\mu} a(\nabla_T p_F + \rho g) \tag{5-27}$$

裂隙内连续性方程（渗流平衡方程）：

$$a\frac{\partial}{\partial t}(\varepsilon_F \rho) + \nabla_T \cdot (\rho q_F) = aQ_{Fm} \tag{5-28}$$

式中，q_F 为裂隙中单位长度体积流量，m^2/s；μ 为液体动力黏滞系数，$Pa \cdot s$；a 为裂隙的隙宽，m；ε_F 为裂隙的孔隙率（无量纲）；∇_T 为沿裂隙切线方向的梯度算子；Q_{Fm} 为质量源项，$kg/(m^3 \cdot s)$；p 为流体压力，Pa；ρ 为流体密度，kg/m^3；κ_F 为裂隙的渗透率，m^2，$\kappa_F = \frac{a^2}{12C}$；$C$ 为裂隙面粗糙度修正系数；为了与岩石中的质量源区别，下角标 F 表示裂隙。

每个裂隙都有两个面，此处称为上、下裂隙面。从图 5-6 中可以看出，裂隙中流体分别通过上、下裂隙面与基岩产生流量、压力的交换和耦合。由于沿裂隙切向不产生流量交换，那么从岩石基质流入裂隙中的流量只能垂直于裂隙面进行，并且取决于两者的压差。

把裂隙作为岩石基质的边界，且裂隙内部温度和压力连续，可以求出单位长度上从基质沿裂隙面法向流入裂隙内部的流量为：

$$Q_{Fm}^{up} = -\frac{\kappa_F}{\mu} \times \frac{\partial p^{up}}{\partial n^{up}}$$

$$Q_{Fm}^{down} = -\frac{\kappa_F}{\mu} \times \frac{\partial p^{down}}{\partial n^{down}} \tag{5-29}$$

式中，Q_{Fm}^{up}，Q_{Fm}^{down} 为单位长度裂隙上、下表面从岩石中流入的流量，m^2/s；p^{up}，p^{down} 分别为上、下裂隙面压强；n^{up}，n^{down} 为裂隙上、下表面法线方向；其他符号含义同前文。

代入裂隙的连续性方程式（5-28）中得：

$$a\frac{\partial}{\partial t}(\varepsilon_F \rho) + \nabla_T \cdot (\rho q_F) = aQ_{Fm}^{up} + aQ_{Fm}^{down} \tag{5-30}$$

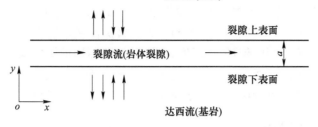

图 5-6 裂隙流-达西流耦合概念模型

因为裂隙隙宽很小，且裂隙内部为连续介质场，所以对一个微小单元格来说，可以认为其内部压强一致，可用公式表示为

$$p^{\mathrm{up}} = p^{\mathrm{down}} = p_{\mathrm{F}} \tag{5-31}$$

式中，p^{up}，p^{down} 分别为上、下裂隙面压强；p_{F} 为裂隙内部压强。

上、下裂隙面压强相等，这一特性造成裂隙面两侧基岩内的压强在靠近同一裂隙时，有压强逐渐相等的趋势。当裂隙流平衡方程为式（5-30）时，就可以实现裂隙流与达西流的耦合。因为是两种物理场的耦合，建模时使用不同维度的网格，且模型生成时几何对象的不同，但在裂隙内部、岩石基质裂隙面边界上压强一致，因此自然可以完成裂隙与基质、裂隙与裂隙之间的流量交换计算；计算结果可以反映出裂隙对基质渗流的影响，以及裂隙交叉后的渗流。

裂隙中的能量守恒方程为

$$a\,\frac{\partial C_{\mathrm{F}} T_{\mathrm{F}}}{\partial t} + a\rho_{\mathrm{w}} c_{\mathrm{w}} v_{\mathrm{w}}\,\nabla_{\mathrm{T}} T_{\mathrm{F}} - a\,\nabla_{\mathrm{T}}(\lambda_{\mathrm{F}}\,\nabla_{\mathrm{T}} T_{\mathrm{F}}) = f^{\mathrm{e}} \tag{5-32}$$

式中，a 为裂隙的隙宽；C_{F} 为裂隙内介质的平均体积热容；T_{F} 为裂隙内的温度；t 为时间项；ρ_{w} 为液体密度；c_{w} 为裂隙内液体的体积热容；v_{w} 为裂隙内的液体的渗流速度；∇_{T} 为沿裂隙切线方向梯度算子；λ_{F} 为裂隙介质的热传导系数；f^{e} 为外源能量的流入。

其中：

$$v_{\mathrm{w}} = -\frac{\kappa_{\mathrm{F}}}{\mu}(\nabla_{\mathrm{T}} \boldsymbol{p}_{\mathrm{F}} + \rho \boldsymbol{g}) \tag{5-33}$$

式（5-32）中等号左边第一项表示能量随时间变化；第二项表示裂隙内液体对流产生的能量增加；第三项表示裂隙内传导方式增加的能量。当裂隙内没有充填物时，C_{F} 和 λ_{F} 可以取值为裂隙内液体的相应参数。与前文一样，方程式等号的右侧能量输入项可以分解为上、下裂隙面两个输入项：

$$f_{\mathrm{up}}^{\mathrm{e}} = \rho_{\mathrm{w}} c_{\mathrm{w}}\left(-\frac{\kappa_{\mathrm{F}}}{\mu} \times \frac{\partial p_{\mathrm{up}}}{\partial n_{\mathrm{up}}}\right) T_{\mathrm{up}} - \lambda_{\mathrm{eq}}\frac{\partial T_{\mathrm{up}}}{\partial n_{\mathrm{up}}}$$

$$f_{\mathrm{down}}^{\mathrm{e}} = \rho_{\mathrm{w}} c_{\mathrm{w}}\left(-\frac{\kappa_{\mathrm{F}}}{\mu} \times \frac{\partial p_{\mathrm{down}}}{\partial n_{\mathrm{down}}}\right) T_{\mathrm{down}} - \lambda_{\mathrm{eq}}\frac{\partial T_{\mathrm{down}}}{\partial n_{\mathrm{down}}} \tag{5-34}$$

式中，$f_{\mathrm{up}}^{\mathrm{e}}$，$f_{\mathrm{down}}^{\mathrm{e}}$ 分别为上、下裂隙面外源能量的流入；λ_{eq} 为等效热传导系数；其他符号含义与前文相同。

在裂隙内因为隙宽很小，所以内部温度是相同的，则有：

$$T_{\mathrm{up}} = T_{\mathrm{down}} = T_{\mathrm{F}} \tag{5-35}$$

式（5-34）代入式（5-32）后就是裂隙内能量守恒方程。利用式（5-31）和式（5-35）作为基质和裂隙的压力、温度边界条件，可以保证裂隙与岩石基质之间的质量和能量连续性；联立式（5-29）和式（5-34）作为裂隙流量、能量的输入项，可以保证裂隙内的质量、能量守恒，同时保证了达西流和裂隙流两种物理场的耦合。

裂隙内液体的动力黏滞系数是一个随温度变化的物理量，表示为 $\mu(T)$，代入裂隙的渗流平衡方程和能量守恒方程中，可以更真实地反映流体由于温度变化带来渗流的影响。

5.2.4 渗透椭球体的可视化

当计算出的渗透张量的二阶矩阵非对角线上的元素不全为零时，表明矩阵的对角线元素此时还不是渗透张量的主值。根据二阶张量的转换性质，一个张量可以分解为一个对角阵和两个旋转矩阵，对角阵的元素就是对应的渗透张量主值，而旋转矩阵则是由三个主值方向向量组成（之所以需要两个旋转矩阵，是因为二阶张量有两个自由标，根据张量转换的运算法则，二阶张量坐标系转换时需要对张量的两个自由标逐一进行运算。此外，由于渗透张量设定在坐标轴相互垂直的笛卡尔坐标中，两个旋转矩阵互为转置）。

例：K_{an} 为非对角阵的渗透张量矩阵，K_{dia} 为渗透张量主值组成的对角阵，R 是旋转矩阵，则有：

$$K_{an} = \begin{bmatrix} K_{xx} & K_{xy} & K_{xz} \\ K_{xy} & K_{yy} & K_{yz} \\ K_{xz} & K_{yz} & K_{zz} \end{bmatrix}, \quad K_{dia} = \begin{bmatrix} K_x & 0 & 0 \\ 0 & K_y & 0 \\ 0 & 0 & K_z \end{bmatrix}, \quad R = \begin{pmatrix} R_{1,1} & R_{1,2} & R_{1,3} \\ R_{2,1} & R_{2,2} & R_{2,3} \\ R_{3,1} & R_{3,2} & R_{3,3} \end{pmatrix}$$

则三者的关系式为

$$K_{an} = R K_{dia} R^{T} \tag{5-36}$$

使用式（5-36）便可求出渗透张量主值以及各主值方向的向量。

为了可视化渗透率张量的方向和各向异性程度，使用渗透椭球体来展示。由于计算出的等效渗透率可能跨几个数量级，所以对计算结果进行了归一化处理。其中展示的椭圆体仅用于比较等效渗透率的方向和各向异性程度，而不能用于比较绝对幅度。

绘制渗透椭球体时使用的参数是各渗透张量主值以及主值的方向向量，所以与 5.1.2 节中 DFN 模型计算方法常见的使用各样本渗透系数的 $\sqrt{1/k_{\varphi}}$ 值和旋转方向来制作的椭圆并不相同；DFN 模型计算结果绘制的渗透椭圆是极坐标系下的椭圆，其主要目的是根据绘制结果是否为椭圆来判断 REV 值的存在与否，其方向是裂隙网络样本的旋转方向。

此处的渗透椭球是基于三维空间笛卡尔坐标系中绘制，由于裂隙模拟时已包含了产状属性，制作立方体外形的裂隙网络计算模型时也没有改变各裂隙的产状，所以绘制的椭球体方向性与地理方向一致，即 X 轴正方向为地理方位的东方向，Y 轴正方向为地理方位的北方向，Z 轴正方向为垂直于地表指向天空方向；椭球体的 3 个半径分别代表渗透张量的 3 个主值。

5.2.5 计算方法合理性验证

为确认上述渗透张量计算方法的合理性，分别使用均质各向异性立方体、垂直交叉裂隙的立方体、倾斜平行裂隙的立方体 3 个实例进行计算验证。为明确计算数值方法计算结果的误差大小，使用下列公式计算误差：

$$\varepsilon = \left| \frac{\kappa_a - \kappa_n}{\kappa_a} \right| \quad (5\text{-}37)$$

式中，κ_a 为已知渗透张量值或解析解计算的渗透张量的各元素；κ_n 为数值计算结果中渗透张量的各元素；ε 为计算误差。

对垂直交叉裂隙的立方体参考 Snow[3] 的文献，使用厚度权重平均法计算裂隙及基质的渗透张量，计算公式如下：

$$\kappa_{avg,\ w} = \frac{(h_c - n_f a_f)\kappa_m + n_f a_f \kappa_f}{h_c} \quad (5\text{-}38)$$

式中，$\kappa_{avg,w}$ 为解析解计算出的渗透张量值；h_c 为参与计算的立方体边长；n_f 为立方体外侧面上的裂隙数量；a_f 为裂隙的隙宽；κ_m 为基质的渗透率；κ_f 为单条裂隙的渗透率。

5.2.5.1 均质各向异性立方体

建立一个渗透性为各向异性的渗透介质立方体，立方体边长为 10m，其渗透张量设置为

$$\boldsymbol{K} = \begin{bmatrix} 2.95 \times 10^{-11} & -2.95 \times 10^{-11} & 0 \\ -2.95 \times 10^{-11} & 2.95 \times 10^{-11} & 0 \\ 0 & 0 & 5.89 \times 10^{-11} \end{bmatrix} (\mathrm{m}^2)$$

立方体的 X、Y、Z 3 个方向分别施加 20m 的水头，对立面水头为 0m。每个方向计算完成后统计体积平均压力梯度、各方向渗流速度，然后代入式（5-18）求解渗透张量。数值方法得出渗透张量结果为

$$\boldsymbol{K} = \begin{bmatrix} 2.949 \times 10^{-11} & -2.949 \times 10^{-11} & -4.789 \times 10^{-17} \\ -2.949 \times 10^{-11} & 2.949 \times 10^{-11} & -4.142 \times 10^{-17} \\ -4.789 \times 10^{-17} & -4.142 \times 10^{-17} & 5.894 \times 10^{-11} \end{bmatrix} (\mathrm{m}^2)$$

查表 5-1 中的数据，数值计算结果与各向异性介质的渗透张量各元素之间误差小于 1‰，从计算精度上可以满足要求。

表 5-1 渗透张量理论计算与数值计算对比表

项目	κ_a/m^2	κ_n/m^2	ε
κ_1	0	6.7659×10^{-23}	6.8×10^{-23}
κ_2	5.89×10^{-11}	5.894×10^{-11}	6.8×10^{-4}
κ_3	5.90×10^{-11}	5.898×10^{-11}	3.4×10^{-4}
κ_{xx}	2.95×10^{-11}	2.949×10^{-11}	3.4×10^{-4}
κ_{yy}	2.95×10^{-11}	2.949×10^{-11}	3.4×10^{-4}
κ_{zz}	5.89×10^{-11}	5.894×10^{-11}	6.8×10^{-4}
κ_{xy}	-2.95×10^{-11}	-2.949×10^{-11}	3.4×10^{-4}
κ_{xz}	0	-4.789×10^{-17}	4.789×10^{-17}
κ_{yz}	0	-4.142×10^{-17}	4.142×10^{-17}

 图 5-7 是部分计算结果展示，图中（b）~（e）分别是计算过程中压力梯度和速度的空间分布。由图 5-7(b)~(e) 可以明显地看到，透水介质在 XY 平面对角线上的渗透性最强，垂向上渗透性基本一致；图 5-7（f），（g）是渗透椭球体的两个视角图，渗透椭球体也可以反映出相同的性质；从图 5-7（f）可以看出垂直方向和水平方向的渗透性一致，从图 5-7（g）看出水平面上渗透性是 XY 对角线方向。

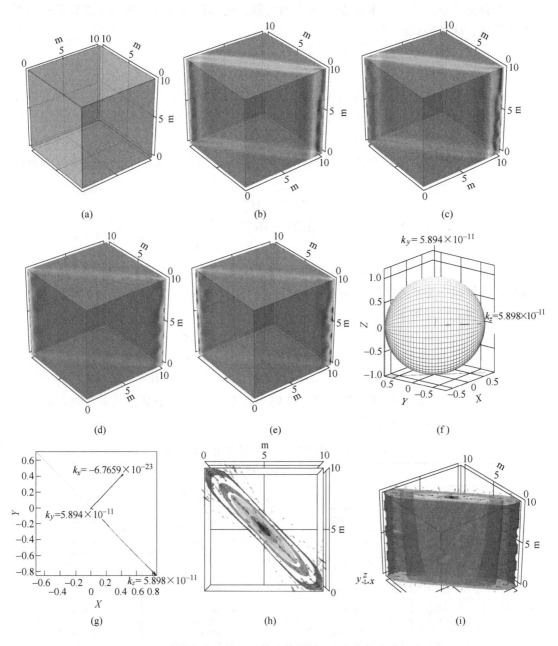

图 5-7 均质各向异性立方体计算模型（Y 方向施水头压力）

（a）几何模型；（b），（c）X，Y 两个方向的压力梯度分布；（d），（e）X，Y 两个方向的速度分量；
（f），（g）两个视角的渗透椭球；（h），（i）模拟抽水试验 XY 平面和三维水头等值面图上述各向异性介质的渗透性特点，从解析解和数值解的结果中也可以得到。表 5-1 中，解析解的渗透张量主值分别是 $\kappa_1 = 0$，$\kappa_2 = 5.89 \times 10^{-11} \text{m}^2$、$\kappa_3 = 5.90 \times 10^{-11} \text{m}^2$；数值解的分别是 $\kappa_1 = 6.7659 \times 10^{-23} \text{m}^2$，$\kappa_2 = 5.894 \times 10^{-11} \text{m}^2$、$\kappa_3 = 5.898 \times 10^{-11} \text{m}^2$，两种计算方法结果都有 κ_1 为零或极小，κ_2，κ_3 两个值基本相等，这与渗透椭球反映的现象一致。

为了更进一步地验证 DFM 模型方法的合理性，设计了一个数值模拟抽水实验。实验中设定各向异性立方体尺寸、渗透参数不变，水平面四周指定统一水头，立方体中心点布置一个垂向的抽水井，然后观察抽水后的结果。图 5-7（h），（i）是抽水后水头等值面图，图 5-7（h）是水平方向的，图 5-7（i）是三维空间的。图 5-7（h）中水头等值面很明显，其方向性与渗透椭球体一致。此外，观察流体运动矢量方向，水流基本都是沿 XY 平面对角线运动，符合介质渗透性的特点；从图 5-7（i）中可以看出垂向上水头降落强烈，反映出透水介质垂向渗透性强。

上述从渗透张量数值对比、计算结果图形对比、模拟抽水实验 3 个方面进行了分析，可以得出：对各向异性介质渗透张量计算中，DFM 模型方法计算结果精度满足需求，渗透椭球可以直观地反映介质渗透性特点。

5.2.5.2 垂直交叉裂隙的立方体

第一个均质各向异性立方体实验模型中未包含裂隙，还无法说明裂隙存在时 DFM 方法的合理性，因此设计出含裂隙的模型进行实验和对比。

设定模型为边长 10m 的立方体，立方体内部每一个方向均匀分布 7 条平行贯通裂隙，3 个方向的裂隙面垂直交叉；每条裂隙隙宽 0.2mm；立方体基质为各向同性渗透介质，渗透率 $7.62 \times 10^{-15} \text{m}^2$。计算时施加 10m 水头的压力，对立面水头为 0m。该裂隙介质的渗透张量用式（5-38）求得，使用 DFM 数值模型进行计算，并对比两者计算结果。

查表 5-2 中的数据，数值计算结果与解析解渗透张量各元素之间误差小于 0.1‰，从计算精度上可以满足要求。

表 5-2　渗透张量理论计算与数值计算对比表

项目	κ_a / m^2	κ_n / m^2	ε
κ_1	9.4095×10^{-13}	9.4100×10^{-13}	5.3138×10^{-5}
κ_2	9.4095×10^{-13}	9.4100×10^{-13}	5.3138×10^{-5}
κ_3	9.4095×10^{-13}	9.4100×10^{-13}	5.3138×10^{-5}
κ_{xx}	9.4095×10^{-13}	9.4098×10^{-13}	3.1883×10^{-5}
κ_{yy}	9.4095×10^{-13}	9.4098×10^{-13}	3.1883×10^{-5}
κ_{zz}	9.4095×10^{-13}	9.4098×10^{-13}	3.1883×10^{-5}
κ_{xy}	0	5.6660×10^{-22}	5.6660×10^{-22}
κ_{xz}	0	1.2250×10^{-22}	1.2250×10^{-22}
κ_{yz}	0	1.8370×10^{-23}	1.8370×10^{-23}

图 5-8 是部分计算结果展示，图中（b）~（f）分别为计算过程中压力梯度和速度的空间分布，该模型基质为各向同性渗透介质，裂隙各方向均匀分布，模型整体表示为各向同性渗透性模型，所以压力梯度、速度分布图中没有明显的方向性。裂隙中的渗流速度

快、压力梯度大，所以在施加水头边界面上各裂隙交叉点明显高于周边基质；整体上压力梯度和速度集中的呈现以裂隙交叉处为中心的均匀点状分布，这一现象符合模型的特性。

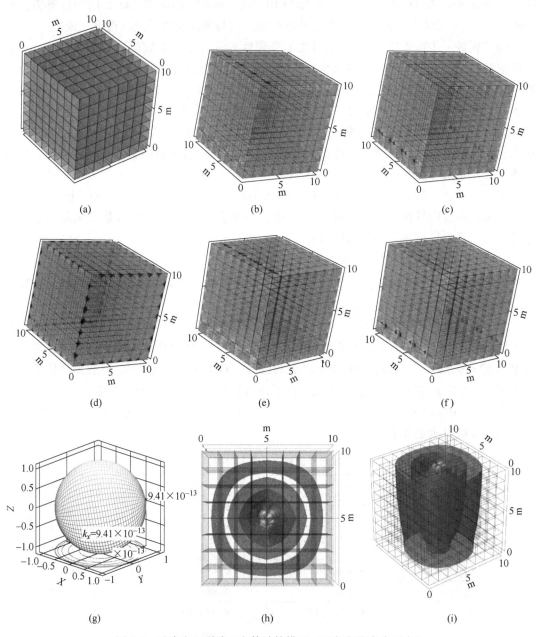

图 5-8 垂直交叉裂隙立方体计算模型（Y 方向施水头压力）

（a）几何模型；（b），（c），（d）X，Y，Z 3 个方向的压力梯度分布；（e），（f）X，Y 两个方向的速度分布图；
（g）渗透椭球体；（h），（i）模拟抽水实验水头等值面图 XY 平面视图及三向视图

介质的渗透性特点，从解析解和数值解的结果中也可以得到。表 5-2 中，解析解和数值解的渗透张量主值全部相等，符合均质渗透介质的性质。此外，渗透椭球是一个圆球，两者反映的现象一致。

垂直交叉裂隙的立方体模型同样设计了一个数值模拟抽水实验。实验中设定裂隙立方体尺寸、渗透参数不变，水平面四周指定统一水头边界，立方体中心点布置一个垂向的抽水井，然后观察抽水后的结果。图 5-8（h）和（i）是抽水后水头等值面图，图 5-8（h）是水平方向的，图 5-8（i）是三维空间的。从图 5-8（h），（i）中可以看出明显的各向同性特点，这与前面的渗透张量计算数据以及渗透椭球表现的结果完全一致；说明 DFM 模型在均质裂隙岩体模型对象中，计算结果合理、精确。

5.2.5.3 倾斜平行裂隙的立方体

为进一步地验证 DFM 模型在倾斜裂隙岩体中的可行性，建立倾斜平行裂隙立方体模型。模型为边长 10m 的立方体，立方体内部沿 Y 轴 45°方向均匀分布 11 条平行贯通裂隙；每条裂隙隙宽 0.2mm；立方体基质为各向同性，渗透率 7.62×10^{-15} m^2。计算时施加 10m 水头的压力，对立面水头为 0m。模型的渗透张量主值计算根据式（5-38）推得：

$$\kappa_{avg,\ h} = \frac{h_c}{\dfrac{h_c - n_f a_f}{\kappa_m} + \dfrac{n_f a_f}{\kappa_f}} \tag{5-39}$$

式中，$\kappa_{avg,h}$ 为解析解计算出的渗透张量值；h_c 为参与计算的立方体边长；n_f 为立方体外侧面上的裂隙数量；a_f 为裂隙的隙宽；κ_m，κ_f 分别为基质的渗透率和单条裂隙的渗透率。

式（5-39）计算结果是渗透张量主值，立方体内平行垂直裂隙统一绕 Z 轴旋转 45°，使用渗透张量主值和欧拉旋转矩阵 R 代入式（5-36）计算出渗透张量非对角形式的各元素数值，旋转矩阵如下：

$$R = \begin{bmatrix} \cos(\alpha) & \sin(\alpha) & 0 \\ -\sin(\alpha) & \cos(\alpha) & 0 \\ 0 & 0 & 1 \end{bmatrix} \tag{5-40}$$

使用 DFM 数值模型进行计算，对比两者计算结果，见表 5-3。

表 5-3 渗透张量理论计算与数值计算对比表

项目	κ_a/m^2	κ_n/m^2	ε
κ_1	7.8000×10^{-15}	7.8500×10^{-15}	6.4103×10^{-3}
κ_2	5.7450×10^{-13}	5.7460×10^{-13}	1.7406×10^{-4}
κ_3	5.7450×10^{-13}	5.7470×10^{-13}	3.4813×10^{-4}
κ_{xx}	2.6800×10^{-13}	2.6805×10^{-13}	1.8869×10^{-4}
κ_{yy}	2.6800×10^{-13}	2.6802×10^{-13}	6.7142×10^{-5}
κ_{zz}	6.2100×10^{-13}	6.2058×10^{-13}	6.7446×10^{-4}
κ_{xy}	2.6000×10^{-13}	2.6024×10^{-13}	9.3685×10^{-4}
κ_{xz}	0	3.7980×10^{-22}	3.7980×10^{-22}
κ_{yz}	0	3.7950×10^{-22}	3.7950×10^{-22}

查表 5-3 中的数据，数值计算结果与解析解计算结果中渗透张量各元素之间误差小于 1‰，从计算精度上可以满足要求。

图 5-9 是部分计算结果展示，图 5-9（b）~（d）分别为计算过程中压力梯度、速度

的空间分布。从图 5-9 中可以明显地看到，透水介质在 XY 平面对角线上的渗透性最强，垂向上渗透性基本一致；图 5-9（e）和（f）是渗透椭球体的两个视角图，渗透椭球体也可以反映出相同的性质，从图 5-9（e）中可以看出垂直方向和水平方向的渗透性一致，从图 5-9（f）中看出水平面上渗透性是 XY 对角线方向。

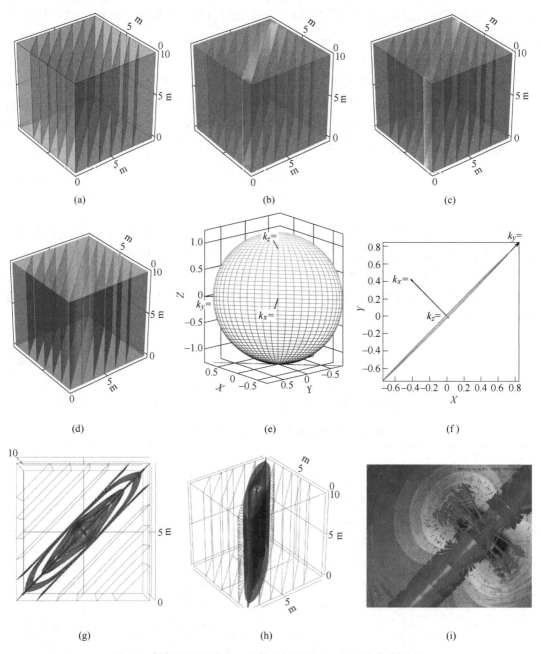

图 5-9 倾斜平行裂隙的立方体计算模型（Y 方向施水头压力）

（a）几何模型；（b），（c）X，Y 两个方向的压力梯度分布图；（d）X 方向的速度分布图；
（e），（f）两个视角的渗透椭球；（g），（h）模拟抽水试验 XY 平面和三维水头等值面图；
（i）是（g）图中心的局部放大，箭头代表渗流速度的大小和方向上述各向异性介质的渗透性特点，从解析解和数值解的结果中也可以得到。表 5-3 中，解析解的渗透张量主值分别是 $\kappa_1 = 7.8000 \times 10^{-15}\,\mathrm{m}^2$，$\kappa_2 = 5.7450 \times 10^{-13}\,\mathrm{m}^2$、$\kappa_3 = 5.7450 \times 10^{-13}\,\mathrm{m}^2$；数值解的分别是 $\kappa_1 = 7.8500 \times 10^{-15}\,\mathrm{m}^2$，$\kappa_2 = 5.7460 \times 10^{-13}\,\mathrm{m}^2$、$\kappa_3 = 5.7470 \times 10^{-13}\,\mathrm{m}^2$，两种计算方法结果都有 κ_1 明显小于 κ_2，κ_3 两个数量级，κ_2，κ_3 两个值基本相等，这与渗透椭球反映的现象一致。

数值模拟抽水实验中设定各向异性立方体尺寸、渗透参数不变，水平面四周指定统一水头，立方体中心点布置一个垂向的抽水井。图 5-9（g）和（h）是抽水后水头等值面图，图 5-9（g）是水平方向的，图 5-9（h）是三维空间的。图 5-9（g）中水头等值面中很明显，其方向性与渗透椭球体一致；从图 5-9（h）中可以看出垂向上水头降落强烈，反映出透水介质垂向渗透性强。此外，观察图 5-9（i）中流体运动矢量方向，水流主要沿 XY 平面对角线运动，并有向抽水井做向心运动的矢量箭头，大部长度很小，表示渗流速度慢，说明垂直裂隙方向仍具有渗透性，符合介质渗透性的特点。

综合上面三个实验模型的分析，可以认为 DFM 模型计算介质的渗透张量方法可行，计算结果精度好、合理。但是，因为上述三实验模型全部是人为设定的，对于实际情况仍不能完全保证 DFM 模型计算方法的有效性，所以下面会使用现场抽水实验结果与计算结果进行对比。

5.3 中尺度岩体裂隙网络模拟

自然界中的岩体裂隙数量众多、规模多变、分布广泛，野外裂隙测量工作再多也无法完全反映真实裂隙的分布。应用计算机模拟技术生成三维裂隙网络逐渐成为主要的方法和手段，模拟的关键是生成合理的裂隙网络的数据，它可以较好地反映出天然岩体裂隙网络的主要特性。基于野外大量裂隙数据统计资料，下面分别从裂隙位置、裂隙方向、裂隙连接三个方面的模拟，生成研究区内合理的裂隙网络模型。

5.3.1 三维裂隙网络分布模拟

当获得足够数量、高质量的裂隙网络相关的空间统计数据后，便可以完成同一空间范围内三维裂隙网络的模拟。三维裂隙网络模拟方法有多种，常见的有 3 种类型；一是使用均匀概率分布函数定位裂隙中心的空间位置，各裂隙独立定位不对其他裂隙位置产生影响；二是使用随机技术确定裂隙中心位置，但是基于一个统计出来的密度函数进行；三是利用裂隙网络的尺度不变性特点，生成空间裂隙。所有这些方法都是使用原始裂隙方向和扩展分布，按照大量裂隙统计规则在特定空间范围内确定圆盘状或多边形的裂隙面。

岩体裂隙具有诸多属性，例如位置、密度、形状、方向等，一个空间位置可以有多个裂隙通过；而裂隙网络常常展现出一定的继承性和某种程度的尺度不变性。由普通克里格（Ordinary Kriging，OK）、序贯高斯模拟（Sequential Gaussian Simulation，SGS）、主成分分析（Principal Component Analysis，PCA）等构成的方法体系，分别从空间位置、方向、连接三个方面完成对裂隙网络更为精确的模拟，该方法称为 GEOFRAC 法，由刘春学[48]、倪春中[123] 等学者提出。

5.3.1.1 裂隙位置模拟

根据研究发现，裂隙的位置多数情况下具有空间丛聚性和偏倚，而裂隙的密度分布则大多情况下具有正态分布规律，进行裂隙模拟时，使用裂隙密度分布规律来模拟裂隙的空间位置是一种很有效的方法和工具。为方便模拟裂隙空间位置，可以用三维裂隙面中心点的三维空间坐标 (x, y, z) 来表征裂隙位置。在二维情况下，则使用裂隙迹线的中点坐标来表征裂隙位置。

对裂隙三维空间网络的位置模拟过程可分为 3 个主要步骤：裂隙密度的计算、裂隙密度的空间分布和裂隙位置的模拟。

A 岩体裂隙密度的计算

岩体裂隙密度的计算方法较多，地质单元法、网络法、菱形法等都是常见的方法。网格法因为计算简单，物理意义清晰最为常用；一般情况下网格在二维空间中使用矩形单元，三维空间中使用长方体单元。数学上对空间的分割要求连续且不重叠，所在对研究域范围进行网络划分时采用互斥单元格进行全覆盖，如图 5-10 和图 5-11 所示。

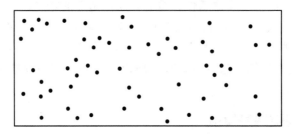

图 5-10 裂隙中心点空间分布示意图

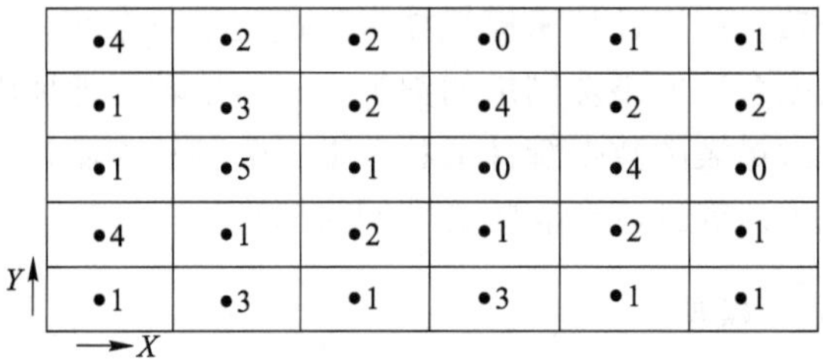

•4	•2	•2	•0	•1	•1
•1	•3	•2	•4	•2	•2
•1	•5	•1	•0	•4	•0
•4	•1	•2	•1	•2	•1
•1	•3	•1	•3	•1	•1

图 5-11 裂隙密度计算示意图

a 研究域空间单元确定

岩体裂隙的分布具有尺度效应，研究域单元格划分时其尺寸变化同样会反映一定的尺度效应；它直接影响着裂隙密度、频率分布、估算精度等主要指标的数值，最终影响到模拟裂隙网络的质量和精确度。裂隙模拟时，需要根据实际裂隙调查情况选定合适的单元格尺寸。单元格尺寸确定时，要根据研究范围内调查的裂隙实际分布情况而定，单元格尺寸应该足够反映地质单元在三维空间方向上延伸的最小距离、样本数量、空间分布以及计算时间等因素（例如，地层、岩性段、岩体、裂隙间距等地质体的空间延伸问题），一般情况下可以先根据经验初步确定出空间单元格尺寸，尺寸可由大到小逐渐调试出最合理的单元尺寸。

除地质单元延伸的影响外，裂隙检验概率密度的频率分布是否服从正态分布或对数正态分布，也是确定空间单元格尺寸的重要因素。大部分情况下，符合正态分布（或对数正态分布）时，会给裂隙密度的空间分布估计以及模拟计算带来极大的便利性和计算的稳健性。因此，确定单元尺寸时要保证单元内裂隙样本的密度符合正态分布（或对数正态分布）规律。

实际操作过程中，研究域空间单元格的尺寸可以依据裂隙密度空间分布估计的交叉验证系数来进行调整。一般情况下，交叉验证系数较高时，对应的单元格尺寸更有利于裂隙网络的空间模拟。

b 岩体裂隙密度计算

利用划分的研究域互斥单元格尺寸，可以计算出每一个二维或三维单元内裂隙中心点的数量，并计算出每一个单元格内的裂隙分布密度，可以使用 (x, y, z, FD) 格式表征。如果每一个单元都满足 $z = 0$，则代表是二维空间中的裂隙密度分布。

c 裂隙密度分布的检验

使用前面步骤计算得到的每一单元内的裂隙密度分布，生成裂隙密度的频率分布图，计算出其均值和方差。然后使用已有的各种分布函数拟合出研究域的裂隙密度分布曲线，根据拟合曲线质量判断实际裂隙密度的分布类型。当拟合曲线不服从正态分布或对数正态分布规律时，则通过调整研究域空间单元格尺寸使其达到要求。

当调整单元格尺寸无法达到要求时，还可以使用线性或非线性函数对裂隙密度进行数据变换操作，可以使用单映射变换方法，最终使单元内裂隙密度服从和近似服从正态分布或对数正态分布规律。

B 密度分布估计方法

估计和模拟裂隙密度空间分布的方法很多，本书使用普通克里格（OK）和序贯高斯模拟法（SGS）进行计算。对比两种方法，序贯高斯模拟法（SGS）在模拟裂隙密度的空间分布上表现更好，原因是普通克里格（OK）法的平滑作用较强，而 SGS 法可以减少这一效果，模拟结果更优。

a 裂隙密度变异函数的计算

在使用普通克里格（OK）法估计研究域裂隙密度空间分布时，一般用变异函数表征其空间变异性，不但可以描述其空间结构性，同时也可以刻画其随机性。

实验变异函数 $\gamma^*(h)$ 表达式：

$$\gamma^*(h) = \frac{1}{2N} \sum_{i=1}^{N} \left[Z(s_i) - Z(s_i + h) \right]^2 \tag{5-41}$$

因为 $C(0) = \mathrm{Var}[Z(s)] = E[Z(s)]^2 - \{E[Z(s)]\}^2 = E[Z(s)]^2 - m^2$，$\forall s$，又因为 s 点是任意的，若令 $s = s+h$，同样可得到 $C(0) = E[Z(s+h)]^2 - m^2$，所以有 $\gamma(h) = C(0) - C(h)$。

上述公式可以在协方差函数和变异函数之间建立联系，只要使用变异函数就可以得到协方差函数，后续的克立格方程组求解也可以实现。

b 密度空间分布估计

根据变异函数计算的裂隙密度空间关系，然后在变异函数模型的基础上使用普通克里格（OK）和序贯高斯模拟法（SGS）估计研究域裂隙密度的空间分布。

（1）普通克里格法：克里格法是一种求解最优线性无偏估计量的计算方法，而普通克里格法更有代表性，所以使用范围更广泛一些。

（2）序贯高斯模拟法：序贯高斯模拟法是基于贝叶斯概率统计理论为基础延伸出的条

件模拟算法。为表示空间域内离散网格点上某一相同属性，可以考虑 N 个随机变量 Z_i 的联合分布，当然这一随机变量也可以表示同一空间位置的其他不同属性。

使用已有数据生成一个条件数据不断递增的单变量 CCDF 样本库，为得到符合该条件分布函数的 N 元样本，由 N 个连续步骤完成，每一步骤都是从样本库中抽取样本。具体为：在给定的原始数据 Z^{*n} 中，从 Z_1 的单变量 CCDF 中随机抽取一个样本数据，标定为 Z_1^*；逐次抽取样本时，把该值看作条件数据，抽样后数据集 Z^{*n} 被更新为 $Z^{*(n+1)} = Z^{*n} \cup \{Z_1 = z_1^*\}$；对于给定更新的数据集 $Z^{*(n+1)}$，使用相同方法，从 Z_2 的单变量 CCDF 中随机抽取一个样本 z_2^*，更新后的数据集成为 $Z^{*(n+2)} = Z^{*(n+1)} \cup \{Z_2 = z_2^*\}$；用相同思路按次序可以考虑 N 个随机变量 Z_i。

C 空间位置的模拟生成

在对研究域内所有空间单元进行裂隙密度分布估计后，每个单元格都赋予了一个裂隙密度值，根据单元格尺寸数值可以得到裂隙数目，所有单元数值之和便是研究域范围内所有裂隙数量。在此基础上，使用蒙特卡洛法利用单元裂隙密度值随机生成研究区的均匀分布空间裂隙网络。

蒙特卡洛方法的具体步骤：由计算机生成 $[0, 1]$ 区间均匀分布的一系列随机数 u_1，u_2，…，u_N，然后将这些随机数代入随机变量 z 的模型中，则有数据集：$z_j = F^{-1}(u_j)(j = 1, 2, …, N)$，式中 N 为试验次数；$F^{-1}(u_j)$ 是变量 z 的密度分布函数 $F(z)$ 的逆函数。当然也可根据随机过程理论，通过分析建立相应的随机模型。

随着试验次数增多，实践证明，z 的频率分布规律越接近于真实的裂隙概率分布规律；模拟过程中，N 一般取频率分布收敛时对应的试验次数，以便取得良好的模拟效果。蒙特卡洛随机模拟方法具有不受极限状态方程是否线性、分布规律是否服从正态分布等显著优点，当模拟次数足够多时就可以取得相对精确的概率值。

5.3.1.2 裂隙方向模拟

自然界中的裂隙主要是构造成因，受构造作用的影响，一个区域内的裂隙往往都具有优势方向；对裂隙产状的方向变量，其属于环形重复变量。对于方向变量大变量（例如 π）与小变量（例如 0）之间，并不能简单地用减法进行量度其差距。因此，岩体裂隙方向的模拟不能直接使用普通克里格法进行估计，根据研究发现，使用主成分分析法进行估计，得到的效果良好。

A 方向的转换

a 方向的表征

表示裂隙方向的方式有多种，如数学上常用单位法线、地质上则常用裂隙倾向（走向）、倾角等方式。本书中对裂隙方向的表示使用右手顺时针度量的方法，如图 5-12 所示。

具体方法：展开并摊平右手，使拇指和食指相互垂直，手背向外。令拇指方向为裂隙的走向，则食指方向为裂隙倾向；这一状态下，当走向沿顺时针方向旋转 90° 后，得到裂隙倾向方向。这一方法固定住了走向与倾向之间的关系，两者一一对应，避免裂隙产状的一个倾向得到两个走向的情况出现，更有利于计算机编程。使用这一方法，无论是倾向还

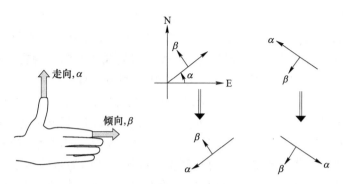

图 5-12 方向的右手顺时针表示

是走向，当配以倾角后，便可以在三维空间中唯一地确定出裂隙的空间展布；设定走向 α 取值范围是 $[0, \pi]$，倾角 ϕ 的取值范围是 $[0, \pi/2]$。

b 方向分组

依据裂隙方向的取值范围，将其划分为均等或不均等的 n 个互斥的方向组，如图 5-13 所示。

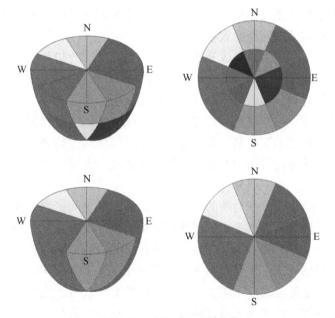

图 5-13 方向分组示意图

裂隙方向组的组数根据研究需要自主决定，常规情况下 $n=8$ 即可，表征为 $[g_1, g_2, g_3, \cdots, g_8]$；当裂隙的走向和倾向需要同时考虑时，可以取 $n=16$，此时裂隙的空间方位表征更为丰富，即表示为 $[g_1, g_2, g_3, \cdots, g_{16}]$。

在实际工作中，同一研究区内因为受到相同的构造作用，所以裂隙在方向上常常表现出几个明显的优势分组现象，即以某一个或两个方向为中心展现出丛聚分布现象。充分利用裂隙的丛聚特征，划分出方向集，之后再在集合内进行方向分组，这样可以得到与实际情况更接近的方向分割。

c　方向转换

使用指示值 $(g_1, g_2, g_3, \cdots, g_n)$ 的方式表征裂隙方向所属分组的时候，只有当裂隙的方向角度在分组范围内时才被赋值为 1，这表示该裂隙的方向出现在了这一分组内；而其他的组被赋值为 0，表现该裂隙方向在这一分组内没有出现。

以一个简单分组的实例说明：把一个研究域内裂隙方向 $[0, \pi]$ 划分为 4 个方向组，地质方位表示为 EW、NE、NS、NW，而各组的方向取值范围分别为 EW 组 $[0, \pi/8)$ $\cup(7\pi/8, \pi)$，NE 组 $(\pi/8, 3\pi/8)$、NS 组 $(3\pi/8, 5\pi/8)$、NW 组 $(5\pi/8, 7\pi/8]$，至此便可以实现裂隙方向角度范围互斥的全覆盖。例如，走向为 $\pi/4$ 的裂隙，划为 NE 组，那么它对应的指示值为 (0 1 0 0)。对所有裂隙样本的方向进行相同的操作，就可以完成方向的转换。

裂隙方向转换操作，可以使所有样本裂隙方向在每一个方向组内表现出较为均匀的分布特征，并且可以减小因为裂隙方向集之间的差异造成的过度集中或离散，更有利于裂隙的模拟。

B　主成分分析计算

主成分分析法可以使用样本主成分变成原始变量的线性组合，并且每一个主成分之间不相关，在不丢失复杂问题过多信息的前提下，重点考虑有限的几个主成分，可以大大简化问题，并提高分析和处理问题的效率。

主成分分析的核心思想是减少成分的数目，而裂隙方向的指示值一般会包括多个成分值。根据实际情况，当只有 3 个主成分时就可以在高置信度下代表所有成分变量的信息，同时 3 个主成分变量进行计算机编辑和计算也更为便利、可行。

主成分分析的本质是数学变换，通过特定的变换方法把一组相关变量使用线性变换转后转换为新的一组不相关的变量集，按照方差依次递减的顺序排列转换后的变量，就可以产生主成分；第一主成分具有最大的方差，第二个主成分方差次之，而且和第一主成分不相关，按相同规律形成 p 个主成分。

转换得来的每一个主成分作为新的变量看待，计算其空间变异函数，找出函数的空间变异规律，之后使用序贯高斯模拟法或普通克里格法估计出各主成分的空间分布。上述方法可以对研究区内每个单元待估的裂隙点上，估计出其裂隙方向的所有主成分值。

将每个空间位置估计的主成分值（3 个组或 4 个组）反演成相应的分组形式（例如，8 个组或 16 个组），可在主成分计算过程中使用转置矩阵获得。这样，在每个裂隙位置点或单元格，就可以得到一组与其主成分相对应的值。该组中值最大的组用 1 表示，表示裂隙最有可能出现在方向组中；其他组分的值为 0，表示裂隙不可能出现在这些方向组中。因此，每个裂隙位置对应一个最有可能的方向组，可以认为该位置点处的裂隙方向在该方向组中出现的概率最高。

举例说明：一个裂隙位置上主成分反演后得到分组值为 (0.4 0.3 0.1 0.9)，把该组值中最大的值 0.9 替换为 1，其他值全部改为 0，则分组值转换为 (0 0 0 1)，此时可以认为该裂隙点上最可能的裂隙方向组为 NW，即 $(5\pi/8, 7\pi/8]$ 表示的方向。

C　方向的生成

依据一个方向组内数值实验得到的累计分布函数（Cumulative Distribution Function，

CDF）可以在该组方向所有角度范围内随机生成若干裂隙的方向数据。

使用估计出的样本裂隙的方向，计算各组内方向角度的 CDF 便可得到试验 CDF 曲线。之后使用 Monto Carlo 法生成一个在［0，1］区间的随机数字，在试验 CDF 曲线上找到与之对应的点，便可以得到对应的方向角度，此角度就可以作为该位置的裂隙方向，如图 5-14 所示。

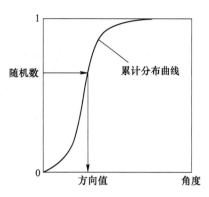

图 5-14　累计分布曲线

5.3.1.3　裂隙的连接

通过对裂隙的位置和方向进行估计和模拟，可以得到研究区内的多个裂隙位置点，同时在每个裂隙点上得到相应的方向，初步得到裂隙的基本形态。裂隙的其他性质，如裂隙宽度和填充，可以用地质统计学原理或其他方法进行估计和模拟。虽然这些属性也是裂隙的重要属性，在各个领域都发挥着重要的作用，但本研究并没有对其进行深入的研究。

假设裂隙面是一个直径固定的圆盘（一般根据单元尺寸的大小而定），则裂隙（面）可视为一个基本的裂隙单元，称为裂隙元。为了获得不同规模、不同产状的裂隙面，形成三维空间裂隙网络，需要根据裂隙元之间的距离和方向，按照一定的规则将空间位置和方向相似的裂隙元连接起来，形成裂隙面。

A　裂隙元连接

显然，三维空间中的裂隙面，特别是那些具有较大延展的裂隙面，可以在不同的单元中分散成若干个裂隙元。因此，由单元估算出的裂隙元需要按照一定的标准进行连接，才能形成大的裂隙面，如图 5-15 所示。有必要确定一个标准，并将符合标准的裂隙元视为一个大裂隙面的成分。显然，可以根据裂隙的力学性质、填充和裂隙宽度给出不同的连接标准。根据空间裂隙元的空间几何关系，给出了以下两种连接标准：

a　考虑裂隙中心的连接

设 f_1 为两裂隙元中心点间的距离，两个裂隙元之间的走向和倾角的差值分别为 α_d 和 β_d；当有 f_1、α_d 和 β_d 都小于它们相应的阈值 l_c、α_c 和 β_c 时，则认为裂隙元属于同一裂隙面，即满足下式：

$$f_1 < l_c, \ \alpha_d < \alpha_c, \ 且 \ \beta_d < \beta_c \tag{5-42}$$

b　考虑裂隙元的连接

φ_1 和 φ_2 分别为两裂隙元间的与其连线之间夹角中较小的夹角，当 f_1 小于阈值 l_c，并且两个角度都小于给定的角度阈值 φ_c 时，则两个裂隙元可以连接，即满足下式：

$$f_1 < l_c, \ \varphi_1 < \varphi_c, \ 且 \ \varphi_2 < \varphi_c \tag{5-43}$$

式中，l_c 为给定裂隙元连接的容许距离，可根据研究区裂隙分布的连续性和间断性，参照单元大小确定，一般为 2~3 个单元的大小；α_c，β_c 和 φ_c 为给定裂隙元连接的容许角度，根据研究区域内裂隙面的空间起伏程度来确定，一般可设置为 5°~10°。

对于多个（两个以上）与裂隙面相连的裂隙元，在剩余的裂隙元中继续按上述准则寻找裂隙元，重复上述循环搜索过程，直到没有符合准则的裂隙单元为止。最终将搜索到属于同一裂隙面的裂隙元进行标记。

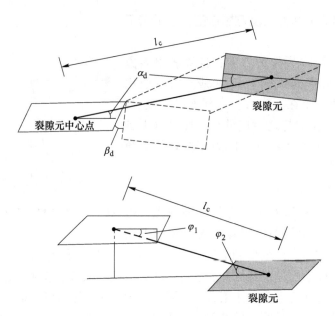

图 5-15 裂隙元的连接标准示意图

当裂隙数量较大的时候，会存在部分孤立的裂隙元。根据上述标准无法与任何其他的裂隙元连续起来，这类裂隙元将单独标记为只有一个裂隙元组的裂隙面。

B 裂隙模拟生成

实际中的裂隙面是一个复杂的三维空间面，在裂隙面的不同位置可能具有不同的方向，所以可以把裂隙元连接成为一个三维空间中的三角网，如图 5-16 所示。同样也可以使用裂隙元的中心位置，以平均走向和倾角连接成为一个三维空间平面，这一平面的延伸直至裂隙元的中心点在该平面的投影位置为止。

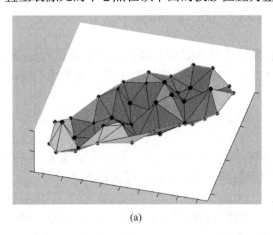
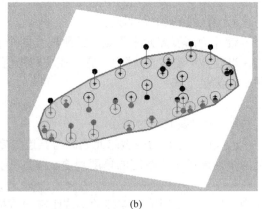

(a)   (b)

图 5-16 裂隙面显示示意图

(a) 裂隙三维空间曲面；(b) 裂隙中心面

如果一个裂隙元不能与其他裂隙元连接而形成孤立的裂隙元，则可以根据其方向和倾角表示为一个直径为 L 的空间平面圆盘。

5.3.2 研究区三维裂隙分布模拟

5.3.2.1 样本裂隙数据

在高松矿田研究区范围内，本研究最终测得地表裂隙 4412 组、共 16625 条有效裂隙参数，地下巷道裂隙测量数据 1501 组、共 7029 条有效裂隙参数；全部裂隙数据合计 5913 组、23654 条裂隙数据，如图 5-17 所示。地表覆盖范围基本达到了设定范围，受地表覆盖层影响，东部边缘地段缺少裂隙数据。地下巷道受巷道空间展布、巷道支护、坍塌等多种因素的影响，无法做到全部巷道都完成覆盖。

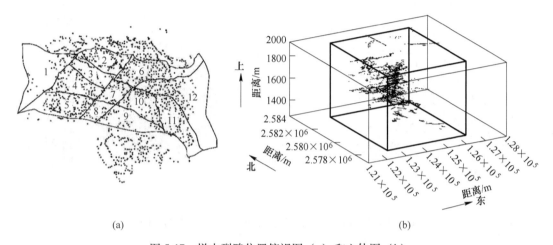

图 5-17 样本裂隙位置俯视图（a）和立体图（b）

5.3.2.2 裂隙位置模拟

裂隙密度是由单位长度的裂隙数目决定的，它将影响裂隙密度计算结果能否用于普通克里格模型。在模拟过程中，分别计算了 5m 和 10m 处的裂隙密度。从频率分布图 5-18（a）看，两个裂隙密度服从对数正态分布。但从其变异函数图 5-18（b）和交叉验证系数来看，以 10m 为单位的裂隙密度变异函数具有较大的变幅和拱高，获得的交叉验证系数比较大。所以，以 10m 为单位计算裂隙密度（见图 5-18（a）），计算裂隙密度在 NE、NS 和垂向 3 个方向上的变异函数，并计算裂隙密度在无方向上的变化函数（见

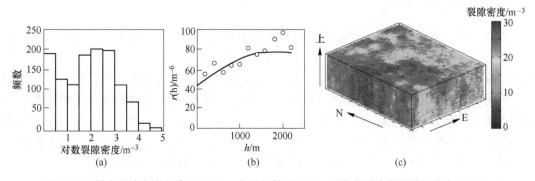

图 5-18 样本裂隙密度频率图（a）、变异函数图（b）及估计裂隙密度空间分布图（c）

图 5-18（b））。根据变异函数的形状及其交叉验证系数，无方向变异函数可以提供更好的估计精度，这也说明裂隙密度可以考虑为各向同性。基于裂隙密度的各向同性变异函数模型，利用序贯高斯模拟法（SGS）估计了裂隙密度的空间分布。在每个要估计的单元格上，使用随机函数生成与估计的裂隙密度为相同数量的裂隙。

5.3.2.3　裂隙方向模拟

裂隙方向模拟时使用走向（α）和倾角（β）构造其方向变量，使用（α，β）表示，走向取值范围是 $[0, \pi]$，倾角的取值范围是 $[0, \pi/2]$。从野外实测裂隙样本统计结果来看，裂隙走向以北西向为主，北东向次之；裂隙倾角大于 $\pi/4$ 的占比很大，如图 5-19 所示。

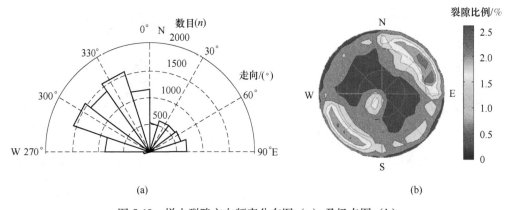

图 5-19　样本裂隙方向频率分布图（a）及极点图（b）

模拟裂隙方向时，先把裂隙方向划分为 16 个相等间距的分组，发现每一个方向分组内的裂隙数量太少，难以计算其变异函数。综合考虑后，为保证每一个方向组都可以涵盖合理的裂隙数目，把研究区裂隙方向划分为 8 组：$G_1\left(0 \leqslant \alpha < \dfrac{\pi}{4}, 0 < \beta \leqslant \dfrac{\pi}{2}\right)$，$G_2\left(\dfrac{\pi}{4} \leqslant \alpha < \dfrac{\pi}{2}, 0 < \beta \leqslant \dfrac{\pi}{2}\right)$，$G_3\left(\dfrac{\pi}{2} \leqslant \alpha < \dfrac{3\pi}{4}, 0 < \beta \leqslant \dfrac{\pi}{2}\right)$，$G_4\left(\dfrac{3\pi}{4} \leqslant \alpha < \pi, 0 < \beta \leqslant \dfrac{\pi}{2}\right)$，$G_5\left(\pi \leqslant \alpha < \dfrac{5\pi}{4}, 0 < \beta \leqslant \dfrac{\pi}{2}\right)$，$G_6\left(\dfrac{5\pi}{4} \leqslant \alpha < \dfrac{3\pi}{2}, 0 < \beta \leqslant \dfrac{\pi}{2}\right)$，$G_7\left(\dfrac{3\pi}{2} \leqslant \alpha < \dfrac{7\pi}{4}, 0 < \beta \leqslant \dfrac{\pi}{2}\right)$，$G_8\left(\dfrac{7\pi}{4} \leqslant \alpha < 2\pi, 0 < \beta \leqslant \dfrac{\pi}{2}\right)$。

对应于 8 个方向组，将每个裂隙方向转换成由 8 个二进制数（0 和 1）组成的指示形式，例如，将样品断裂方向（$\pi/8$，$\pi/4$）转换为（1 0 0 0 0 0 0 0）。利用主成分分析法对指标变量进行分析，找出指标值的主成分，然后计算各主成分的实验变异函数，并利用球状变异函数模型模拟理论变异函数，如图 5-20 所示。使用模拟得到的理论变异函数，用普通克里格法计算出各主成分的空间分布。将每一个待估点处的估计主成分值反演为包含 8 个值的二进制数的指示形式，把其中与最大值对应的方向组作为该待估点裂隙方向所属的组；对每一个方向组内的裂隙走向和倾角数据生成实验累积分布函数（CDF），之后再使用随机函数生成裂隙方向。

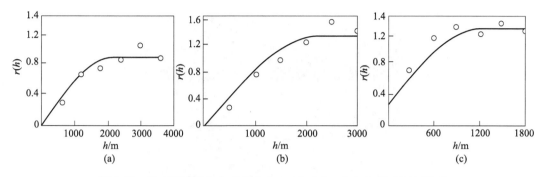

图 5-20 样本裂隙方向主成分 1（a）、2（b）、3（c）的变异函数图

5.3.2.4 裂隙元连接

由上述方法估算的裂隙位置和方向，可确定基本裂隙元，然后将空间分布紧密的裂隙元连接成一个裂隙面，如图 5-21 所示。空间面用来表示裂隙面，相似的裂隙元可以根据以下距离和角度准则连接起来。

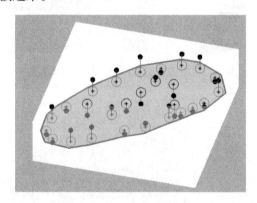

图 5-21 裂隙元连接示意图

（1）Dis≤PD：其中，Dis 为两裂隙面中心之间的距离，PD 为设定的允许长度。

（2）φ≤PA：其中 φ 为相邻两裂隙面间的夹角，PA 为设定允许角度值。

把连通裂隙投影到由其平均走向和倾角决定的平面上，裂隙元的投影点连接成多边形。孤立裂隙按其走向和倾角以直径 10m 的圆盘表示。

图 5-22 所示为研究区裂隙网络空间俯视图，图 5-23 所示为研究区裂隙网络空间分布立体图，图中使用不同的颜色表示不同的裂隙面，裂隙模拟出共 55591 条，其中最长裂隙 2728.4m、最短 7.68m、平均裂纹长 390.48m、方差 231.93。为便于观察不同的断裂面，即使同一组断裂的不同断面在图中也用不同的颜色表示，每一个断面由 60 个断裂单元连接而成。

利用 SGS 模拟裂隙位置的空间分布、利用主成分分析和普通克里格法模拟裂隙方向的空间分布，可以较适合地模拟裂隙的空间分布，且能同时考虑裂隙的方向。从裂隙网络模拟及连接的结果可以看出，大裂隙面（包含 60 个以上裂隙元）的空间分布与地表观察到的大断裂之间具有较好的吻合关系，体现了整个研究区的断裂分布特征，可以较明显地看出断裂走向分布。

模拟得到的大裂隙面主要集中在研究区的中部和南西部，多数呈北东向展布，与研究

图 5-22 研究区裂隙网络空间分布俯视图

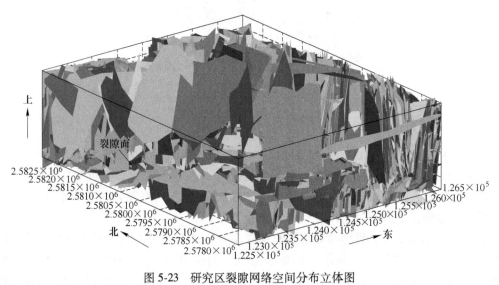

图 5-23 研究区裂隙网络空间分布立体图

区北东向断裂发育的情况一致；东西向的裂隙面较少，主要出现在研究区的南部，与背阴山断裂比较吻合；南北向的裂隙面在研究区的中部和北东部出现，需要进一步分析研究区南北向的实测断裂；另外，模拟结果中还有倾角较缓的裂隙面出现，值得开展进一步实地考察工作。由于样本裂隙数据的采样偏差，北西向的裂隙面很少，只有在研究区的东南部出现了产状平缓的北西向裂隙面。模拟裂隙与实际裂隙之间无论在空间位置上，还是在方向的频率分布上都具有较好的对应关系。

从个旧锡矿高松矿田白云岩的实际应用结果来看，SGS 方法比较适合模拟裂隙的位置，可以较好地结合普通克里格的趋势性和随机过程的变化性。PCA 可以合理地模拟裂隙方向的空间分布，能够较好地体现裂隙方向的非均匀性，从模拟裂隙显示的主要方向来看，与实际断裂的空间展布方向一致。

为便于后续岩体渗透张量计算，使用圆盘裂隙模型生成研究区地表、地下裂隙三维空间分布模型，如图 5-24 所示。

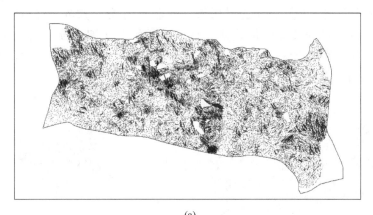

(a)

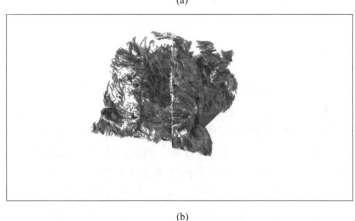

(b)

图 5-24　地表（a）和地下（b）全区裂隙网络空间分布俯视图

5.4　各分区裂隙模拟及分析

通过分析整个研究区测量裂隙的空间分布、发育方向、分布密度、变异函数等特征，模拟生成研究区裂隙网格所能反映的更多的是整体特性。生成裂隙尺寸以中等尺度的为主，该模拟结果应用在局部裂隙和中小尺寸的裂隙分析时却存在精细程度不够的问题。后续研究希望使用模拟出来的岩体裂隙网络进行岩体渗透性的分析和计算，所以还需要更为精细的裂隙模型。然而，裂隙的尺度小的可到微米级，大的可达千米级别，其空间尺寸跨度有 6~9 个数量级的差异，而一次模拟裂隙中很难达到同时顾及各尺度裂隙的水平。此时，可以采用缩小研究区范围或分区的方式，使得每次模拟的裂隙尺度在一个合理的范围内。使用大小不等的研究范围裂隙相互配合，可以满足对多种空间尺度裂隙模拟的需要。

为获得更为精确的裂隙网络数据，以研究区主要断裂带发育特征为基础，前文中把研究区划分为12个分区，据此统计和分析各分区的裂隙发育规律，则更为清晰和精确。以12个分区为基础，根据各分区内的实测裂隙发育、分布特征，生成了地表12个分区的裂隙网络。地表和地下裂隙发育存在一定的差异，依据地下巷道实测裂隙数据分布，分区统计、分析，地下生成8个分区的裂隙网络。

为避免受宏观全区裂隙模拟结果的干扰和影响，各分区的裂隙模拟根据原始数据按12个分区的范围进行区分。使用图形拓扑关系，圈定12个分区边界，然后利用分区边界直接提取出各分区内的野外裂隙测量数据。图5-25所示为实测裂隙空间分布及分区叠加，该图反映了原始实测裂隙空间分布与地表12个分区和地下8个分区边界的叠加效果，每个分区使用不同的颜色来表示。

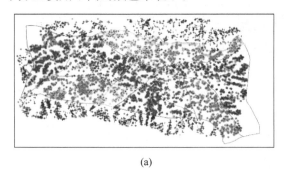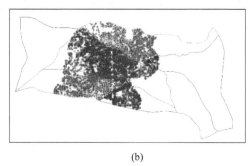

(a)   (b)

图 5-25 实测裂隙地表（a）和地下（b）位置空间分布及分区叠加图

需要说明的是，地表裂隙测量点的分布较为均匀，各个分区都可以达到模拟需要。地下裂隙测量受实际巷道工程分布限制，各分区情况不同。1分区、6分区、11分区、12分区内无矿山巷道分布，裂隙只有地表数据，因此模拟的三维空间裂隙主要反映的是近地表的特征。根据前文中对裂隙垂向空间分布规律的分析，地表与地下裂隙的优势方向有一定的相似性；并且这几个分区内没有主要巷道分布，对巷道渗水直接影响较弱，所以地下1分区、6分区、11分区、12分区不单独生成裂隙网络，使用对应的地表分区裂隙网络结果。

其他分区内虽然地表、地下裂隙测量结果都有，也存在地下裂隙测点位置分布不均匀的问题；主要原因：一是受到巷道分布限制，二是生产巷道繁忙、喷浆、支护等情况无法进行裂隙测量。结合图3-12、图5-25和图5-26，可以清楚地看到地下裂隙测点数量并不充足。研究区主要矿山巷道中段分别为1720m、1540m和1360m三个中段，可以发现每一个中段实测裂隙点都不能完全覆盖研究区中部。如果地下部分的裂隙仍然严格按照地表分区进行，平面按12个分区，垂向按3个中段进行裂隙网络模拟，会造成多个分区原始数据不足的问题，必然带来裂隙模拟的失真，甚至出现较大的偏差。

从图3-12中可见，地下裂隙测点数据主要分布在对应的地表2~5，7~10分区内，分布范围相较地表小很多。垂向上其高程分布范围在1360~1720m之间，对比整个研究区高差而言并不大，因此把地下实测裂隙作为一个整体考虑，不划分中段，只模拟对应的2~5、7~10地下分区。前文中进行过分析，地下裂隙走向优势方向在垂向上变化较小，这种整合三个中段数据的方式对裂隙模拟影响较小。

综合上述的说明与分析，研究区地表划分为12个独立分区进行裂隙网络的模拟，地

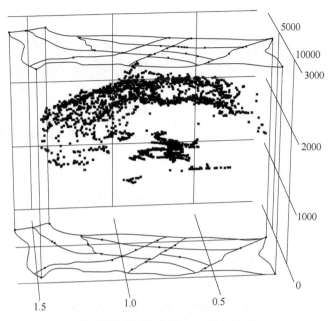

图 5-26 裂隙测点空间分布立体图
（垂向比例放大 4 倍）

下部分模拟 2~5、7~10 等 8 个分区裂隙网络，研究区三维空间上共计生成 20 个岩体裂隙网络模型。

图 5-27 是地表 1、2 分区三维裂隙网络模拟结果，图 5-28 是地下 2、3 分区三维裂隙网络模拟结果，其他分区的裂隙网络模拟结果如附图 A 所示。

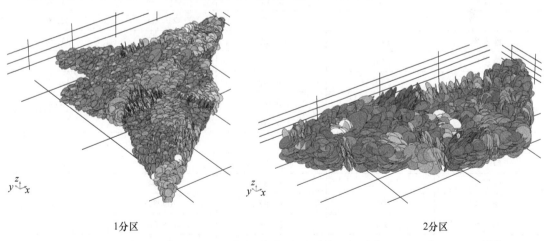

1分区   2分区

图 5-27 地表各分区三维裂隙网络模拟结果（裂隙为圆盘模型）

本次共完成 12 个地表分区以及 8 个地下分区的三维裂隙网络的模拟工作，后续将使用模拟生成的裂隙网络进行各分区等效渗透张量的计算。所有模拟裂隙全部采用圆盘模型，以便于渗透张量计算时建模和裂隙参数赋值。初始生成裂隙网络范围较大，因为每一个分区是由相同的空间位置、方向和连接性规律生成的裂隙网络，宏观上裂隙分布有自相似性。

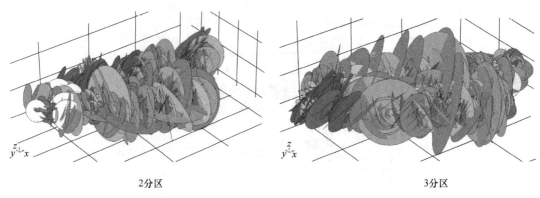

2分区   3分区

图 5-28 地下各分区三维裂隙网络模拟

最终地表 12 个分区的生成裂隙数量 66812 条，地下 8 个分区生成裂隙数量共计 7632 条，全区合计 74444 条裂隙，裂隙形状采用圆盘模型。研究区内各分区模拟裂隙信息统计，见表 5-4。

表 5-4 研究区内各分区模拟裂隙简表

分区编号	裂隙数量/条	最小半径/m	最大半径/m	平均半径/m
地表 1	7494	3.13	272.12	13.54
地表 2	3554	7.04	240.56	12.34
地表 3	4906	2.23	184.37	13.55
地表 4	5359	5.71	163.62	11.98
地表 5	6485	10.00	124.93	11.65
地表 6	7157	2.18	163.07	11.86
地表 7	3351	7.37	219.53	12.00
地表 8	1790	10.00	113.03	11.28
地表 9	5448	2.88	225.18	13.16
地表 10	5467	3.135	225.77	12.38
地表 11	5841	5.67	184.94	12.2
地表 12	9960	3.16	243.49	12.61
小计	66812			
地下 2	1527	31.70	638.90	221.48
地下 3	1201	39.38	884.04	186.72
地下 4	1026	15.97	869.37	172.46
地下 5	932	25.68	745.68	191.78
地下 7	932	33.49	878.94	216.60
地下 8	724	40.51	810.91	197.12
地下 9	965	14.18	814.71	190.65
地下 10	325	41.31	920.41	205.82
小计	7632			
合计	74444			

模拟生成的裂隙圆盘半径从几米至几百米，各区稍有不同，这是研究岩体渗透张量的主要裂隙尺寸范围，同时也与野外观察到的裂隙发育密度基本一致。小尺度裂隙（厘米级或更小尺寸的）在野外新鲜岩体中测量困难，隙宽小、延伸差，对岩体渗透张量计算影响较弱；再者，这一尺度的裂隙并不能有效地构成裂隙网络，而且数量过于庞大，现有测量技术和计算条件无法满足要求，因此本书中不予考虑模拟。观察模拟结果，各裂隙相互交错，形成贯通性良好、有效的三维裂隙网络模型，可以满足后续的渗透张量计算要求。根据模拟出的结果，发现地下模拟的裂隙圆盘半径普遍相较于地表裂隙要大一些，这主要因为地下巷道实测数据是垂向上有 3 个中段数据，所有裂隙元的垂向上连接要比地表的好，相应的裂隙圆盘半径也要大一些。

为了检验模拟裂隙效果，使用各分区模拟裂隙数据生成走向玫瑰花图和倾角直方图，如图 5-29~图 5-32 所示。与前文中的图 3-14、图 3-15 实测裂隙的走向玫瑰花和倾角直方图比较，地表模拟生成的结果整体效果较好。与图 3-17~图 3-19 地下实测裂隙走向玫瑰花图和倾角直方图对比，模拟的地下各分区裂隙优势方向与前文基本一致，但没有地表的效果好。

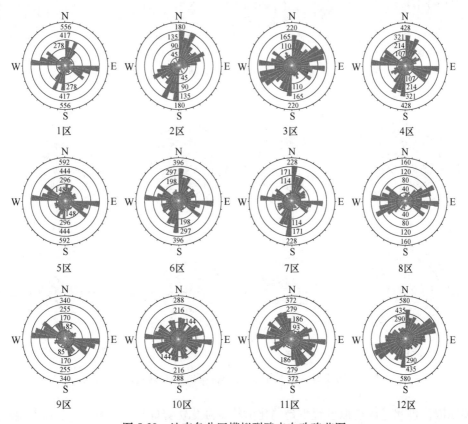

图 5-29　地表各分区模拟裂隙走向玫瑰花图

分析原因认为：裂隙模拟过程中会根据实测裂隙的空间位置以及裂隙迹长计算裂隙之间的连接性，部分裂隙虽然实测中存在，但由于其连接性差，无法形成有效的连接裂隙面，因此，模拟过程中会弱化这类裂隙的生成；这也是造成模拟裂隙与实测并不完全一致

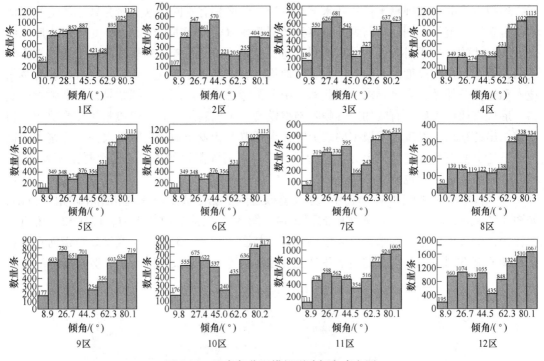

图 5-30 地表各分区模拟裂隙倾角直方图

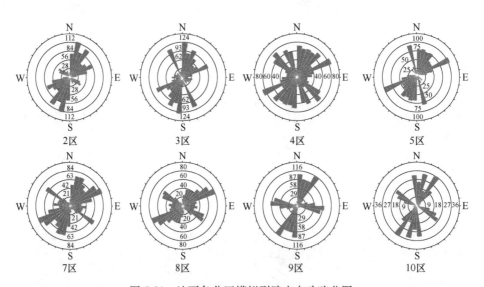

图 5-31 地下各分区模拟裂隙走向玫瑰花图

的主要原因，也就是说模拟过程中是弱化劣势、强化优势的一个过程。

大范围内的实测裂隙是空间散点分布，并不能直接生成裂隙网络，需要根据每个裂隙的野外出露迹长及其数据分布概率，反算每条裂隙的长度；当长度太小，无法与周围计算点相连时就不能生成有效的裂隙。地下裂隙网络模拟效果比地表裂隙网络模似的效果稍差，主要是受地下实测裂隙分布影响；地下裂隙模拟时每个分区综合了 3 个中段的实测数

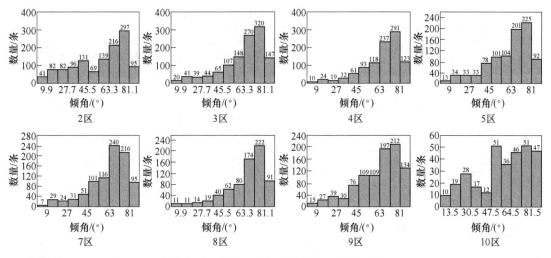

图 5-32 地下各分区模拟裂隙倾角直方图

据，根据其综合规律生成裂隙，结果自然会与单独一个中段裂隙数据有所差异。

总体而言，模拟出的裂隙网络能够较好地反映研究区内各分区的裂隙网络的特点，突出了研究区内优势裂隙发育状况；为后续裂隙岩体的渗透张量计算提供了良好的基础数据。后续的渗透张量计算与抽水试验结果对比，将会更进一步验证模拟裂隙的合理性。

5.5 研究区渗透张量计算

研究区平面划分为 12 个分区，巷道划分为三个中段以及 1360m 中段以下部分，共计 5 个高程分段。如果每一个高程分段都计算 12 个数值模型，合计将达到 60 个渗透张量计算模型，计算量过于巨大。根据前文中裂隙发育规律的分析，研究区裂隙垂向上具有一定的相似性，且隙宽有随深度增加逐渐减小的规律。裂隙岩体的渗透张量其方向性更有价值，而渗透系数的大小可以根据现场抽水试验、隙宽变化规律进行修正后得到。更为重要的是地下巷道裂隙实测数据分布不均匀，也不具备每个高程中段进行分区计算的条件，最好作为一个整体进行计算。综合考虑上述因素，研究渗透张量计算模型共计 20 个，其中地表 12 个分区每一个分区单独计算一个模型；地下裂隙合并中段数据，只针对有实测裂隙数据的 2~5、7~10 等 8 分区进行独立计算，其他没有计算模型的分区渗透张量参考垂向上的分区计算结果取值。

每一个分区范围都比较大，生成的裂隙数据量众多，使用 DFM 模型时不可能同时使用所有裂隙数据；再者 DFM 模型需要岩体裂隙网络外形为立方体，因此，每个数值模型中的裂隙分别从对应分区的总裂隙网络中截取具有代表性的立方体范围内的裂隙。在进行正式计算前对多个分区进行了试算，发现裂隙网络的 REV 值都在 120~220m 之间，这点也可以从后文的联合抽水试验计算出的影响半径中反映出来；DFM 模型特点是需要偏大的计算域，所以每个分区岩体裂隙模型尺寸都取 300m，既可满足 REV 值的计算需要，也同时满足 DFM 模型需要。表 5-5 和表 5-6 分别列出了地表 12 个分区和地下 8 个分区计算模型简表。

表 5-5 地表 12 个分区计算模型简表

分区编号	立方体边长/m	主要地层	岩性	岩石孔隙率/%	岩石渗透率/m²	粗糙度修正系数	样本来源总数	隙宽/mm
1	300	$T_2g_3^1 \backslash T_2g_2^4$	灰岩	3.820	2.01×10^{-20}	3.71	7494	0.17
2	300	$T_2g_2^1 \backslash T_2g_2^2$	白云岩为主	1.145	5.89×10^{-20}	3.35	3554	0.18
3	300	$T_2g_2^2 \backslash T_2g_2^3$	白云岩为主	1.145	5.89×10^{-20}	3.35	4906	0.17
4	300	$T_2g_2^2 \backslash T_2g_2^3$	白云岩为主	1.145	5.89×10^{-20}	3.35	5359	0.15
5	300	$T_2g_2^1 \backslash T_2g_2^2$	白云岩为主	1.145	5.89×10^{-20}	3.35	6485	0.19
6	300	$T_2g_1^2 \backslash T_2g_1^3 \backslash T_2g_1^4 \backslash$ $T_2g_1^5 \backslash T_2g_1^6 \backslash T_2g_2^1 \backslash$ $T_2g_2^2$	灰岩、白云岩、大理岩	2.483	2.01×10^{-20}	3.53	7157	0.15
7	300	$T_2g_2^3$	白云岩为主	1.145	5.89×10^{-20}	3.35	3351	0.16
8	300	$T_2g_2^2 \backslash T_2g_2^3$	白云岩为主	1.145	5.89×10^{-20}	3.35	1790	0.16
9	300	$T_2g_2^3 \backslash T_2g_2^4$	白云岩、灰岩	2.483	2.01×10^{-20}	3.53	5448	0.15
10	300	$T_2g_2^3 \backslash T_2g_2^4$	白云岩、灰岩	2.483	2.01×10^{-20}	3.53	5467	0.15
11	300	$T_2g_2^3 \backslash T_2g_2^4$	白云岩、灰岩	2.483	2.01×10^{-20}	3.53	5841	0.17
12	300	$T_2g_2^2 \backslash T_2g_2^3 \backslash$ $T_2g_2^4 \backslash T_2g_3^1$	白云岩、灰岩	2.483	2.01×10^{-20}	3.53	9960	0.16

表 5-6 地下 8 个分区计算模型简表

分区编号	立方体边长/m	主要地层	岩性	岩石孔隙率/%	岩石渗透率/m²	粗糙度修正系数	样本来源总数	隙宽/mm
2	300	$T_2g_2^1 \backslash T_2g_2^2$	白云岩为主	1.145	5.89×10^{-20}	3.35		0.0764
3	300	$T_2g_2^2 \backslash T_2g_2^3$	白云岩为主	1.145	5.89×10^{-20}	3.35		0.0901
4	300	$T_2g_2^2 \backslash T_2g_2^3$	白云岩为主	1.145	5.89×10^{-20}	3.35		0.0774
5	300	$T_2g_2^1 \backslash T_2g_2^2$	白云岩为主	1.145	5.89×10^{-20}	3.35		0.0712
7	300	$T_2g_2^3$	白云岩为主	1.145	5.89×10^{-20}	3.35		0.0827
8	300	$T_2g_2^2 \backslash T_2g_2^3$	白云岩为主	1.145	5.89×10^{-20}	3.35		0.0683
9	300	$T_2g_2^3 \backslash T_2g_2^4$	白云岩、灰岩	2.483	2.01×10^{-20}	3.53		0.0758
10	300	$T_2g_2^3 \backslash T_2g_2^4$	白云岩、灰岩	2.483	2.01×10^{-20}	3.53		0.0796

5.5.1 代表性分区渗透张量计算

研究区共分为 20 个渗透张量计算模型，每个模型采用相同计算方法和分析思路。为避免内容过分冗长，此处选择一个典型计算模型进行详细阐述。

5.5.1.1 地表 1 分区计算模型分析及说明

研究区渗透张量计算模型共计 20 个，这里选取地表 1 分区作为典型进行详细的阐述。1 区数值模型立方体边长 300m，介质属性分别为：流体介质为常温下的水；裂隙隙宽 0.17mm，粗糙度修正系数 3.71；岩石孔隙率 3.82%，岩石渗透率 $2.01 \times 10^{-20} \text{m}^2$，岩石基质为各向同性渗透介质。边界条件：立方体的一个面施加 20m 水头，对立面水头为 0，其他边界为不透水边界。使用稳态计算模式，岩石基质计算域符合达西定律，裂隙计算域符合立方定律。每一个模型分别在 X、Y、Z 3 个方向施加相同的水力梯度边界条件，分别完成三次计算。地表 1 分区模型 Y 方向施加水头边界条件的计算结果如图 5-33 和图 5-34 所示。

图 5-33（a）中的几何模型采用透明模式，从图中可以明显观察到圆盘裂隙之间相互交错形成的三维裂隙网络。图 5-33（b）是压力等值面图，可以看出由于裂隙内渗流速度快，使得压力等值面产生明显下凹现象。图 5-33（c）是达西速度等值面图，立方体内速度分布受裂隙的展布控制。图 5-33（d），（e），（f）是压力梯度等值面图，由于裂隙造成的非均匀性，各个方向的压力梯度差异显著，综合反映出模型渗透性各向异性特征。

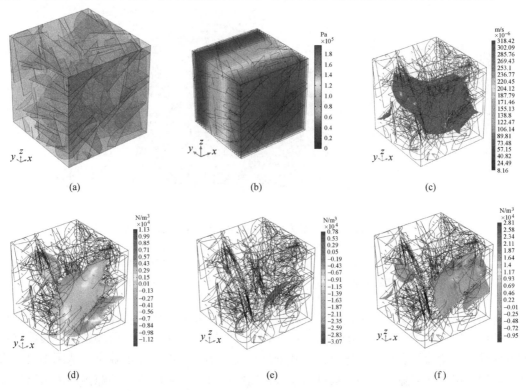

图 5-33 地表 1 分区立方体计算模型（Y 方向施水头压力）

（a）几何模型；（b）压力等值面图；（c）达西速度等值面图；（d）X 方向的压力梯度等值面图；
（e）Y 方向的压力梯度等值面图；（f）Z 方向的压力梯度等值面图

图 5-34 中的（a）、（b）、（c）是模型中 X、Y、Z 3 个速度分量的等值面图，虽然模型中整体渗流方向一致，但速度矢量的强烈不均匀性体现得非常直观；而且从图中可以看出裂隙内速度大，岩石基质内速度要小很多；裂隙面与岩石基质之间耦合强烈，且没有明显速度跳跃，说明前文中裂隙流与达西流耦合方式合理。此外，从图 5-34 中还会发现有些裂隙内没有速度场，原因有两种：一是孤立裂隙不与其他裂隙交叉共同形成网络，对整体的渗流没有贡献，这也是裂隙网络的一个特点，并非模型中所有裂隙都参与到整体渗流中；二是模型边界条件施加的方向对该裂隙影响很弱，压力传递路径非常曲折或与压力梯度方向不匹配，虽然也有渗流，但速度很小，改变模型边界条件方向后情况会发生变化，这也是为何一个模型需要 3 个方向施加边界条件、计算 3 次的原因之一。

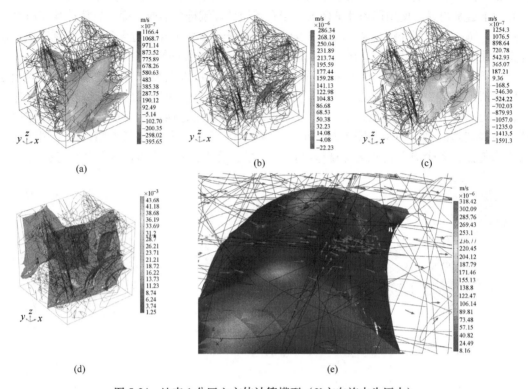

图 5-34 地表 1 分区立方体计算模型（Y 方向施水头压力）

（a）X 方向的速度等值面图；（b）Y 方向的速度等值面图；

（c）Z 方向的速度等值面图；（d）X 方向的压力梯度等值面图（雷诺数等值面图）；

（e）速度等值面图的局部放大（箭头代表渗流速度的大小和方向）

图 5-34（d）是雷诺数等值面图，模型中最大的雷诺数小于 1，没有超过裂隙流中层流的条件，符合使用立方定律的要求。图 5-34（e）是速度等值面的局部放大，裂隙渗流的方向采用矢量箭头表示，使用对数方式处理速度大小，以加强显示效果；从图中可观察到主要渗流出现在裂隙网络内，局部流动方向随裂隙方位发生改变，裂隙内的渗流路径曲折多变，流体在裂隙内的渗流路径长度远远大于立方体模型的边长，造成岩体裂隙内的实际流速会远远大于裂隙岩体的等效达西速度。这一特点就是前文中所说的当岩体渗流问题与时间关联性不强时，才能抽象为等效连续介质模型的原因。

图 5-33 和图 5-34 只是采用 DFM 模型渗透张量计算过程中一次边界条件下的部分结果图片展示，计算完成后，统计模型体积平均压力梯度和体积平均渗流速度；利用同一个几何模型，分别在 X、Y、Z 3 个方向施加相同边界条件，综合 3 次计算结果完成渗透张量的计算。表 5-7 展示了地表 1 分区的渗透张量计算值。

为方便查看，表 5-7 中列出了渗透张量主值的几何平均值，计算公式如下。

$$k = \sqrt[3]{k_1 k_2 k_3} \tag{5-44}$$

渗透张量的方向性是它的重要特性，为了更为直观地表现出来，采用前文中渗透椭球体来展示，同时把椭球体分别投影在 XOY、XOZ、YOZ 3 个平面形成渗透椭圆，各椭圆中标注了主方向以及方向角度。为了表达直观，在编写渗透椭圆绘制程序时，把渗透椭球及椭圆的空间坐标方位与地理坐标方位进行了对应，即 X 轴正方向是地理东，Y 轴正方向为地理北，Z 轴正方向为垂直地面指向天空。渗透椭球及椭圆的半径值对应渗透张量的主值，单位为 m/d；渗透椭圆中主值是渗透椭球的投影在平面上的数值，由于经过了投影变换，并不完全对应于渗透张量主值的数值。需要说明的是，渗透椭球主值方向的箭头有时会与相应的渗透椭圆表现的主方向箭头相反，因为渗透张量是二阶对称张量，所以并不影响张量整体方向性的展示。

表 5-7　地表 1 分区渗透张量计算结果　　　　　　　　　（m/d）

项目	k_1	k_2	k_3
渗透张量主值	0.1462	0.2146	0.2378
渗透张量 矩阵形式	0.2072	0.0072	0.04
	0.0072	0.219	0.0056
	0.04	0.0056	0.1724
几何平均值		0.1954	

数值模型直接计算的是岩体的渗透率 κ，它与渗透系数 k 有以下关系：

$$k = \frac{\rho g}{\mu}\kappa \tag{5-45}$$

式中，μ 为液体中动力黏滞系数 Pa·s；κ 为渗透率，m^2，在各向异性介质中它是一个二阶张量 k；g 为重力加速度，m/s^2。

图 5-35 为地表 1 分区渗透椭球体及椭圆，从多个角度展示了该分区的渗透张量的方向性，对比图 5-29 中的地表 1 分区走向玫瑰花图，在大地平面上两者吻合良好。地表 1 分区的渗透张量在大地平面上主方向为地理 31.5°，渗透张量主值分别为 0.223m/d 和 0.206m/d，平面上各向异性差异不大；东西走向垂直平面上渗透张量主方向与地面夹角 33.3°，渗透张量主值分别为 0.233m/d 和 0.146m/d；南北走向垂直平面上渗透张量与地面夹角 8.3°，渗透张量主值分别为 0.220m/d 和 0.176m/d；垂向上各向异性较为强烈。

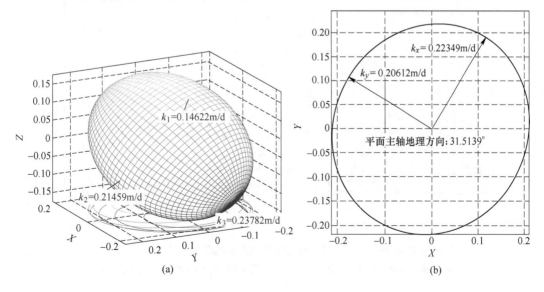

(a)　　　　　　　　　　　　　　　　(b)

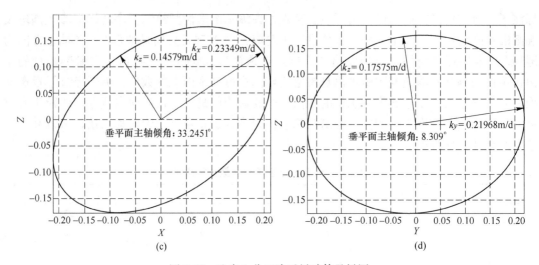

(c)　　　　　　　　　　　　　　　　(d)

图 5-35　地表 1 分区渗透椭球体及椭圆

（a）渗透椭球；（b）*XOY* 渗透椭圆；（c）*XOZ* 渗透椭圆；（d）*YOZ* 渗透椭圆

5.5.1.2　研究区 REV 值计算及说明

REV 值的大小是判定岩体裂隙网络是否可以作为等效连续介质模型的重要依据。对各分区都进行了 REV 值的计算，这里以地表 1、3、5、9 四个分区为例展示计算结果。

REV 值的计算方法是使用同一个裂隙网络，截取大小不同的立方体计算其渗透系数，绘制一个直角坐标系，横坐标轴表示立方体边长数值，纵坐标轴表示渗透系数值，把多个尺寸模型的结果标在坐标系中可以连成一条曲线。随着立方体尺寸的逐渐扩大，曲线将逐渐稳定在某一数值上，该数值对应的立方体尺寸就是裂隙网络的 REV 值。裂隙模型渗透张量的计算仍采用 DFM 模型计算。

图 5-36（a）示意了 REV 值计算模型裂隙网络截取框。对同一个岩体裂隙网络截取框由大逐渐变小，截取出不同尺寸的裂隙网络模型进行渗流计算，然后利用计算出的空间某

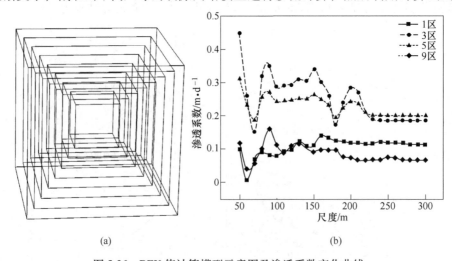

(a)　　　　　　　　　　　　　　　　(b)

图 5-36　REV 值计算模型示意图及渗透系数变化曲线

（a）REV 值计算模型截取框示意图；（b）空间某方向渗透系数随模型尺度的变化曲线

一方向的渗透系数共同绘制成曲线。图 5-36（b）就是绘制的曲线，图中展示了 4 个分区的渗透系数变化曲线。从图 5-36 中可以看出，1、5 分区中当裂隙网络尺寸大于 230m 后逐渐稳定，事实上，即 REV 值为 230m；1、9 分区中 REV 值较小，分别为 160m 和 180m。当岩体裂隙网络的渗流模型立方体边长统一为 300m 时，计算出的渗透张量满足等效连续介质模型的要求。

5.5.2 分区渗透张量计算

使用相同方法完成地表 12 个分区、地下 8 个分区的渗透张量计算，研究区所有分区的渗透张量计算结果以图形和表格形式进行展示，图 5-37 为地表 2 分区渗透椭球体及椭圆。

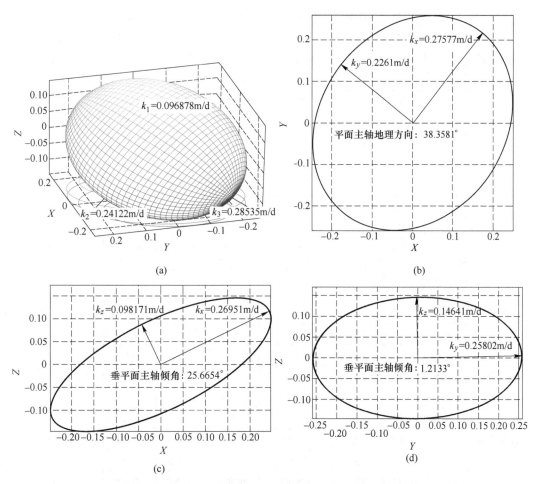

(a)   (b)

(c)   (d)

图 5-37　地表 2 分区渗透椭球体及椭圆

（a）渗透椭球体；（b）XOY 平面渗透椭圆（椭球投影在大地平面上）；（c）XOZ 平面渗透椭圆（椭球投影在垂直地面，东西走向的平面上）；（d）YOZ 渗透椭圆（椭球投影在垂直于地面，南北走向的平面上）

其他各分区渗透张量椭球及椭圆如附录 B 中的图所示。地表、地下各分区渗透张量具体计算结果见表 5-8 和表 5-9。

表 5-8　地表 12 个分区渗透张量计算结果表

分区编号	渗透主值 /m·d⁻¹		投影平面	主轴方位或倾角/(°)	渗透张量 **K**/m·d⁻¹			几何平均值 /m·d⁻¹
地表 1 分区	k_1	0.146	XOY	31.50	0.207	0.007	0.040	
	k_2	0.215	XOZ	33.30	0.007	0.219	0.006	0.195
	k_3	0.238	YOZ	8.30	0.040	0.006	0.172	
地表 2 分区	k_1	0.097	XOY	38.36	0.236	0.025	0.067	
	k_2	0.241	XOZ	25.67	0.025	0.257	−0.002	0.188
	k_3	0.285	YOZ	1.21	0.067	−0.002	0.131	
地表 3 分区	k_1	0.187	XOY	45.75	0.297	0.022	0.041	
	k_2	0.288	XOZ	20.70	0.022	0.299	−0.007	0.260
	k_3	0.326	YOZ	−3.48	0.041	−0.007	0.205	
地表 4 分区	k_1	0.177	XOY	42.54	0.192	0.007	0.021	
	k_2	0.192	XOZ	53.52	0.007	0.194	0.005	0.197
	k_3	0.223	YOZ	68.13	0.021	0.005	0.206	
地表 5 分区	k_1	0.205	XOY	98.77	0.244	−0.004	0.027	
	k_2	0.226	XOZ	37.97	−0.004	0.222	0.007	0.231
	k_3	0.266	YOZ	63.36	0.027	0.007	0.231	
地表 6 分区	k_1	0.266	XOY	49.80	0.375	0.018	0.033	
	k_2	0.355	XOZ	17.47	0.018	0.370	0.020	0.336
	k_3	0.402	YOZ	12.00	0.033	0.020	0.278	
地表 7 分区	k_1	0.252	XOY	31.36	0.321	0.025	0.043	
	k_2	0.323	XOZ	32.03	0.025	0.350	0.009	0.313
	k_3	0.375	YOZ	6.72	0.043	0.009	0.280	
地表 8 分区	k_1	0.362	XOY	83.49	0.508	0.016	0.018	
	k_2	0.448	XOZ	16.41	0.016	0.367	0.020	0.437
	k_3	0.516	YOZ	78.23	0.018	0.020	0.451	
地表 9 分区	k_1	0.237	XOY	104.86	0.397	−0.011	−0.009	
	k_2	0.363	XOZ	−3.98	−0.011	0.355	0.040	0.326
	k_3	0.402	YOZ	18.88	−0.009	0.040	0.251	
地表 10 分区	k_1	0.207	XOY	61.09	0.304	0.009	0.019	
	k_2	0.289	XOZ	13.16	0.009	0.290	0.032	0.267
	k_3	0.319	YOZ	21.92	0.019	0.032	0.222	
地表 11 分区	k_1	0.250	XOY	128.69	0.302	−0.023	−0.026	
	k_2	0.281	XOZ	−26.95	−0.023	0.293	0.003	0.285
	k_3	0.328	YOZ	8.35	−0.026	0.003	0.265	
地表 12 分区	k_1	0.215	XOY	45.26	0.261	0.028	0.011	
	k_2	0.237	XOZ	13.87	0.028	0.261	−0.001	0.245
	k_3	0.290	YOZ	0.57	0.011	−0.001	0.220	

表5-9 地下8个分区渗透张量计算结果表

分区编号		渗透主值/m·d⁻¹	投影平面	主轴方位或倾角/(°)	渗透张量 K/m·d⁻¹			几何平均值/m·d⁻¹
地下2分区	k_1	0.068	XOY	36.66	0.088	0.024	0.011	0.096
	k_2	0.107	XOZ	63.86	0.024	0.103	−0.001	
	k_3	0.123	YOZ	−9.44	0.011	−0.001	0.107	
地下3分区	k_1	0.065	XOY	37.76	0.086	0.026	0.010	0.098
	k_2	0.114	XOZ	74.10	0.026	0.100	0.002	
	k_3	0.129	YOZ	81.38	0.010	0.002	0.122	
地下4分区	k_1	0.118	XOY	38.99	0.137	0.023	0.012	0.152
	k_2	0.157	XOZ	74.08	0.023	0.147	0.009	
	k_3	0.189	YOZ	74.02	0.012	0.009	0.180	
地下5分区	k_1	0.076	XOY	36.80	0.104	0.031	0.015	0.117
	k_2	0.142	XOZ	68.87	0.031	0.123	−0.010	
	k_3	0.146	YOZ	63.29	0.015	−0.010	0.138	
地下7分区	k_1	0.196	XOY	52.26	0.274	0.058	0.022	0.269
	k_2	0.302	XOZ	61.81	0.058	0.245	−0.007	
	k_3	0.329	YOZ	94.38	0.022	−0.007	0.309	
地下8分区	k_1	0.301	XOY	57.07	0.443	0.092	0.027	0.426
	k_2	0.474	XOZ	68.21	0.092	0.360	0.020	
	k_3	0.542	YOZ	81.23	0.027	0.020	0.513	
地下9分区	k_1	0.107	XOY	27.36	0.143	0.044	0.036	0.175
	k_2	0.212	XOZ	64.05	0.044	0.208	−0.007	
	k_3	0.235	YOZ	−21.93	0.036	−0.007	0.203	
地下10分区	k_1	0.081	XOY	20.96	0.147	0.037	−0.064	0.163
	k_2	0.224	XOZ	129.76	0.037	0.228	0.026	
	k_3	0.242	YOZ	19.22	−0.064	0.026	0.171	

5.5.3 计算结果与实测结果对比分析

研究区在1360m中段巷道内施工5个水文地质钻孔，并进行了相应的联合抽水试验。巷道内因探矿工作保留了较多的探矿钻孔，部分钻孔留存状况良好，利用这些探矿孔开展了若干个放水试验，同时也可作为抽水试验的观测井使用。5个水文地质钻孔中的ZK2位于地下2分区、ZK4位于地下9分区，这两个钻孔进行联合抽水试验时效果较好，其周边的多个观测井有明显的水位降深，可用于估算含水层渗透张量。

ZK2钻孔岩性以白云岩为主，未打穿底板，为潜水非完整井。终孔深度436.6m，钻孔静止水位为涌水，抽水时稳定水位降深103.8m，抽水水量3.053L/s，下泵深度120m，孔径146mm；其他观测孔及水位降深如图5-38所示。

ZK4钻孔岩性以白云岩、灰岩为主，钻孔底部揭露花岗岩，为潜水完整井。终孔深度

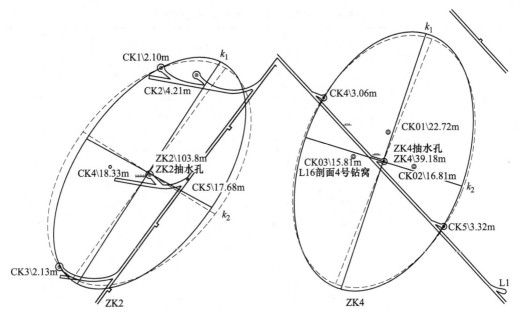

图 5-38 ZK2、ZK4 实测和计算渗透椭圆对比图

（实线椭圆为抽水试验结果，虚线椭圆为对应分区渗透张量数值计算结果）

143.64m；可溶性岩段长度 99.57m；钻孔静止水位为 0m，抽水时稳定水位降深 39.18m，抽水水量 4.898L/s，下泵深度 90m，孔径 146mm。观测孔及水位降深如图 5-38 所示。

ZK2、ZK4 两个水文孔所在钻窝保留有数个探矿用的倾斜钻孔，可作为抽水试验的观测孔。根据倾斜钻孔方位、倾角和孔深，将其投影在抽水孔孔口平面上，作为观测孔的空间位置。利用观测孔与抽水孔相对位置关系，在两者连线上计算出统一的水位降深位置，拟合出同一平面的水位降深等值线，即对应的渗透椭圆。该椭圆的长轴方向对应于渗透张量最大主值方向，长轴与短轴比例为渗透张量最大和最小主值间的比例；使用抽水试验数据套用井流理论公式计算出具体的渗透张量值。抽水试验只能计算出平面渗透张量，绘制的是渗透椭圆；前文中各分区计算出的是三维渗透椭球体，为方便比较，使用渗透椭球体在大地平面投影的渗透椭圆与抽水试验结果对比分析。ZK2 钻孔与所在的地下 2 分区，ZK4 与所在的地下 9 分区进行对比分析。表 5-10 为抽水试验结果与数值计算结果对比表。

表 5-10 抽水试验结果与数值模型计算结果对比表

项目	ZK2 抽水试验	地下 2 分区 数值计算	ZK4 抽水试验	地下 9 分区 数值计算
$k_1/\mathrm{m \cdot d^{-1}}$	0.077	0.121	0.161	0.242
$k_2/\mathrm{m \cdot d^{-1}}$	0.040	0.070	0.095	0.150
几何平均值 $k/\mathrm{m \cdot d^{-1}}$	0.055	0.092	0.124	0.190
主值方向/(°)	31.00	36.66	17.95	20.95

据表 5-10 和图 5-38，从渗透张量数值上来看，数值计算渗透系数比抽水试验结果偏

大，渗透张量主方向也有差异。分析认为：主要原因是数值计算结果代表整个分区内的整体渗透性，而抽水试验结果只代表抽水孔影响半径范围内的渗透性，两者存在差异属正常情况。此外，数值计算的裂隙网络是根据1360m中段至1720m中段实测数据模拟生成的；抽水试验开孔位置是在1360m中段，也就是说抽水试验反映的实际上是1360m中段下部的岩体渗透性；前文中提到过，裂隙隙宽有随深度增加逐渐减小的趋势，隙宽变化影响了裂隙岩体的渗透性，所以数值计算结果比抽水试验结果偏大是合理的情况。

表5-11中列出了研究区内开展的抽、放水试验结果以及各分区数值计算结果。为方便对比，渗透张量使用几何平均值。从表5-11中可以看出，一个分区内多次水文地质试验结果都有较大的变化，反映出岩体裂隙渗透介质的复杂性；放水试验利用留存的探矿孔完成，钻孔并不完全符合水文地质调查要求；相对而言，抽水试验结果更为可靠。对比试验结果和数值计算结果，整体上偏差不大。

表 5-11　抽、放水试验与数值计算结果列表　　　　　　（m/d）

分区编号	抽水试验		放 水 试 验		数值计算平均值
	单次数据	平均值	单次数据	平均值	
地下2分区	ZK1 0.028 ZK2 0.0552	0.0416	—	—	0.096
地下3分区	—	—	—	—	0.098
地下4分区	—	—	0.172；0.158；0.142；0.133；0.131； 0.119；0.124；0.120；0.114；0.104； 0.153；0.133；0.037	0.126	0.152
地下5分区	—	—	—	—	0.117
地下7分区	ZK5 0.219	0.219	0.080	0.080	0.269
地下8分区	ZK8 0.366	0.366	—	—	0.426
地下9分区	ZK4 0.124	0.124	0.170；0.141；0.438；0.248；0.061； 0.266；0.212；0.156；0.098	0.199	0.175
地下10分区	—	—	0.149；0.088；0.057；0.054；0.139	0.097	0.163

注："—"表示无数据；多个数据表示一个分区内多次试验。

自然界的岩体裂隙网络十分复杂，也存在着岩体内部裂隙难以测定的实际状况，岩体渗透张量数值计算很难与实际情况完全一致，当数值计算结果与实测数值相差不大时便可以认为计算方法合理、可靠。因此，本书采用的渗透张量数值计算方法可以认为是合理、可靠的，利用部分实测数据再进行一定的修正，张量计算结果可作为对应含水层水文地质参数，进行后续的研究工作。

5.6　本章小结

本章介绍了等效连续介质模型使用的必要条件以及岩体渗透张量常见的计算方法，即裂隙几何参数法和离散裂隙网络法，简述了两种方法的优缺点：（1）几何参数法理论清晰，易于理解，计算量小，过程简单，但对裂隙连通性问题处理困难；（2）离散裂隙网络法计算理论易于理解，可以计算更为复杂和真实的裂隙网络渗透性问题，但子模型数量多，整个计算过程烦琐，计算时使用多个二维裂隙网络近似成三维网络，无法直接计算三维裂隙网络的渗透张量。

基于三维达西定律的拉普拉斯方程形式，结合二阶渗透系数张量的对称性和正定性，推导出数值计算法中二维、三维渗透张量计算方程组；该方程组以模型中体积平均压力梯度和体积平均渗流速度为已知量，形成超定方程组，利用最小二乘法求解计算对象的渗透系数张量。建立离散裂隙和基质（DFM）模型，耦合二维裂隙流和三维基质达西流进行岩体的渗流数值计算；将三次不同方向的数值计算结果代入超定方程组，最终获得研究对象的渗透系数张量。裂隙流和达西流在 DFM 模型中维度是不同的，是二维裂隙流和三维达西渗流的跨维度耦合方式，为保证计算结果准确，基于质量守恒定律推导出耦合控制方程，保证了数值模型域内渗流场的连续性。该方法在理论上不受 REV 值大小的限制，任何尺度的模型都可计算出其渗透张量值；但只有大于 REV 值的模型计算结果才符合等效连续介质的使用要求，而这一特性也扩展了该方法的应用范围。

建立了三种不同类型的渗透介质数值模型，进行了数值模拟实验，数值计算结果与理论解析解计算结果相吻合，其误差在 1‰ 以下；还使用各模型的模拟抽水实验来直观地验证计算结果的合理性。不同于常见极坐标系中用于判断 REV 值存在的渗透椭圆，使用笛卡尔坐标系中三维椭球体来表示渗透张量；椭球体的 3 个半轴代表渗透张量 3 个主值，半轴的方向则代表了主值的方向，并与地理方位一一对应，可以直观反映所获得的渗透张量的性质。

本章介绍了一种在研究、分析野外裂隙测量数据的发育和分布规律基础上，基于地质统计学理论的岩体三维裂隙网络模拟方法（GEOFRAC 方法）。不同于常规的简单随机模拟，或者孤立各因素之间相关性的模拟方法，GEOFRAC 三维裂隙网格模拟法利用 SGS 模拟裂隙位置的空间分布、利用主成分分析和普通克里格法模拟裂隙方向的空间分布，可以较好地模拟裂隙的空间分布位置、方向、密度以及裂隙尺寸。

使用 GEOFRAC 法生成了研究区全区的三维裂隙网络模型，从全局展示了总体裂隙发育情况。为便于更精细地研究裂隙岩体渗透张量，又分别对地表 12 个分区和地下 8 个分区进行了三维裂隙网络的模拟。地表 12 个分区合计生成裂隙 66812 条，地下 8 个分区合计生成裂隙 7632 条，共计 74444 条裂隙。所有生成的裂隙形状采用圆盘模型。分区裂隙网络采用圆盘面裂隙模型假设，生成的裂隙圆盘半径从几米至数百米不等；裂隙间相互交错，形成了相互连通的裂隙网络；经与实测裂隙数值对比，生成的裂隙网络总体效果良好。

模拟裂隙过程中对形成裂隙网络影响弱，连通性差的裂隙点数据进行了弱化和剔除。裂隙连成网络需要根据全区数据提取出优势裂隙信息，也就是能够形成裂隙网络的数据才会保留，从而把区内优势裂隙更好地展现出来。

使用模拟生成的 1 分区裂隙网络，建立其 DFM 模型进行计算，详细阐述了计算过程；观察其速度、压力梯度三维等值面叠加渗透速度矢量的结果图，可以明显看出裂隙流与达西流的耦合形成，说明耦合控制方程的有效性；生成了渗流模型中雷诺数三维空间分布图，符合立方定律的使用要求。

用同样方法建立地表 12 个分区、地下 8 个分区共 20 个 DFM 模型，完成了研究区各分区典型裂隙网络的渗透张量计算。对各分区模型的 REV 值进行了计算和分析，发现各分区的 REV 值均小于 230m，而用于渗透张量计算的 DFM 模型边长采用 300m，符合等效连续介质模型的要求。在地下 2、9 两个分区范围内开展现场联合抽水试验，把数值计算结果和抽水试验结果进行对比，发现两者基本吻合，进一步验证了基于 DFM 模型计算方法的合理性和准确性。各分区计算结果除以张量形式表示外，还给出了渗透张量主值的几何平均值，以便与抽、放水试验结果进行直接对比。

6 大尺度裂隙及其渗透性分析

6.1 区域大尺度裂隙网络

区域内大尺度裂隙发育强烈，较高级次的构造组合控制矿田的位置，而低级次、小型构造则为该区域内深部岩浆侵入提供了有利空间及成矿作用集中的场所，对相应的矿床或矿体起到了控制作用[54,55]。综合前人研究成果和作者收集的资料，对区域内的断裂特征进行分析，断裂按其延伸方向，大体上可以分为 4 组，即东西向、北东向、北西向和南北向，如图 6-1 所示（见文后彩图）。

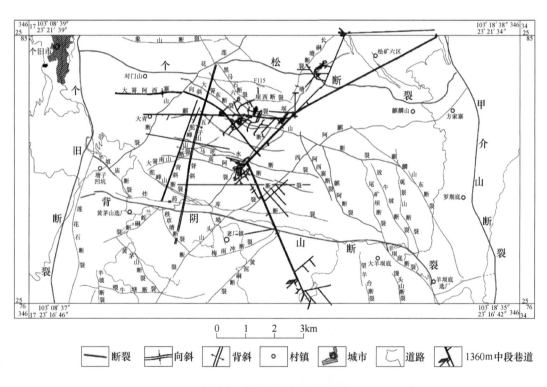

图 6-1　研究区地质构造简图

以东西向和北东向断裂为主，北西向次之。东西向断裂主要有个松、麒麟山、马吃水、高阿、背阴山等断裂，以个松和背阴山断裂规模最大，麒麟山次之。北东向断裂主要有莲花山、大箐南山、芦塘坝、麒阿西断裂，北西向断裂主要有大箐东、黑蚂石、驼峰山、阿西寨、麒阿断裂等。南北向主要是个旧断裂和甲介山断裂，是控制矿田和研究区东西边界的大断裂。

6.2 研究区域内大尺度裂隙特征及渗透性分析

根据研究区大尺度裂隙方向性分组，本节将分别对各方向分组内的断裂特征进行说明。

6.2.1 东西向断裂

平行排列于研究区五子山复背斜的东西向断裂，是研究区主要的构造，展现为一系列东西向延伸的压剪性断裂，该方向断裂形成时间最早，在很大程度上控制着研究区内的岩浆活动和矿化作用。由北向南，东西向断裂分别为个松断裂、麒麟山断裂、马吃水断裂、高阿断裂、背阴山断裂等，各断裂之间还发育有近于平行的次级断裂。该组断裂整体走向 75°~105°，多为陡倾断裂，倾角从 50° 至近于直立；倾向或南或北，大致呈等间距分布。

东西向断裂向下延伸可达 600m，断裂带上可见矿化现象，甚至赋存矿体。断裂两侧可见北西（右行）、北东（左行）剪节理或共轭剪节理，反映出本期地应力表现为南北向挤压作用。裂隙可见构造角砾岩片理化带，形成时间在印支期之后、燕山期之前。断裂受多期构造作用影响，综合分析认为经历了压性→压剪→张剪→张性的复杂转化过程。下面对该方向的主要断裂特征进行简要介绍。

6.2.1.1 个松断裂

个松断裂位于研究区北部，是东西向断裂中最具代表性的断裂。该断裂沿走向延伸长度大于 10km，倾斜延伸大于 800m，总体倾向南，倾角在 70°~90° 之间，局部有反倾。断裂宽度为 5~30m，局部可达 50m。断裂在空间上沿走向及倾向呈舒缓波状展布，具压扭特征，断裂带中可见角砾岩、碎粒岩和糜棱岩。野外露头可见水平擦痕和阶步，有多期活动的特点。

地表该断裂穿越地区洼地规模较大，长轴多在 200m 以上，洼地底部一般有落水洞发育。地表可见断裂带多由糜棱岩和影响带（碎斑岩、碎粒岩、碎裂岩）组成，结构松散，富水性和导水性较强；据矿区较早资料，在老坑道揭露该断裂带时，常有滴水带产生，滴水量（0.56~1.85L/s）相对较小。综合来看，该断裂富水性、导水性中等，对矿床充水有一定影响。

6.2.1.2 麒麟山断裂

麒麟山断裂位于研究区中部，整体走向 N80°W，倾向 NE∠70°~83°。断裂带宽度 6~30m，水平断距约为 100m，垂直断距约 30m。沿走向延伸长度 8km 左右，倾斜向延伸 800m 左右。断裂带内有压碎岩、糜棱岩和角砾岩，角砾大小悬殊，胶结松散，反映出搓动强烈。

地表上，该断裂沿线洼地呈串珠状分布，长轴多在 50~200m 之间，常见落水洞发育。断裂带地表岩石风化严重，溶槽、溶沟等岩溶现象随处可见；矿区 1720m 巷道北侧、1360m 水平向西巷道几乎与该断裂平行开拓，在揭露该断裂带时，常有渗水、涌水带产生，涌水量多在 5L/s 以上。综合来看，该断裂富水性、导水性较强，对矿床充水有较大影响。

6.2.1.3 马吃水断裂

马吃水断裂位于研究区中南部，走向延伸大于 6km，倾向延伸 800m 左右，水平断距约 40m，垂直断距约 20m。该断裂整体走向 N70°~85°W，倾向 NE∠70°~85°，局部有反倾。断裂破碎带 1~10m 宽，角砾棱角分明，大小不等，具有多期活动特征。

地表该断裂沿线岩溶洼地等发育中等，未见有大型洼地发育，落水洞零星分布；矿区 1360m 水平巷道向南主运输巷穿越该断裂时，岩体较为破碎，零星有滴水现象。综合来看，该断裂富水性、导水性中等，对矿床充水有一定影响。

6.2.1.4　高阿断裂

高阿断裂位于研究区中南部，马吃水断裂南侧，沿走向长约 6km，走向 N65°~85°W，倾向 SW∠75°~88°，局部反倾。断裂带角砾大小不一，钙质、铁泥质胶结，宽度 0.5~15m。切割芦塘坝断裂，并产生明显错动。其垂直断距 20m 左右，水平断距 25m 左右。

该断裂规模较小，地表该断裂沿线岩溶洼地等发育中等，未见有大型洼地发育，落水洞零星分布；矿区 1360m 水平巷道向南主运输巷穿越该断裂时，岩体较为破碎，零星有滴水现象。综合来看，该断裂富水性、导水性中等，对矿床充水有一定影响。

6.2.1.5　背阴山断裂

背阴山断裂是研究区南界，西起个旧断裂，东至甲界山断裂，与研究区西侧的炸药库断裂形成一条断裂带。长 12km 以上，宽 20~160m。近东西走向，向南倾斜，倾角 70°~80°。断裂由糜棱岩、角砾组成，断裂面完整光滑，沿走向呈波浪状，可见水平划痕。

该断裂规模较大，地表沿东西方向呈串珠状的岩溶洼地强发育，长轴方向近东西向，长轴长度不一，最大可达 300 余米。附近的矿区自西向东在该断裂沿线设置的尾矿库原地貌均为岩溶洼地；据矿区早期资料，1360m 水平向南巷道在揭露该断裂时岩体破碎，有渗水段产生，渗水段长约 30m，目前该段巷道已被浆砌支护，但巷道内该段积水深度有 10cm 左右。综合来看，该断裂富水性、导水性强，对矿床充水有较大影响。

上述五条东西向断裂经历了压—右行压扭—左行压扭—张或张扭的力学转变过程，整体以压性、压扭性为主，空间上近等距离分布。

6.2.2　北东向断裂

北东向断裂由于早期东西向构造体系的限制和影响，叠加在东西向断裂上的北东断裂构造，整体呈现出特殊的分布格局，它在东西向断裂早期发育带发育显著。个旧东区北、中、西部有 3 条明显的北东断裂带，可向花岗岩体深部延伸数百米。由西北至东南依次为莲花山断裂、大箐南山断裂、兰蛇洞断裂、芦塘坝断裂、坳头山断裂、麒阿西断裂、黄泥洞断裂等。

该组断层总体走向为 30°~60°，倾向 NW∠50°~88°。断裂延伸一般为 3~5km，宽由几米至二三十米，呈等间距分布。北东向断裂大多具有压剪特征，裂隙较规则，说明断层左行剪切性质的旁侧劈理发育。断裂带的附近常伴有小规模的北西向张剪断层、近东西向的右行剪切断裂和南北向左行张剪断裂，而横向共轭剪切节理则表明主压应力垂直于断裂面。片理强烈，发育复杂角砾岩。北东向断裂的性质虽然在形成和后期活动上有所不同，但总体上经历了剪切→压剪→张剪→剪切的多期活动。该组断裂在研究区范围内自西而东有莲花山断裂、大箐南山断裂、芦塘坝断裂、麒阿西断裂。

6.2.2.1　莲花山断裂

莲花山断裂位于研究区中西部，走向 N25°~60°E，倾向于 NW∠50°~80°，延伸长度大于 8km，裂隙带宽 5~30m，角砾明显，棱角分明，大小差异很大，角砾多为泥质胶结。

地表该断裂沿线多形成陡崖、陡坎，陡崖处岩体表面岩溶中等发育；巷道揭露该断裂时岩体破碎程度中等，偶见有滴水现象，滴水量多在 0.5L/s 以下，总体看该断裂富水性差，导水性中等。

6.2.2.2 大箐南山断裂

大箐南山断裂位于西部，总方向为 NE60°~70°，倾向于 SE∠70°~85°，延伸长 4km。它向东北延伸至芦塘坝断裂，向西南延伸与驼峰山断裂相交。裂缝宽度为 0.5~20m，由花岗岩和角砾岩组成，角砾岩的大小差别很大；被一条西北走向的断层切断，断裂带被强烈矿化，与西北走向的断层相交。

该断裂地表见有岩溶洼地发育，发育规模较小，偶见小规模落水洞，岩体表面岩溶中等发育；巷道揭露该断裂时岩体破碎程度中等，断层及断层影响带较为湿润，总体看该断裂富水性差，导水性中等。

6.2.2.3 芦塘坝断裂

芦塘坝断裂位于研究区中部，是北东向断裂组中最有代表性的导矿和含矿断裂。断裂总体走向为 N35°~45°E，倾向为 NW∠45°~88°，长度大于 8km，沿倾斜方向延伸大于 800m，断裂带宽为 5~30m，局部为 50m、60m，断裂带中可见糜棱岩、角砾岩。

6.2.2.4 麒阿西断裂

麒阿西断裂位于研究区东部，整体走向 NE40°~50°，倾向为 NW∠65°~88°，沿走向长大于 5.5km，断裂带宽 5~30m，由糜棱岩和碎粒岩组成，具有多期活动特征。

地表可见芦塘坝断裂带旁侧发育有一系列的溶蚀洼地、漏斗等，但规模较小，且长轴方向多为北西向，分析这些洼地的发育受区内裂隙影响更大，受芦塘坝断裂控制较小。矿区 1360m 主运输巷道北侧几乎与该断裂平行开拓，在向西掘进的巷道中揭露该断裂，显示断面一般呈舒缓波状，井下可见断裂带由糜棱岩和影响带（碎斑岩、碎粒岩、碎裂岩）组成，断裂带中碎岩块多由红色铁泥质物胶结，胶结较紧密，多具有压扭性质；在断裂两侧施工的探矿孔地下水位具有明显的高差。综合来看，该断裂由于经历多期压扭构造活动，表现为具有一定阻水性，坑道揭露断裂带的涌水点流量（0.05~0.1L/s）相对较小；但断裂带上充填的松散泥质，在地下水不断溶滤作用下，透水性将逐渐变强。

上述各断裂的活动强度自西而东逐渐减弱，具有多期活动特征，经历了左行压扭→张扭→右行压扭的构造活动过程，整体上以压扭为主。

6.2.3 北西向断裂

研究区西北向断裂规模不一，主要在区域西南陡岩—水塘一带发育较好。从北向南，北西断裂主要有白泥洞断裂、大凹塘断裂、黑马石断裂、大箐东断裂、驼山断裂、阿西寨断裂、麒阿断裂、尾矿坝断裂、秧草塘断裂、黄茅山断裂等，该组断裂走向多为 305°~330°，倾向在 SW∠50°~80°。

北西向的断裂体系以早期断裂的利用和改造为主要特征，它一般具有多期活动的特点，性质极其复杂，其力学性能经历了剪切→压剪→压剪→剪切的复杂过程。尽管北西向断裂构造的力学性质极其复杂，但总结起来主要有以下特点：（1）北西早期断裂规模较小，是在某些东西向断裂附近出现的不连续断裂。断裂面平整光滑，划痕接近水平。裂隙宽数米，构造岩为斑岩、糜棱岩，呈右行剪切特征。（2）中期扩大了已形成的北西向断裂规模，表现出张性性质，发育大小不等的角砾岩。（3）晚期以剪切作用为特征，形成西北部构造体系的主干断裂。这组断裂的形成时间始于燕山期，构造格式定型在喜马拉雅期。

6.2.3.1　大箐东断裂组

大箐东断裂组分布于研究区北部，沿走向长 2~3km，断裂宽 5~10m，局部 30m。整体走向 310°~320°，断裂带产状 55°∠66°~88°，角砾带明显。

该组断裂地表沿线区域岩溶洼地广泛分布，发育规模不均一，大型洼地与小型落水洞并存；地表岩石风化强烈，垂向风化裂隙极为发育；矿区 1720m 巷道北侧、1360m 水平向西巷道揭露该组断裂是顶板渗水严重，渗水段一般长 20m 左右，岩体结构破碎，渗水量多在 5L/s 以上，最大可达 23.6L/s。巷道内可见岩体中节理裂隙构造带多呈张口状，有利于地下水的渗透和迁移，表现出较强的导水性和储水特征。因此，该组断裂及其影响带富水性、导水性中等至强，对矿床充水有较大影响。

6.2.3.2　黑马石断裂

黑马石断裂整体走向 N40°W，倾向 NE∠66°，走向长约 2km，破碎带宽 5~30m，沿倾向向下延伸 300~500m。1720m 水平巷道西侧揭穿该断层，断裂面呈波状，无充填；该断裂带上揭露一涌水点，雨季流量约 30L/s，旱季约 3L/s，雨季流量为旱季流量的 8~10 倍，图 6-2 所示为 1720m 巷道黑码石断裂涌水点。

6.2.3.3　驼峰山断裂

驼峰山断裂位于研究区西南角，沿走向长 2.5km，宽 2~10m。走向 NW，倾向 NE∠77°，局部有反倾。断裂既显张性特征，又显压扭性特征，展现出具有多期活动性。

地表该断裂沿线为侵蚀中山区，未见有大型岩溶洼地等发育；高松矿田巷道未揭穿此断裂，但据临近矿区巷道揭露情况，该断裂在井下显示出张性断裂特

图 6-2　1720m 巷道黑码石断裂涌水点

征，节理张开度较好，特别是其与炸药库断裂交汇区域巷道内有渗水点，渗水量在 1L/s 左右。综合来看，该组断裂及其影响带富水性、导水性中等，对矿床充水有一定影响。

6.2.3.4　阿西寨断裂

阿西寨断裂分布于研究区东南部，沿走向长 2~3km，宽 0.5~30m 不等。角砾大理岩化明显，部分重结晶成为方解石。可见压裂岩、碎粒岩和部分糜棱岩，呈现多期活动特点。地表处该断裂形成一溶蚀沟谷，陡坎处可见断层面，坑道内未揭露该断层。但从地表溶蚀发育现象来看，综合分析该断裂富水性、导水性中等，对矿床充水有一定影响。

6.2.3.5　麒阿断裂

麒阿断裂分布于研究区东南部，沿走向长 2~3km，宽 0.5~30m 不等。角砾大理岩化明显。可见压裂岩、碎粒岩，呈现多期活动特点。该断裂地表处形成陡崖，岩体表面溶蚀现象明显，巷道未揭露。

以上五条断裂活动具有多期复合结构面，分析认为经历右行压扭→张→压或压扭→左行压扭活动过程，以张或张扭为主。

6.2.4 南北向断裂

从区域构造上看，贯穿云南省的南北向小江断裂带，穿过了个旧矿区，在研究区内对应的就是个旧断裂和甲介山断裂。个旧断裂纵贯研究区西部，甲介山断裂则是研究区东部边界。南北向断裂总体走向350°~353°，倾向西，倾角在44°~56°之间，断裂带宽度可达数百米，延伸长大于40km。总体来说，矿区内部南北向断裂不发育，区域大断裂虽规模大、导水性强，但与矿区距离较远，构成次级水文地质单元的边界，与矿坑涌水关系不大。

断裂带由大小不等的碎裂岩和透镜状岩组成，具有多期活动特征，力学经历了张性→左行剪切→右行压剪→压性的转变过程。断裂规模逐渐扩大，沿断裂带形成了一系列断陷盆地。南北向断裂是矿区的一种区域性构造，不成矿。前人认为，这两条断裂属于云南小江断裂带向南延伸的分支断裂，是该区的区域构造。研究区范围内大尺度裂隙（主要断裂）的名称、产状、规模、断距见表6-1。

表6-1 研究区内主要断裂产状规模一览表

组	断裂名称	产状			规模			断距/m
		走向	倾向	倾角	长/km	宽/m	延伸/km	
东西向	个松	N80°E~N80°W	N（W） S（E）	62°~65° 70°~82°	约12	5~30	>2	1500~2000
	麒麟山	N70°~80°W	NE	56°~86°	约8	5~30	>1.5	
	马吃水	N70°~80°W	NE	70°~88°	约6	3~10	>0.5	
	高阿	N70°~80°W	NE	65°~82°	约5	1~5	0.3~0.4	
	背阴山	N70°~80°W	SW	80°~85°	约12	3~30	>0.4	100~400
北东向	莲花山	N25°~60°E	NW	50°~80°	约8	5~30	>1.5	5~250
	大箐南山	N60°~70°E	SE	70°~85°	约4	0.5~20	>2	
	芦塘坝	N40°~45°E	NW	70°~85°	约8	5~30	>1.5	60~200
	麒阿西	N45°~55°E	NW	70°~80°	约4.5	5~30	>1.5	50~100
北西向	大箐东	N55°W	NE	77°	约3	5~20	0.3~0.6	
	驼峰山	N55°~60°W	NE	77°	约2.5	2~10	0.4~0.5	
	阿西寨	N30°~35°W	SW	70°~85°	约2.5	2~10	0.5	
	麒阿	N15°~20°W	SW	65°~81°	约2.5	5~15	0.3~0.5	

　　综合上述，可以明显地看出，这几组构造的叠加、复合，不仅使得研究区内岩体破碎、节理发育；同时断裂构造的空间展布也控制了区内地下水流场流动特征。区内的大箐东—阿西寨向斜及其次级褶皱与北西向、近东西向断裂相互配置及其与花岗岩、有利地层的交割关系等，不但为地下水的富集提供了有利场所，也对地下水的流动起到了控制作用；矿区巷道内大型涌水点绝大部分出露于这些有利部位。同时也应注意到，研究区北东向断裂虽现状基本具有阻水性质，但其断裂带在巷道揭示的地段多有张开特征，断裂带上充填的松散泥质等在地下水不断冲蚀作用下，透水性将逐渐变强。

7 基于渗透张量的地下水流动理论及实现

7.1 地下水流动基本方程

岩土体中实际的地下水流仅存在于空隙空间，其他部分则为岩土体的颗粒或岩石。从微观角度来看，空隙空间、地下水流都是不连续的。对于一个空间点，对其进行孔隙度的定义，如果该点落在孔隙中，则孔隙度为1，若落在固体骨架上，即孔隙度为0，即形成不连续的情况。为了能够使用连续介质理论对地下水流的流动作近似处理，Bear 在 1972 年引入了特征单元体（REV）的概念，把多孔介质看成是一个连续的介质场，和流体力学中一样把液体视为连续介质[105]。

特征单元体的尺寸必须比单个孔隙的尺寸大许多，以便允许定义一个平均的总体性质，而不受单个孔隙性质的影响。同时，特征单元体的尺寸又要足够的小，以使其仍然可以保持有关的体积多孔介质的性质。对于特征单元体（REV）的尺寸大小目前仍然没有确切的说法，具有很大的任意性。当研究液体的宏观运动时，即大量液体分子的平均行为，不研究单个分子的行为，此情况可以把地下水流视为连续介质。

7.1.1 地下水运动方程

把 Darcy 定律推广到三维均质流体条件下，对各向同性介质中的单相渗流则有[105]：

$$v = KJ = -K\mathrm{grad}H \tag{7-1}$$

式中，v 为达西渗流速度；K 为渗透系数，均质介质中为常数，当为非均质介质时，K 为空间坐标的函数，即 $K = K(x, y, z)$，此时上式仍然成立。J 为水力梯度，$J = -\mathrm{grad}H$；H 为地下水水头。

在三维直角坐标系中则可以写成：

$$v_x = -K\frac{\partial H}{\partial x}, v_y = -K\frac{\partial H}{\partial y}, v_z = -K\frac{\partial H}{\partial z} \tag{7-2}$$

在各向异性介质中，渗透系数不再是标量而是一个二阶张量 K，如果使用 1，2，3 下角标分别代表三维空间中的 x，y，z 方向，则在三维、二维空间分别有：

$$\boldsymbol{K} = \begin{bmatrix} K_{xx} & K_{xy} & K_{xz} \\ K_{xy} & K_{yy} & K_{yz} \\ K_{xz} & K_{yz} & K_{zz} \end{bmatrix} = \begin{bmatrix} K_{11} & K_{12} & K_{13} \\ K_{21} & K_{22} & K_{23} \\ K_{31} & K_{32} & K_{33} \end{bmatrix} \tag{7-3a}$$

$$\boldsymbol{K} = \begin{bmatrix} K_{xx} & K_{xy} \\ K_{xy} & K_{yy} \end{bmatrix} \tag{7-3b}$$

因为渗透系数张量为二阶正定对称张量，所以有 $K_{i,j} = K_{j,i}$（i、$j = 1$，2，3 或 1，2）。若坐标轴方向与渗透系数张量主方向一致时，则有：

$$\boldsymbol{K} = \begin{bmatrix} K_x & 0 & 0 \\ 0 & K_y & 0 \\ 0 & 0 & K_z \end{bmatrix} \tag{7-4}$$

此时，渗透系数的主值即主渗透系数有 $K_x = K_{xx}$，$K_y = K_{yy}$，$K_z = K_{zz}$。

三维空间条件下的 Darcy 定律可写成：

$$v_x = - K_{xx} \frac{\partial H}{\partial x} - K_{xy} \frac{\partial H}{\partial y} - K_{xz} \frac{\partial H}{\partial z}$$

$$v_y = - K_{xy} \frac{\partial H}{\partial x} - K_{yy} \frac{\partial H}{\partial y} - K_{yz} \frac{\partial H}{\partial z} \tag{7-5}$$

$$v_z = - K_{xz} \frac{\partial H}{\partial x} - K_{yz} \frac{\partial H}{\partial y} - K_{zz} \frac{\partial H}{\partial z}$$

式 (7-5) 表明，与均质介质不同，在各向异性介质中 x 方向水流的速度、流量与水力梯度的 3 个分量有关，y 方向和 z 方向的水流也是一样。当空间坐标轴方向与某一点上的渗透系数张量的主方向相同时，则有：

$$v_x = - K_x \frac{\partial H}{\partial x}, v_y = - K_y \frac{\partial H}{\partial y}, v_z = - K_z \frac{\partial H}{\partial z} \tag{7-6}$$

Darcy 定律只有当流体所处条件下的 Reynolds 数在 $1 \sim 10$ 时才适用。当流体速度增大时，Reynolds 数超过上述范围后，Darcy 定律便不再适用。

根据地下水连续性方程和达西定律，相应地对于非均质各向异性介质中的承压含水层，地下水运动的质量守恒关系式可用以下形式表示：

$$\frac{\partial}{\partial x}\left(K_{xx} \frac{\partial h}{\partial x} \right) + \frac{\partial}{\partial x}\left(K_{xy} \frac{\partial h}{\partial y} \right) + \frac{\partial}{\partial x}\left(K_{xz} \frac{\partial h}{\partial z} \right) +$$

$$\frac{\partial}{\partial y}\left(K_{yx} \frac{\partial h}{\partial x} \right) + \frac{\partial}{\partial y}\left(K_{yy} \frac{\partial h}{\partial y} \right) + \frac{\partial}{\partial y}\left(K_{yz} \frac{\partial h}{\partial z} \right) + \tag{7-7}$$

$$\frac{\partial}{\partial z}\left(K_{zx} \frac{\partial h}{\partial x} \right) + \frac{\partial}{\partial z}\left(K_{zy} \frac{\partial h}{\partial y} \right) + \frac{\partial}{\partial z}\left(K_{zz} \frac{\partial h}{\partial z} \right) = S_s \frac{\partial h}{\partial t}$$

当空间坐标轴取得和渗透系数主方向一致时，则上式可以简化为

$$\frac{\partial}{\partial x}\left(K_{xx} \frac{\partial H}{\partial x} \right) + \frac{\partial}{\partial y}\left(K_{yy} \frac{\partial H}{\partial y} \right) + \frac{\partial}{\partial z}\left(K_{zz} \frac{\partial H}{\partial z} \right) = S_s \frac{\partial h}{\partial t} \tag{7-8}$$

对于均质各向同性介质来说，可以进一步简化为

$$\frac{\partial^2 H}{\partial x^2} + \frac{\partial^2 H}{\partial y^2} + \frac{\partial^2 H}{\partial z^2} = \frac{S_s}{K} \frac{\partial h}{\partial t} \tag{7-9}$$

当含水层内有源汇项时，只需要在式 (7-7) ~ 式 (7-9) 的等号左端增加一源汇项 ω 即可。当从含水层抽水或垂向有水流出时，源汇项 ω 为负值，表示汇项；当向含水层注水或垂向有水流入含水层时，源汇项 ω 为正值，表示源项。对于三维空间问题，ω 表示单位时间从单位体积含水层中流入或流出的水量。降水入渗地下水的水量也属于源项。对于地下水的稳定流，只是一种暂时平衡现象。当含水层中水位变化很小时，则相应的源汇项和渗透系数取极限值，边界条件也不随时间变化，此时便可作稳定流来处理。

式 (7-7) 和式 (7-8) 表明，在各向异性介质中 x 方向的水流一般与水力梯度的所有 3

个分量有关，y 方向和 z 方向的水流也一样。通过对方程的观察发现，地下水流动基本方程的形式与下列情况有关：（1）含水介质的渗透性的各向异性与否；（2）渗透张量主方向与坐标轴方向是否平行或一致。

式（7-9）表示含水介质各向同性，含水层渗透性只用一个标量渗透系数 K 来表征即可；式（7-8）表示含水介质各向异性，渗透张量主方向与坐标轴方向一致，渗透张量可用式（7-4）表征，此方程使用范围最为广泛；式（7-7）表示含水介质各向异性，渗透张量主方向与坐标轴方向不一致，渗透张量用式（7-3）表征。式（7-7）是一个通用的方程，但其形式复杂，很少直接使用该方程进行地下水数值计算；或者说式（7-3）形式的渗透张量表征方式很少可以直接使用。

7.1.2 方程的定解条件

前面所给出的方程只能描述地下水流的一般规律，但无法具体地确定出运动状态。地下水流动方程为偏微分方程，理论上有无数个解。如果需要求解上述方程则必须提供对应的附加条件，才能确定具体的地下水流运动状态，这些附加条件统称为定解条件。附加条件可以划分为表示初始状态的初始条件和表示边界约束情况的边界条件。其中，边界条件可分为 3 种：给定水头边界条件、给定流量边界条件以及混合边界条件。

7.1.2.1 给定水头边界条件

给定水头边界条件又称第一类边界条件或 Dirichlet 条件。如果直接给出了未知函数 $u(x,y,z,t)$ 在边界 Γ_1 上的值，用下列公式表示：

$$u(x,y,z,t)\big|_{\Gamma_1} = \zeta_1(x,y,z,t), (x,y,z) \in \Gamma_1 \tag{7-10}$$

式中，$\zeta_1(x,y,z,t)$ 为边界 Γ_1 上的已知函数。

实际中表示某一段边界 Γ_1 上地下水的水头随时间的变化规律 $\phi_1(x,y,z,t)$ 是已知的，即

$$u(x,y,z,t)\big|_{\Gamma_1} = \phi_1(x,y,z,t), (x,y,z) \in \Gamma_1 \tag{7-11}$$

不过需要注意的是，给定水头边界并不是定水头边界，后者表示水头不随时间发生变化，边界为常量；定水头边界意味着当边界内部的水头低于边界水头时，地下水量可以无限制供给，这种现象在自然极少见到。因此，定水头边界使用时需要非常慎重。

7.1.2.2 给定流量边界

给定流量边界又称第二类边界条件、Neumann 条件。该条件下并不直接给定边界 Γ_2 上的函数值，而是给出了函数沿边界外法线方向上的导数值，即

$$\frac{\partial u}{\partial n}\big|_{\Gamma_2} = \zeta_2(x,y,z,t), (x,y,z) \in \Gamma_2 \tag{7-12}$$

式中，$\zeta_2(x,y,z,t)$ 为边界 Γ_2 上的已知函数；n 为边界 Γ_2 的外法线方向。

具体到地下水问题中，如果某一段边界 Γ_2 上单位面积（如二维问题，则为单位宽度）上流入或流出（负值）的侧向补给量 $q_1(x,y,z,t)$ 已知时，便为给定流量边界条件。对三维条件下各向同性介质问题有：

$$K\frac{\partial H}{\partial n}\big|_{\Gamma_2} = q_1(x,y,z,t), (x,y,z) \in \Gamma_2 \tag{7-13}$$

对三维条件下各向异性介质则更为复杂：

$$K_{xx}\frac{\partial H}{\partial x}\cos(n,x) + K_{yy}\frac{\partial H}{\partial y}\cos(n,y) + K_{zz}\frac{\partial H}{\partial z}\cos(n,z) \mid_{\Gamma_2} = q_1(x,y,z,t), (x,y,z) \in \Gamma_2$$

$$(7\text{-}14)$$

如为隔水边界，则侧向补给为 0。对于各向异性介质则有：

$$K_n\frac{\partial H}{\partial n} \mid_{\Gamma_2} = 0 \tag{7-15}$$

式中，K_n 为沿边界外法线方向的渗透系数。

7.1.2.3 混合边界

混合边界又称第三类边界、Cauchy 条件。这类边界既不直接给定边界 Γ_3 上的函数值，也不给定边界上法向的导数数值，而是给出两者之间的某种线性关系函数或公式：

$$\left(\alpha u + \beta\frac{\partial u}{\partial n}\right) \mid_{\Gamma_3} = \gamma(x,y,z,t), (x,y,z) \in \Gamma_3 \tag{7-16}$$

式中，α，β 为常数；γ 为边界 Γ_3 上的已知函数。其中，$\alpha \geqslant 0$，$\beta \geqslant 0$，$\alpha+\beta>0$。如果 $\alpha=0$，$\beta=1$，$\gamma=0$ 时，表示通常的隔水边界。若 $\alpha=0$，$\beta=1$，$\gamma \neq 0$ 时，就表示通常的第二类边界条件，即给定流量边界。具体到地下水流问题中这类的边界条件为

$$\frac{\partial H}{\partial n} + aH = b \tag{7-17}$$

式中，a，b 为已知函数或已知量。

该函数也可以用于弱透水边界条件，变形后为

$$K\frac{\partial H}{\partial n} + \frac{H_n - H}{\sigma'} = 0 \tag{7-18}$$

式中，H 和 H_n 分别为边界外侧和内侧范围内的水头值；σ' 为计算数，$\sigma' = \dfrac{m_1}{K_1}$；$K_1$，$m_1$ 分别为弱透水层的渗透系数和厚度。

7.1.2.4 初始条件

用以说明地下水研究对象初始时刻的状态即为初始条件。具体到地下水流问题，初始状态是指所研究的物理量 u（水头、浓度、温度等）在选定的某个初始时刻的分布情况，通常用 $t=0$ 来表示。例如，初始水头分布、初始浓度分布、初始温度分布等。所以初始条件表示为

$$u(x,y,z,t) \mid_{t=0} = \phi_0(x,y,z) \tag{7-19}$$

式中，ϕ_0 为研究区上的已知函数。

初始状态不能理解为地下水没有开采以前的原始状态或者是开始抽水的时刻；初始时刻可以根据实际材料或数据的需要来任意选定。对于地下水稳定流问题，不要求初始条件，只需提供边界条件即可完成求解过程，所以也称边界问题。而对于地下水非稳定流问题，初始条件、边界条件必须都提供才能求解方程，故又称初始值问题或混合问题。

下式为一个包含定解条件的三维地下水流方程组：

$$
\begin{cases}
\dfrac{\partial}{\partial x}\left(K_x \dfrac{\partial h}{\partial x}\right) + \dfrac{\partial}{\partial y}\left(K_y \dfrac{\partial h}{\partial y}\right) + \dfrac{\partial}{\partial z}\left(K_z \dfrac{\partial h}{\partial z}\right) + \omega = S_s \dfrac{\partial h}{\partial t} & \text{当 } x,y,z \in \Omega,\ t \geq 0 \\[3mm]
K_x\left(\dfrac{\partial h}{\partial x}\right)^2 + K_y\left(\dfrac{\partial h}{\partial y}\right)^2 + K_z\left(\dfrac{\partial h}{\partial z}\right)^2 - \dfrac{\partial h}{\partial z}(K_z + p) + p = \mu \dfrac{\partial h}{\partial t} & \text{当 } x,y,z \in \Gamma_0,\ t \geq 0 \\[3mm]
h(x,y,z,t)\big|_{t=0} = h_0 & \text{当 } x,y,z \in \Omega,\ t \geq 0 \\[3mm]
h\big|_{\Gamma_1} = 0 & \text{当 } x,y,z \in \Gamma_1,\ t \geq 0 \\[3mm]
K_n \dfrac{\partial h}{\partial n}\big|_{\Gamma_2} = q(x,y,t) & \text{当 } x,y,z \in \Gamma_2,\ t \geq 0 \\[3mm]
\dfrac{(h_r - h)}{\sigma} - K_n \dfrac{\partial h}{\partial n}\big|_{\Gamma_3} = 0 & \text{当 } x,y,z \in \Gamma_3,\ t \geq 0
\end{cases}
$$

$$(7\text{-}20)$$

7.2 数值模拟中渗透张量的适应性分析

MODFLOW（Modular Ground-Water Model-the Ground-Water Flow Process）是由美国地质调查局开发的开源、免费的专门用于孔隙介质中三维有限差分地下水流动模拟软件，也是目前世界上应用范围最广的地下水模拟软件之一。软件第一版于 1984 年发布，之后软件又经过了多次升级、扩充功能，分别为 MODFLOW 88、MODFLOW 96、MODFLOW 2000 以及 MODFLOW 2005，其中 2005 年发布的 MODFLOW 2005 是目前应用范围最广的版本。MODFLOW 采用了模块化的设计思路，每一个模块处理特定的问题，各模块之间相互独立，使得软件更容易理解、使用、增强和修改调整。

2018 年 6 月正式发布全新版本 MODFLOW 6，是目前最新的核心版本，使用新格式的模块和关键字来输入模型数据；使用面向对象的编程模式，全部软件从头开始编写。新 MODFLOW 6 框架的一个关键特性是能够在单个方程组中求解多个强耦合的数值模型，丰富了软件应用领域。此外，MODFLOW 6 可以使用三维渗透系数张量计算非均质各向异性含水层的渗流场。目前 MODFLOW 6 功能尚不完善，使用很不方便。

7.2.1 基本原理

MODFLOW 2005 求解的地下水流方程为式（7-8），在方程等号左端增加了源汇项；从数学模型上来看，MODFLOW 2005 可以处理或计算的含水层介质为各向异性、渗透张量主方向与坐标轴一致的地下水渗流场。其求解过程首先是对研究范围进行空间和时间的离散化；之后赋加边界条件、初始条件、源汇项；然后再对地下水流方程做有限差分格式的变换，形成线性方程组进行迭代求解；最终得到研究范围内的地下水水头分布、流场、水量均衡等信息。

MODFLOW 2005 空间离散化方式为单元中心系统，如图 7-1 所示。

其中，单元编号统一使用 (i,j,k) 表示。

（1）行：行的延伸方向与 x 轴平行，行的下角标 i 随 y 值降低而增加；

（2）列：列的延伸方向与 y 轴平行，列的下角标 j 随 x 值增加而增加；

（3）层：模型的第一层规定为最顶层，层的下角标 k 随高程降低而增加。

计算单元的编号由单元所在的行、列、层的下角标确定。MODFLOW 计算中使用行间

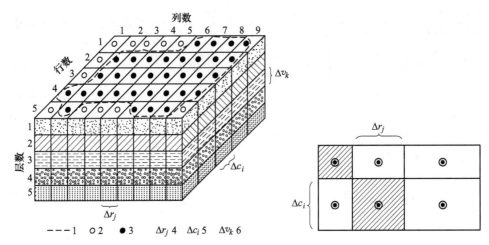

图 7-1　MODFLOW 空间离散化及单元中心系统示意图

1—含水层边界；2—非活动单元格；3—活动单元格；4—沿行方向的单元格；

5—沿列方向的单元格；6—沿垂直方向的单元格

j—列数；i—行数；k—层数

距、列间距和层厚，并不需要知道单元(i,j,k)在空间上的绝对坐标。其主要特点是单元格所代表的水头位置是单元中心，单元边界构成该单元的流量均衡区域。由于采用了这一离散技术，所以使得 MODFLOW 在计算水量均衡方面可以得到较好的精度；此外，该方法也避开了对式（7-8）中各项的直接差分化，使其求解速度较快。

根据实际地下水水量均衡情况，分为 4 种计算单元的流量形式：

（1）由外应力引起的计算单元间流量，即由于外源汇引起的流量，如井中注水量、降水补给量等；

（2）由于储水量的变化而引起的计算单元间流量；

（3）由于定水头计算单元引起的计算单元间流量；

（4）计算单元间的流量。

7.2.1.1　计算单元之间的流量

根据图 7-2 所示，两个单元格之间的流量大小可以用式（7-21）的差分公式来表示：

$$q_{i,j-1/2,k} = KR_{i,j-1/2,k} \Delta c_i \Delta v_k \frac{(h_{i,j-1,k} - h_{i,j,k})}{\Delta r_{j-1/2}} \tag{7-21}$$

式中，$h_{i,j,k}$为格点(i, j, k)中的水头值；$q_{i,j-1/2,k}$为流经单元(i, j, k)和单元$(i, j-1, k)$接触面的水流量；$KR_{i,j-1/2,k}$为沿行方向格点(i, j, k)和格点$(i, j-1, k)$间的渗透系数；$\Delta c_i \Delta v_k$为垂直于行方向的单元面的面积；$\Delta r_{j-1/2}$为格点(i, j, k)和格点$(i, j-1, k)$间距离。

同理，也可以写出图 7-3 所示其他方向连接单元格间相似的水量交换公式（为简便仅多给出其中一个公式）。由式（7-21）可得出，相邻单元格之间的水量交换需要垂直穿过两个单元接触面；在各向同性含水层中，由于渗透系数无方向性，上述差分公式可以完全满足计算要求。而当含水层渗透性为各向异性时，情况将变得复杂。

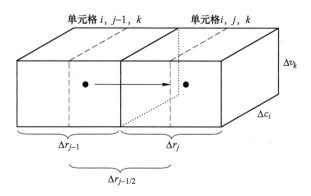

图 7-2 地下水由 $(i, j-1, k)$ 单元格流入 (i, j, k) 单元示意图

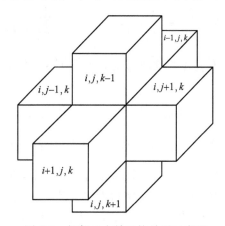

图 7-3 相邻 6 个单元格关系示意图

$$q_{i,j+1/2,k} = \mathrm{KR}_{i,j+1/2,k}\Delta c_i \Delta v_k \frac{(h_{i,j+1,k} - h_{i,j,k})}{\Delta r_{j+1/2}} \qquad (7\text{-}22)$$

......

式（7-22）中，下角标中的 $j+1/2$ 并不是表示几何坐标，而是表示变量在两个计算单元之间的当量值，有时可以取两点间的平均值。从以上公式可以看出，MODFLOW 的基本差分公式其实是直接使用了达西公式。

7.2.1.2 水力传导系数

式（7-21）和式（7-22）中的水头项表示，每一个邻近单元格都是通过单元 (i,j,k) 的一个单元面发生水量交换；那么将计算单元间距和渗透系数合并为同一个变量，可以简化求解过程的计算，这一变量称为水力传导系数，其表达式为

$$\mathrm{CR}_{i,j-1/2,k} = \frac{\mathrm{KR}_{i,j-1/2,k}\Delta c_i \Delta v_k}{\Delta r_{j-1/2}} \qquad (7\text{-}23)$$

把水量传导系数的概念代入式（7-22），则可以得到简化公式：

$$q_{i,j-1/2,k} = \mathrm{CR}_{i,j-1/2,k}(h_{i,j-1,k} - h_{i,j,k}) \qquad (7\text{-}24)$$

式（7-22）与其他方向同理（为简便仅多给出一个公式），也可以得到相应的简化公式：

$$q_{i,j+1/2,k} = \mathrm{CR}_{i,j+1/2,k}(h_{i,j+1,k} - h_{i,j,k}) \tag{7-25}$$
$$\vdots$$

7.2.1.3　外部源汇项的计算

由计算单元格外部的源汇项流入单元格(i,j,k)的流量用通式表示：

$$a_{i,j,k,n} = p_{i,j,k,n}h_{i,j,k} + q_{i,j,k,n} \tag{7-26}$$

式中，$a_{i,j,k,n}$为第n个源汇项对单元(i,j,k)的补给量；$q_{i,j,k,n}$为第n个外部源汇项对单元影响常数，如抽水量、入渗补给量等，该常数的大小与水头变化无关；$p_{i,j,k,n}$为源汇项对计算单元影响系数，如河流渗漏补给、越流补给等，该系数的值受水头变化控制。

类似地，所有其他外部源汇项都可以通过式（7-26）表达。如果有N个外部源汇项，则公式表达为

$$\sum_{n=1}^{N} a_{i,j,k,n} = \sum_{n=1}^{N} (p_{i,j,k,n}h_{i,j,k}) + \sum_{n=1}^{N} q_{i,j,k,n} \tag{7-27}$$

令$p_{i,j,k} = \sum\limits_{n=1}^{N} p_{i,j,k,n}$、$Q_{i,j,k} = \sum\limits_{n=1}^{N} q_{i,j,k,n}$，则可以得到单元$(i,j,k)$与周边 6 个单元间的水均衡方程：

$$q_{i,j-1/2,k} + q_{i,j+1/2,k} + q_{i-1/2,j,k} + q_{i+1/2,j,k} + q_{i,j,k-1/2} + q_{i,j,k+1/2} +$$
$$P_{i,j,k}h_{i,j,k} + Q_{i,j,k} = \mathrm{SS}_{i,j,k}(\Delta r_j \Delta c_i \Delta v_k)\frac{\Delta h_{i,j,k}}{\Delta t} \tag{7-28}$$

把式（7-23）和式（7-24）代入式（7-28），同时对时间项进行向后差分方式的离散化，则可以得到 MODFLOW 中完整的地下水流差分公式：

$$\mathrm{CR}_{i,j-1/2,k}(h_{i,j-1,k}^m - h_{i,j,k}^m) + \mathrm{CR}_{i,j+1/2,k}(h_{i,j+1,k}^m - h_{i,j,k}^m) + \mathrm{CC}_{i-1/2,j,k}(h_{i-1,j,k}^m - h_{i,j,k}^m) +$$
$$\mathrm{CC}_{i+1/2,j,k}(h_{i+1,j,k}^m - h_{i,j,k}^m) + \mathrm{CV}_{i,j,k-1/2}(h_{i,j,k-1}^m - h_{i,j,k}^m) + \mathrm{CV}_{i,j,k+1/2}(h_{i,j,k+1}^m - h_{i,j,k}^m) +$$
$$P_{i,j,k}h_{i,j,k}^m + Q_{i,j,k} = \mathrm{SS}_{i,j,k}(\Delta r_j \Delta c_i \Delta v_k)\frac{h_{i,j,k}^m - h_{i,j,k}^{m-1}}{t^m - t^{m-1}} \tag{7-29}$$

式中，$\mathrm{SS}_{i,j,k}$为单元格(i,j,k)的储水率；$\Delta r_j \Delta c_i \Delta v_k$为单元格$(i,j,k)$的体积；$t^m$为时段$m$结束的时间；$t^{m-1}$为前一个时段结束的时间；$h_{i,j,k}^m$，$h_{i,j,k}^{m-1}$分别表示与这两个时刻对应的水头值。

7.2.2　适应性分析

前面回顾了地下水渗流理论和主要地下水流动方程的各种形式，特别是当渗透张量表征方式不同带来的影响和含义的变化。分析 MODFLOW 2005 的离散方式和主要差分公式可以发现，当面对各向异性介质的渗流问题计算时 MODFLOW 2005 是有所限制的。因此理清楚限制条件，对使用软件进行模拟地下水渗流计算的准确性、合理性非常有必要。

由式（7-21）、式（7-22）以及延伸出来的式（7-24）、式（7-25）可得出，相邻单元格之间的水量交换需要垂直穿过两个单元接触面；在各向同性含水层中，由于渗透系数无方向性，上述差分公式可以完全满足计算要求。而当含水层渗透性为各向异性时，情况将变得复杂。

为了更好地表现含水层渗透性的各向异性，使用渗透椭圆表示含水层渗透性，图 7-4 渗透系数张量椭圆。图 7-4（a）代表渗透张量主值方向与模型空间坐标轴一致，图 7-4（b)代表渗透系数张量主值方向与模型空间坐标轴方向不一致。

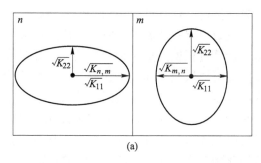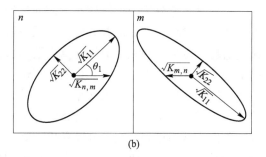

图 7-4　渗透系数张量椭圆

（a）渗透张量主值方向与模型空间坐标一致；（b）渗透张量主值方向与模型空间坐标方向不一致

当含水层渗透张量的主值方向与模型空间坐标轴方向一致时（见图 7-4（a）），只要分别指定 x，y 方向上的渗透系就可以很好地模拟含水层渗透性的各向异性；在 MODFLOW 2005 中提供了一个系数用于表示 x，y 方向渗透系数的比值；两个方向水力传导系数的差分公式为

$$\mathrm{TR}_{i,j,k} = \Delta v_{i,j,k}\mathrm{HK}_{i,j,k}$$
$$\mathrm{TC}_{i,j,k} = \Delta v_{i,j,k}\mathrm{HK}_{i,j,k}\mathrm{HANI}_{i,j,k} \tag{7-30}$$

式中，$\mathrm{TR}_{i,j,k}$，$\mathrm{TC}_{i,j,k}$ 分别为 (i,j,k) 单元格沿 x，y 方向上的水力传导系数；$\mathrm{HK}_{i,j,k}$ 为 (i,j,k) 单元格 x 方向上的渗透系数；$\Delta v_{i,j,k}$ 为 (i, j, k) 单元格厚度；$\mathrm{HANI}_{i,j,k}$ 为 (i,j,k) 单元格 y 方向与 x 方向的渗透系数比值。

由式（7-30）可以看出，MODFLOW 2005 中使用一个比值 $\mathrm{HANI}_{i,j,k}$ 来表示 x，y 方向上的渗透系数。可以使用更为直观的表示方法，即

$$\mathrm{HANI} = \frac{K_y}{K_x} \tag{7-31}$$

在 MODFLOW 2005 中，垂直方向的渗透系数也有类似的方法表示，此处不再赘述。

当含水层渗透系数张量的主值方向与 x，y 坐标轴方向不一致时，如图 7-4（b）所示。不同含水层的渗透张量主值大小不同，且主值方向也不相同，这种情况下如果要进行数值求解，需要计算出两个相邻单元格之间垂直于接触面方向的渗透系数，才能计算两单元格之间的水量交换以及水头值，而不能直接使用单元渗透张量值进行计算，即式（7-21）和式（7-22）不能直接套用。从理论上讲，MODFLOW 2005 使用矩形网格中心系统离散的数值模型，无法计算式（7-7）所表征的地下水流动形式；或者说当地下水渗透性表征方式为式（7-3）时，不能直接用 MODFLOW 2005 求解地下水问题。

当研究对象为单一的或方向一致的多个各向异性含水介质时，可以旋转模型离散的网格，使网格的空间方向与渗透张量主值方向一致，即渗透张量形式可以由式（7-3）形式转变为式（7-4）；此时仍然可以使用 MODFLOW 2005 进行计算，但这种情况较为特殊。

7.2.3　误差与稳定性分析

MODFLOW 2005 采用的是有限差分法，式（7-29）是 MODFLOW 中完整的地下水流差分公式，是一个显式差分格式。显式差分方程的主要特点是求解速度快，但其收敛性和稳定性必须满足特定的条件。

对于显式差分法的数值计算，多数是沿时步方向推进，计算过程中从一个时步推进到下一个时步过程中，如果差分公式中某一特定的变量数值误差被放大，将会造成整体计算误差值越来越大的现象，最终计算失败，那么整个计算过程就变成不稳定。相反，如果误差不变或者逐渐减小，那么计算是稳定性。误差类型有离散误差和舍入误差，对于数值计算稳定性影响最大的是舍入误差。判断差分公式的稳定性，其实就是判断该公式误差变化的趋势；或者设定舍入误差前置条件是不变或减小的，以此推导出差分公式中其他变量的限制条件，从而得到稳定性判断条件。式（7-29）是三维渗流差分公式，如果直接进行稳定性判断，其推导过程则非常复杂。这里把公式简化到二维条件，讨论一下它的稳定性。

基于渗透张量为二阶对称正定张量的性质，本书完成了式（7-7）二维条件下中心差分法的稳定性判断公式的推导工作。稳定性条件判断公式推导过程见附录 A。

式（7-7）在二维条件下的二阶中心差分离散公式为

$$K_{xx_{i,j}} \frac{h_{i+1,j}^n - 2h_{i,j}^n + h_{i-1,j}^n}{(\Delta x)^2} + K_{yy_{i,j}} \frac{h_{i,j+1}^n - 2h_{i,j}^n + h_{i,j-1}^n}{(\Delta y)^2} +$$

$$2K_{xy_{i,j}} \frac{h_{i+1,j+1}^n - h_{i+1,j-1}^n - h_{i-1,j+1}^n + h_{i-1,j-1}^n}{4\Delta x \Delta y} + w_{i,j}^n = (S_s)_{i,j} \frac{h_{i,j}^{n+1} - h_{i,j}^n}{\Delta t} \quad (7\text{-}32)$$

式中，$K_{xx_{i,j}}$，$K_{yy_{i,j}}$ 为 (i,j) 单元格渗透张量主值；$(S_s)_{i,j}$ 为单元格 (i,j) 的储水率；Δx，Δy 为单元格 (i,j) 的 x，y 方向尺寸；Δt 为时步；$h_{i,j}^n$，$h_{i,j}^{n+1}$ 分别为与上、下两个时步对应的水头值；$w_{i,j}^n$ 为 n 时步 (i,j) 单元格的源汇项。

式（7-32）稳定性判断条件需要满足以下两个公式（推导过程见附录 A）：

$$0 < \frac{\Delta t}{(S_s)_{i,j}} \left[\frac{K_{xx}}{(\Delta x)^2} + \frac{K_{yy}}{(\Delta y)^2} \right] \leqslant \frac{1}{2} \quad (7\text{-}33)$$

$$K_{xx} \frac{\Delta y}{\Delta x} + K_{yy} \frac{\Delta x}{\Delta y} \geqslant |K_{xy}| \quad (7\text{-}34)$$

当把各向同性介质，均匀单元格模型的前置条件代入式（7-33）和式（7-34）中后，方程简化后的形式与薛禹群[105]文中的一致，说明推导过程无误，判断条件合理。现在可以利用式（7-33）和式（7-34）来判断 MODFLOW 2005 差分格式的稳定性。

把式（7-23）代入式（7-29）中，并简化为二维条件下的差分公式：

$$\frac{KR_{i,j-1/2}\Delta c_i}{\Delta r_{j-1/2}}(h_{i,j-1}^m - h_{i,j}^m) + \frac{KR_{i,j+1/2}\Delta c_i}{\Delta r_{j+1/2}}(h_{i,j+1}^m - h_{i,j}^m) + \frac{KR_{i-1/2,j}\Delta r_j}{\Delta c_{i-1/2}}(h_{i-1,j}^m - h_{i,j}^m) +$$

$$\frac{KR_{i+1/2,j}\Delta r_j}{\Delta c_{i+1/2}}(h_{i+1,j}^m - h_{i,j}^m) + P_{i,j}h_{i,j}^m + Q_{i,j} = SS_{i,j}(\Delta r_j \Delta c_i) \frac{h_{i,j}^m - h_{i,j}^{m-1}}{t^m - t^{m-1}} \quad (7\text{-}35)$$

式（7-35）使用的张量形式是式（7-4），则有 $K_{xy} = 0$。模型网络尺寸为正值；渗透张量具有二阶对称正定性质，K_{xx}，K_{yy} 正负号相同，且是方向性表示；容易判断满足式（7-34）的条件。

把式（7-35）变换为式（7-33）类似的形式：

$$0 < \frac{t^m - t^{m-1}}{SS_{i,j}} \left(\frac{KR_{i,j-1/2}}{\Delta r_{j-1/2}\Delta r_j} + \frac{KR_{i,j+1/2}}{\Delta r_{j+1/2}\Delta r_j} + \frac{KR_{i-1/2,j}}{\Delta c_{i-1/2}\Delta c_i} + \frac{KR_{i+1/2,j}}{\Delta c_{i+1/2}\Delta c_i} \right) \leqslant \frac{1}{2} \quad (7\text{-}36)$$

对比式（7-33）和式（7-36）可以发现，MODFLOW 差分格式稳定性要求更高。因为需要使用到计算中心单元两侧相邻单元的水力传导系数和单元尺寸，因此对相邻单元之间尺寸变化、中心单元格的形变、渗透系数变化更为敏感。理论上讲，当模型单元变形较大时可以使用缩小单元格尺寸以及减小时步的方式增加其稳定性，但会增加额外计算量。相邻单元格之间的渗透系数不宜差异太大，在不可避免的时候，可以局部加密单元以此增加数值稳定性。此外，当渗透系数为负数时，虽然习惯上把负号认为是其方向性，但在MODFLOW 中最好还是避免渗透系数负值的现象出现。

总体而言，MODFLOW 采用的数值差分方式计算速度很快，但也由此造成其稳定性相对较差，对部分参数较为敏感的现象。需要特别说明的是，上述的讨论是常用的基于矩形网络、显式差分格式条件下的结论和认识。MODFLOW 可以支持多种类型的几何网络，并且提供了多种差分求解方法，不同方法的求解速度和稳定条件各有差异，不能一概而论。

7.2.4 巷道概化问题讨论

MODFLOW 2005 中没有专门针对矿山巷道的计算模块，而 River 和 Drain 两种模块可以近似地用于模拟巷道涌水；明确两个模块的原理和特点才能合理地选择巷道概化模型。

MODFLOW 2005 中河流（River）和排水沟（Drain）模块的设计初衷是利用地表对象水位与地下水位间的水头差计算两者之间的水量交换。模型离散时把线状的 River 或 Drain 根据空间关系分配到各个单元格上，相应的单元格上便需要使用 River 或 Drain 模块计算水量交换。River 和 Drain 模块不仅用于地表水系和排水沟的模拟，很多学者研究后发现也可以用于模拟巷道疏排水过程。单元格中 River 的差分公式如下：

$$QRIV_n = CRIV_n(HRIV_n - h_{i,j,k}) \tag{7-37}$$

式中，$QRIV_n$ 为河流与含水层间交换水量，含水层水量增加时为正；$HRIV_n$ 为河流水位；$CRIV_n$ 为河流含水层之间的水力传导系数；$h_{i,j,k}$ 为河流所在单元格水头。

式（7-37）中的河流水力传导系数 $CRIV_n$ 需要根据单元格内河流长度 L_n，河流宽度 W_n、河床厚度 M_n 以及河床渗透系数 K_n 独立计算。其计算公式如下：

$$CRIV_n = \frac{K_n L_n W_n}{M_n} \tag{7-38}$$

图 7-5（a）展示了独立单元格中河流模块与含水层之间的相互关系，图 7-5（b）展示了计算单元格中河流水力传导系数参数定义。

式（7-37）严格来讲仅适合于一定范围内地下水位的情况，这是因为当地下水位远低于河流水位时，河床与地下水位之间将会存在非饱和带，此时直接使用该式计算会产生明显的误差。MODFLOW 中使用了一种较为简单的方式来处理这一问题，认为河流水位与地下水位之间的差距不大时，河床下仍是饱和带渗流，可沿用之前的公式；而当地下水位低于某一特定值 $RBOT_n$ 时，河床下出现非饱和带，但其整体渗透性将趋于某一定值，不再随着水头差的增加而增加渗流量，具体使用以下公式表示：

$$QRIV_n = CRIV_n(HRIV_n - h_{i,j,k}), \qquad h_{i,j,k} > RBOT_n \tag{7-39a}$$

$$QRIV_n = CRIV_n(HRIV_n - RBOT_n), \qquad h_{i,j,k} < RBOT_n \tag{7-39b}$$

Drain 模块的思路与 River 模块的基本一致，但只允许含水层向 Drain 里面汇入，而不允许反向补给含水层。Drain 模块具体差分公式如下：

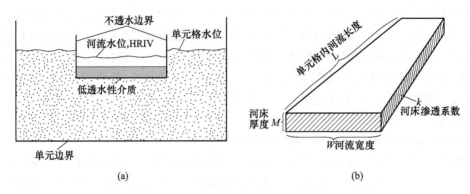

图 7-5 河流模块概念模型示意图

（a）河流含水层间联系示意图；（b）单元格内河流传导系数参数示意图

$$QD_n = CD_n(HD_n - h_{i,j,k}), \qquad h_{i,j,k} > HD_n \qquad (7\text{-}40a)$$

$$QD_n = 0 \qquad h_{i,j,k} \leq HD_n \qquad (7\text{-}40b)$$

式中，QD_n 为某一单元格中 Drain 接收到流量；CD_n 为 Drain 水力传导系数，计算方法与 River 的水力传导系数一样；HD_n 为 Drain 的高程；$h_{i,j,k}$ 为包含 Drain 模块的单元格中含水层水头。

由于 River 和 Drain 模块之间的概念差异，也造成两者的流量曲线有着明显的差异，如图 7-6 所示。从图 7-6 上可以明显地看出，两者之间的差异就是能否补给含水层水量。

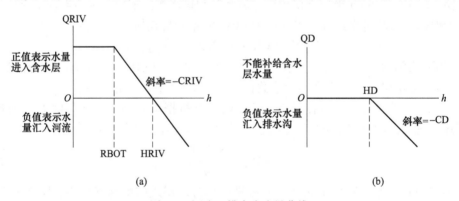

图 7-6 河流、排水沟流量曲线

（a）河流（River）模块流量曲线；（b）排水沟（Drain）模块流量曲线

从 River 和 Drain 模块的差分公式中可以看出，两者可以较为准确地计算出与含水层之间的流量交换。但不同单元格之间的 River、Drain 模块没有直接水力联系；相邻单元格的 River、Drain 模块只能通过影响所在单元格水位后，再由单元格回馈给相邻的 River、Drain 模块，River、Drain 模块内部的水力渗流速度主要取决于单元格所代表的含水层渗透系数。一般河流、巷道的水流速度都远大于地下水流速，而 River、Drain 模块由于依赖于含水层单元格的透水性，所以在 MODFLOW 2005 中这两个模块并不能模拟出河流、巷道内的水动力响应快速效应，只是计算出水量交换数值。例如：岩溶地区发育的岩溶管道由于管道内部水流速度快，可以对降雨做出快速的响应，短时间内当含水层中的水量还没有发生显著变化时，岩溶管道出口的流量却有明显涨落；此时，如果使用 River、Drain 模块就无法模拟出管道口流量的快速涨落，而只是随着含水层变化而发生变化。当然，如果只是关注一个长时间段内的水量均衡问题，不关注瞬时快速的流量变化，那么使用 River 和 Drain 模块仍然可以达到目的，毕竟 MODFLOW 2005 的核心思想式（7-21）所要表现的是水量均衡。

清楚 River 和 Drain 模块的原理后可以明确：在需要考虑巷道对地下水补给的情况下选用 River 模块更为合理；River 和 Drain 模块只能保证水量总体均衡，而无法做到对水量变化的快速响应；对 River 和 Drain 模块中水量变化起决定性作用的是与含水层间的水位差，而如果是稳定流模型时模块本身水力传导系数影响并不大。

7.3 本章小结

本章对地下水流动方程和求解的边界条件进行了回顾，并简要分析了不同方程形式以及不同渗透张量形式的使用前置条件。基于对地下水渗流理论的认识，对广泛应用地下水模拟软件 MODFLOW 2005 的原理进行介绍，根据差分方程分析了它的部分特点：

受限于 MODFLOW 2005 的空间离散方式以及所采用的渗流差分公式，MODFLOW 2005 可以完成特定条件下的各向异性含水介质的渗流模拟和计算；而面对多个各向异性含水层（组）的渗流场时，则无法精确完成计算。

基于渗透张量为二阶对称正定张量的性质，推导了各向异性含水介质地下水流动方程二维中心差分法的稳定性判断公式。使用推导的稳定性判断公式，当 MODFLOW 2005 基于矩形网络、显式差分格式条件时，所采用的数值差分格式计算速度很快，但也由此造成其稳定性相对较差，对部分参数极为敏感的现象。

对比分析 River 和 Drain 模块的原理和特点，在需要考虑巷道对地下水补给的情况下选用 River 模块更为合理；River 和 Drain 模块只能保证水量总体均衡，而无法做到对水量变化的快速响应；对 River 和 Drain 模块中水量变化起决定性作用的是与含水层间的水位差，而如果是稳定流模型时模块本身水力传导系数影响较小。

8 个旧高松矿田地下水数值模拟

前述章节中主要讨论的结果是针对研究区各分区含水层的渗透张量计算,为从宏观上验证结果的合理性,本章在对研究区水文地质背景和水文地质条件整理和分析的基础上开展地下水数值模拟工作。

8.1 研究区水文地质

研究区内主要含矿地层是三叠系个旧组(T_2g),同时也是区内主要发育地层。该地层岩性以碳酸盐岩为主,区内主要地下水类型为碳酸盐岩类裂隙溶洞水;区内降雨丰富,岩溶发育强烈,降雨是地下水的主要补给来源,矿山巷道涌水量大,涌水量变化与降雨关系密切。

8.1.1 含(隔)水层(组)特征

对区内三叠系个旧组(T_2g)地层划分到岩性段进行研究,各个岩性段的性质仍有一定的差异。根据资料,区内的碳酸盐岩按组合特征可以划分为均匀纯碳酸盐岩、均匀灰岩、间互灰岩三种类型;依据各类岩性所占比例划分为 3 个亚类地下水类型,划分标准见表 8-1。依此标准对区内所有岩性段进行含(隔)水层来组划分,表 8-2 为碳酸盐岩组合特征列表。

表 8-1 岩溶水亚类划分标准表

碳酸盐岩的厚度/%	名称	代号
100	碳酸盐岩裂隙溶洞水	I
100~70	碳酸盐岩夹碎屑岩裂隙溶洞水	II
70~30	碎屑岩、碳酸盐岩裂隙溶洞水	III

表 8-2 碳酸盐岩组合特征列表

组		符号	厚度/m	岩性	非碳酸盐岩厚度/%	组合类型	地下水类型
法郎组		T_2f	970	含泥质条带薄层微粒灰岩	0	均匀灰岩	I
个旧组	白泥硐段	$T_2g_3^3$	>90	夹白云岩透镜体	37	间互灰岩	III
		$T_2g_3^2$	42~48	夹薄层灰质白云岩	37	间互灰岩	III
		$T_2g_3^1$	29~160	夹灰质白云岩	37	间互灰岩	III
	马拉格段	$T_2g_2^4$	88~315	灰质白云岩、白云质灰岩、灰岩护层	0	均匀纯碳酸盐岩	II

续表 8-2

组		符号	厚度/m	岩性	非碳酸盐岩厚度/%	组合类型	地下水类型
个旧组	马拉格段	$T_2g_2^3$	120~500	白云岩	0	均匀白云岩	I
		$T_2g_2^2$	90~300	灰质白云岩、白云质灰岩、白云岩互层	0	均匀纯碳酸盐岩	I
		$T_2g_2^1$	20~340	白云岩	0	均匀白云岩	I
	卡房段	$T_2g_1^6$	20~200	白云质灰岩	0	均匀纯碳酸盐岩	I
		$T_2g_1^5$	300~700	灰岩	0	均匀灰岩	I
		$T_2g_1^4$	70~260	白云岩、灰岩	0	均匀纯碳酸盐岩	I
		$T_2g_1^3$	70~150	泥质灰岩	0~30	均匀不纯碳酸盐岩	II
		$T_2g_1^2$	40~130	白云岩、灰岩	0~30	均匀纯碳酸盐岩	II
		$T_2g_1^1$	90~580	部分含泥灰岩	0~30	均匀灰岩	II
永宁组		T_1y	1150	泥质灰岩、顶部夹硅质泥岩、底部夹凝灰质粉砂岩	20	均匀不纯碳酸盐岩	II

区内的三叠统个旧组（T_2g）地层的顶部（$T_2g_3^3$）被剥蚀，底部（$T_2g_1^1$）段未见出露；地表出露 $T_2g_2^1$~$T_2g_2^3$。矿山开拓工程处于 $T_2g_1^6$~T_2g_2 范围内，马拉格段（T_2g_2）发育齐全，分布最为广泛；白泥洞段（T_2g_3）只出露于研究区西部；卡房段（T_2g_1）主要出露于北东部，详见图2-2，图8-1为研究区典型地质剖面图（见文后彩图）。研究区内碳酸盐岩底部为花岗岩，地表零星出露；花岗岩透水性差，是研究区的隔水底板；花岗岩顶部形态复杂，对整个地下水渗流也产生显著的影响。

8.1.2 含水层富水性划分

根据地下水径流模数 M（单位：$L/(s \cdot km^2)$），枯季地表出露泉点、地下暗河流量（Q）两个因素，按表8-3标准对研究区的主要含（隔）水层进行了富水性划分，划分结果见表8-4。

通过对区域资料的研究和实地调查分析结果，研究区涉及乍甸—倘甸（I）、卡房（II1）、蔓耗（II2）3个水文地质单元的补给、径流、排泄条件；水文地质条件复杂。

8.1.3 研究区构造水文地质特征

研究区内发育有褶皱和断裂，对地下水渗流影响较大的是断裂的透水性。区内发育3个规模较小的褶皱，分别是大箐阿西寨向斜、驼峰山背斜、五子山背斜；各褶皱两翼地层产状起伏不大，对地下水渗流影响较弱。

研究区内各级断裂性质复杂，相互交错，将研究区切割成多个区块，形成"格子状"构造格局。总体上，研究区内的北东、南北向断裂以隔水断裂为主。区内主要裂隙特征见表8-5。

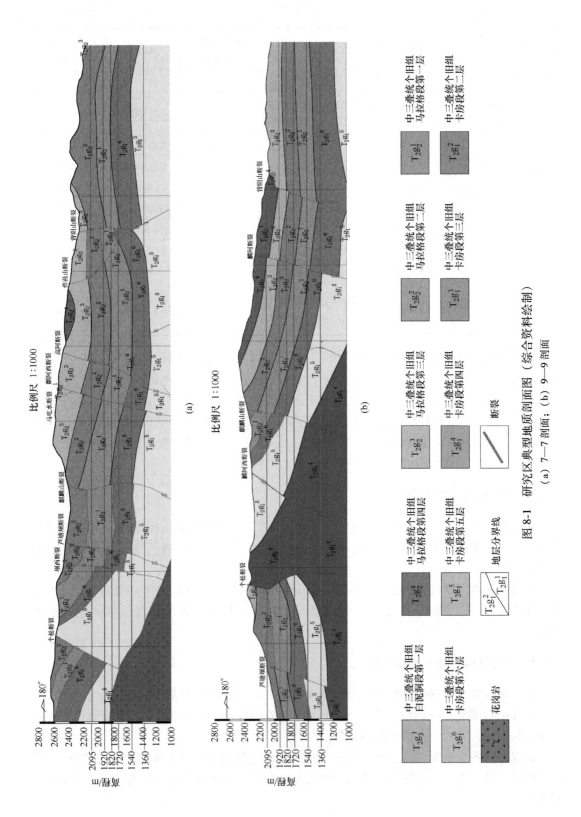

图 8-1　研究区典型地质剖面图（综合资料绘制）

(a) 7—7 剖面；(b) 9—9 剖面

表8-3 富水性等级划分指标表

类型指标等级	岩溶水/L·(s·km²)⁻¹	
	枯季径流模数/L·(s·km²)⁻¹	枯季泉流量/L·s⁻¹
弱	<3	<10
中	3~6	10~100
强	>6	100~1000

表8-4 含（隔）水层组富水等级划分

地下水类型代号	含水岩组	富水性	
		M/L·(s·km²)⁻¹	Q/L·s⁻¹
I	$T_2g_2^3$	0.86~10.16	
	$T_2g_2^2$		
	$T_2g_2^1$		
	$T_2g_1^6$		
	$T_2g_1^5$		
	$T_2g_1^4$		
	T_2f		44.15~234.88
II	T_1y	5.35~10.18	18.51~396.67
	$T_2g_2^4$	0.85~10.18	1.60~5400
	$T_2g_1^3$	0.85~10.18	
	$T_2g_1^2$	0.85~10.18	
	$T_2g_1^1$	0.85~10.18	
III	$T_2g_3^3$	0.85~10.18	
	$T_2g_3^2$	0.85~10.18	
	$T_2g_3^1$	0.85~10.18	

表8-5 研究区主要断裂构造导、隔水性特征一览表

名称	产状	断裂带性质
背阴山断裂	SW∠65°~∠83°	属张扭性断裂，断裂带宽20~170m，棱角状角砾岩粒径变化大，钙泥质胶结，为隔水断裂，与炸药库断裂共同构成研究区南部隔水边界
炸药库断裂	SW∠75°~∠83°	属于张扭性断裂，宽度2~10m，局部可达30m，棱角状角砾岩粒径变化大，钙泥质胶结松散；向下延伸与背阴山断裂合并，隔水断层
麒麟山裂隙	NE∠75°~83°	属压扭性断裂，具有多期活动特征，宽度6~30m，垂直断距30m，水平断距约100m。发育压碎岩、糜棱岩和角砾岩，角砾粒径变化大，胶结松散
高阿断裂	SW∠75°~∠88°	属张扭性断裂，宽度2~10m，棱角状角砾岩粒径变化大，钙质胶结为主，隔水断裂；深部延伸至花岗岩
马吃水断裂	SW∠77°~∠88°	断裂性质不明，棱角状角砾岩粒径变化大，隔水断裂，向下延伸至花岗岩
芦塘坝断裂	NW∠45°~∠88°	力学性质复杂，具有剪—压—张剪—剪性的演化过程，宽度5~30m，局部达50~60m，由压裂岩、压碎岩、碎粒岩、角砾岩、糜棱岩组成，隔水断裂。研究区中部代表性断裂

名称	产状	断裂带性质
麟阿西断裂	NW∠61°~∠80°	力学性质复杂，宽度2~60m，棱角状角砾岩组成，隔水断裂
个松断裂	N（W）62°~65°，S（E）70°~80°	断距1500~2000m，夹于个旧断裂和甲介山断裂之间，宽度5~30m。性质不明，被莲花山断裂和芦塘坝断裂错断
莲花山断裂	NW∠45°~88°	压性、压扭性断裂，宽度0.2~30m。发育挤压透镜体、糜棱岩等，角砾岩为铁质、泥质胶结，挤压紧密，孔隙度小，隔水断裂
个旧断裂		区域性断裂小江断裂的南部分支，走向近南北，宽度可达数百米；具有压扭—张扭性质，由糜棱岩和断裂带（碎斑岩、碎粒岩、碎裂岩）组成。导水性弱为隔水断裂
甲介山断裂		小江断裂的南部分支，走向近南北，宽度可达数百米；具有压扭—张扭性质，由糜棱岩和断裂带（碎斑岩、碎粒岩、碎裂岩）组成，为隔水断裂

8.1.4 研究区岩浆岩水文地质特征

研究区内岩浆岩地表出露很少，主要分布于中三叠统个旧组地层的下部。根据巷道和钻孔揭露，岩浆岩分布高程范围900~1600m，最高突起点2100m，为灰白色细至中粒黑云母花岗岩；花岗岩顶部起伏变化巨大，总体呈东西向撮箕状，局部岩浆沿裂隙侵入，形态多个花岗岩凸起的岩脊、岩枝、岩脉现象，部分地段形成相对低凹的岩盆、岩槽，图8-2所示为研究区花岗岩顶面等值线图。复杂的形态不但为研究区成矿提供了条件，还是地下水径流、汇集的控制因素之一。花岗岩整体透水性差，可作为研究区的隔水底板；但花岗岩突起部位与碳酸盐岩接触带，由于基质裂隙的强烈发育，反而形成地下水强径流带，巷道揭露这些部位时也常常产生强烈的涌水。此外，突起范围大的花岗岩岩脊则形成了局部地下水分水岭，而岩槽部位则构成盆槽状的汇水—蓄水型的地下水控水构造。可以说，岩浆岩顶面形态对地下水渗流场的影响非常重要。

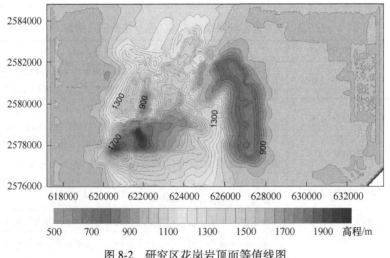

图 8-2 研究区花岗岩顶面等值线图

8.1.5 研究区地下水补、径、排特征

研究区位于麒麟山—绿水河水文地质单元（Ⅱ）的北部，由个旧断裂、个松断裂、甲介山裂隙、背阴山断裂四条大的断裂围成。区内主要地层为三叠系中统个旧组（T₂g）碳酸盐岩，区内岩溶强烈发育。区内中间为莲芷山，总体地势中间高四周低，坡度陡。研究区每年5—10月份降水充足，年平均降雨量1293mm，日最大降雨量可达109mm，雨季时间较长。大气降雨是区内地下含水层的主要补给来源，降雨在地表缓坡地段径流汇集于低洼的岩溶洼地、落水洞后，快速入渗地下含水层，并通过导水断层、岩溶裂隙等导入通道进入深部含水层，这也造成区内无地表水体发育；弱透水性的花岗岩由于其阻水效应，对深部地下水的径流起到控制作用。研究区的地下水总体规律是分别从北、西、南3个方向汇集，然后由东部排出；但随着矿山巷道的大量掘进，对地下水流场产生深远的影响。

研究区地势高于区域最低侵蚀基准面（红河）1200~2500m，地表强烈发育的岩溶洼地、落水洞、溶隙、岩溶漏斗等是接收和转换大气降雨成为地下水的主要场所；地表降雨以散流形式汇集，然后经岩溶通道快速入渗；强降雨时地表径流强大的水动力作用，使地表水携带泥沙涌入巷道，矿坑涌水量可以产生暴涨暴落现象。连通试验表明，强降雨不足24h便可以引起矿坑涌水量的显著增加。

岩溶的强烈发育造成近地表岩体整体渗透性非常好，降水入渗率多在60%以上；局部大的岩溶洼地内发育若干岩溶漏斗、落水洞，可使降雨入渗率达80%。岩溶通道形成捷径式的地下水入渗模式，导致局部流与整体流不一致，雨季时岩溶通道大量吸收降雨水量，岩溶水水位快速抬升，向下入渗过程中还可以向周围的岩体裂隙网络中进行扩散和渗透；枯水季节岩溶水水位降低形成凹槽，其周围岩体裂隙网络由于渗流速度慢，水位相对较高，则向岩溶通道进行汇集。

当处于地下水水位之上时，岩溶地下水以垂向渗透为主；当遇到局部隔水层（例如矿体）时，转为以水平（或横向）运动为主，越过局部隔水层后可能重新转变为以垂向渗透为主；渗流至弱透水性的花岗岩顶部后，垂向渗流受阻，则依花岗岩顶面形态转变为向水位较低处的水平（或横向）渗流为主，这也是花岗岩顶面强渗透带形成的原因，尤其是在花岗岩的岩脊处，强渗透带发育更为明显。在岩溶通道内渗流的岩溶水如被巷道、钻孔等工程揭露，则快速涌入造成巷道涌水或钻孔冒水，并直接沿排水巷道排出。巷道水文地质调查发现，裂隙、溶隙、溶洞越发育的地段，巷道涌水点也越多，涌水量也更大，对矿山采矿影响也就更为严重。

8.1.6 研究区岩溶发育特征

研究区地表出露地层以中三叠统个旧组（T₂g）碳酸盐岩为主，其中又以马拉格段（T₂g₂）出露的面积最大；该段岩性为灰质白云岩、白云质灰岩以及白云岩互层。该段岩性较为相似，可溶性强，加之构造影响岩溶发育最为强烈；地表主要表现为峰丛、洼地、漏斗、落水洞等，地下则以管道状溶洞、溶隙为主。马拉格段内的岩溶以组合形式出露，一个大的岩溶洼地内发育多个岩溶漏斗、落水洞等规模较小的岩溶现象。总体上平面岩溶除岩性控制外，受构造影响同样很明显，多个规模较大的岩溶洼地长轴方向明显与断裂走向一致，其次就是断裂交汇处往往也是岩溶洼地、落水洞等重要发育地段。

　　根据矿山巷道以及钻孔的揭露，规模溶洞、溶隙大部分发育在断裂破碎带或交汇部位。经过统计区内127个钻孔编录资料，钻孔岩心中见溶孔、溶隙的占钻孔数量的比例为89.76%。岩溶在近地表约650m（高程范围2550~1900m）范围内较为发育，岩溶率在2.00%~6.59%之间。根据地表岩溶发育空间位置结合所处地层产状及地层出露厚度，绘制的地层中岩溶发育图反映出：$T_2g_2^3$ 和 $T_2g_2^2$ 岩溶发育最为强烈，地层厚度方向全部分布岩溶；$T_2g_3^1$ 地层中岩溶主要发育在地层中下部，$T_2g_2^4$ 地层中下部发育规模较小的岩溶；$T_2g_2^1$、$T_2g_1^6$ 地层厚度最薄，发育岩溶但规律不明确；$T_2g_5^1$ 地层岩溶发育较弱，图8-3为钻孔岩溶发育强度图，图8-4为岩溶发育与地层厚度。

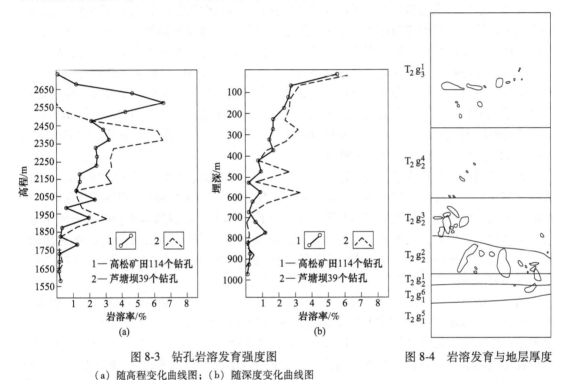

图8-3　钻孔岩溶发育强度图
（a）随高程变化曲线图；（b）随深度变化曲线图

图8-4　岩溶发育与地层厚度

8.2　水文地质参数

8.2.1　降雨及巷道涌水

　　根据前述章节的分析，降雨是研究区地下水的主要补给来源，为此从当地气象局收集了研究区2018年和2019年全年每日降雨量数据。矿山排水全部由1360m中段的排水巷道排出地表，在地表出口每日固定时间测量一次排出巷道的水量，时间从2018年1月2日至2019年8月26日，除个别天因特殊情况未测量外，获取了该时间段内绝大部分日期的巷道涌水量数据。降雨和巷道涌水量数据丰富，且来源可靠、准确，为后续数值模拟提供了良好的基础数据。降雨及涌水量数据如图8-5和图8-6所示为降雨及巷道涌水量变化曲线。

　　根据数据显示，2018年研究区最大日降雨量为5月3日的43.9mm，其次是6月25日

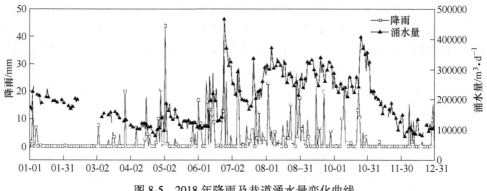

图 8-5　2018 年降雨及巷道涌水量变化曲线

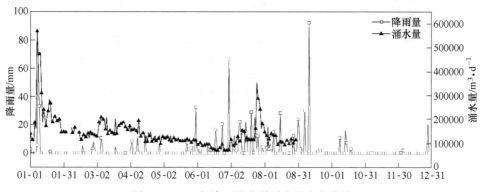

图 8-6　2019 年降雨及巷道涌水量变化曲线

的 32.8mm，全年降雨量 992.10mm；2019 年最大日降雨量为 9 月 10 日的 92.3mm，其次是 1 月 8 日的 69.2mm，全年降雨量 919.2mm。2018 年巷道最大涌水量为 6 月 25 日的 465880m³/d，最小涌水量 12 月 4 日的 77465m³/d，全年平均日涌水量 198929m³/d；2019 年 1—8 月底，最大涌水量是 1 月 8 日的 567916m³/d，最小涌水量 6 月 19 日的 69787m³/d，平均涌水量 141792m³/d。从上述描述中可以发现，矿山巷道涌水量在持续一段时间的降雨后，对于强降雨的响应非常迅速，很多时间当天就可以从涌水量中看出变化。

2017 年 8 月 15 日在研究区进行了一次地表和地下水的连通试验；当天中午 1：30 投放示踪剂至地表岩溶洼内，2：00 开始下大雨，于第二天上午 6：00 在 1360m 中段巷道内便发现涌水量加大，并且检测到示踪剂。示踪剂投放点地表高程 2520m，巷道高程 1360m，两点斜距约 1550m，即 19.5h 地表水便涌入巷道内，估算该通道渗透系数达到 1906m/d，显然已经是管道方式的渗流。研究区内应该还存在数量众多类似的岩溶管道，所以造成了巷道涌水量与降雨强度的密切关联，这一问题也成为地下水数值计算的难点之一。

8.2.2　渗透系数

在研究区 1360m 中段进行了 5 次水文钻孔抽水试验（见图 8-7）以及 27 个探矿钻孔的放水试验，获得了大量的地下含水层的渗透系数数据，但受限于巷道的展布，数据分布不够均匀。根据试验数据绘制 1360m 中段含水层渗透系数气泡图，以直观反映渗透系数空间分布及大小，图 8-8 所示为研究区 1360m 中段渗透系数气泡图。从图 8-8 中可以看出 1360m 中段渗透系数差异比较大，进行水文试验地段一般是巷道出水量较大的地点，往往是断裂带附近，岩体裂隙发育强烈，造成部分渗透系数值要大很多。这部分渗透系数只能代表 1360m 中段以下岩体的渗透性，1360m 中段以上渗透性需要根据前文中各分区含水层渗透张量计算结果。

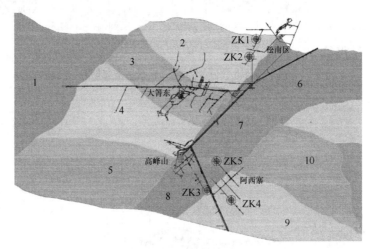

图 8-7 抽水试验钻孔位置示意图

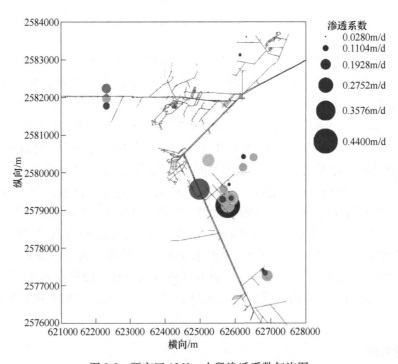

图 8-8 研究区 1360m 中段渗透系数气泡图

除自然形成的岩溶通道外，研究区还有大量的探矿、采矿工程对地下水的渗流产生显著的影响。研究区内的开采中段从 2095m 标高至 1360m 标高形成 6 个大的中段，而各中段之间每隔 30m 或 60m 又有一个小中段；不同中段之间有通风井、溜井、斜井等各种类型工程相连接。此外，每一个采掘面完成采矿工作后使用松散废石回填，废石堆孔隙大渗透性极强；矿山是边生产边向深部探矿，每一个中段都有数量众多的探矿钻孔，钻孔少则数几十个，多则数百个，密密麻麻分布于每个中段范围内，犹如筛孔一般。上述因素造成各中段之间的水力联系非常紧密，各中段平面投影重叠范围内，形成了一个从 2095m 标高至 1360m 标高之间的一个强渗透带。叠加研究区所有巷道数据及采空区数据，圈定出强渗流带范围，图 8-9 为研究区人工强渗流带范围。

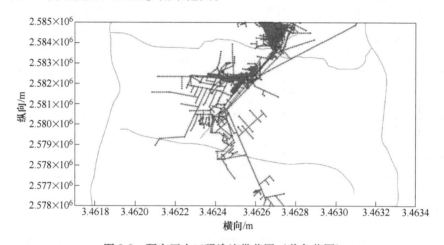

图 8-9　研究区人工强渗流带范围（普色范围）

8.2.3　降水入渗系数及给水度

入渗系数是衡量单位时间、面积内，降雨入渗地表岩土层中水量占降雨量的比例，是反映含水层接收降雨能力的重要水文参数。采用水量平衡法计算研究区内的降水入渗系数，计算公式如下：

$$\lambda = \frac{\sum Qt}{\chi F} \tag{8-1}$$

式中，λ 为降水入渗系数；Q 为无降雨条件下流量增加量；t 为研究时间段；χ 为研究时间段内的降雨量；F 为研究区面积。

研究区外排水量主要是由 1360m 中段巷道涌水量而来，使用前文中的降雨数据、地表岩溶发育程度、地表水体分布情况等因素，利用式（8-1）计算出研究区中部突起山地岩溶发育强烈，降水入渗系数为 0.85；其他斜坡地段降水入渗系数取 0.5。

给水度是饱和含水介质在重力作用下排出水的体积占总体积之比，是反映含水介质供水能力的重要指标。其影响因素有含水介质岩性、潜水面埋深、地下水位下降速度等。研究区地下水类型主要为碳酸盐岩的裂隙溶洞水，因此本书中含水层给水度使用岩体的裂隙率近似表示。给水度的统计方法是利用钻孔岩心观测其裂隙率，共统计了 60 个钻孔岩心岩样，取得有效裂隙率数据 56 个，裂隙率平均值为 0.0495。各岩心样品裂隙率见表 8-6。

表 8-6　样品裂隙率统计表

样品编号	裂隙率	样品编号	裂隙率	样品编号	裂隙率	样品编号	裂隙率
1	0.052	16	0.027	31	0.045	47	0.027
2	0.047	17	0.016	32	0.058	48	0.018
3	0.051	18	0.02	33	0.091	49	0.036
4	0.049	19	0.036	34	0.036	50	0.119
5	0.043	20	0.055	35	0.045	51	0.02
6	0.051	21	0.045	36	0.036	52	0.027
7	0.079	22	0.063	37	0.052	53	0.055
8	0.045	23	0.042	38	0.029	54	0.049
9	0.052	24	0.018	39	0.021	55	0.091
10	0.038	25	0.052	40	0.015	56	0.055
11	0.042	26	0.016	41	0.088	57	0.101
12	0.044	27	0.017	42	0.036	58	0.087
13	0.026	28	0.047	43	0.062	59	0.018
14	0.075	29	0.018	44	0.273	60	0.043

8.2.4　地下水流场

处于地下水位之下的矿山巷道往往会有滴水、涌水现象，巷道标高低于地下水位越大涌水量也相应越大，反之亦然。针对研究区 1360m、1540m、1720m 三个主要中段的矿山巷道水文地质调查工作，提供了大量的巷道滴水、涌水量基础数据。大体规律是，1360m中段巷道普遍有滴水或涌水现象，1720m 中段巷道则以滴水为主，部分巷道无渗水现象，由此大体判断地下水位在 1720m 高程附近。但 1540m、1360m 中段同样出现了一定数量的无渗水巷道。研究区内的断裂发育强烈，部分断层为隔水断层，如果只是简单地把地下水位定为 1720m 高程，必然造成较大误差。

水文地质调查中，地表边坡上如果可以观察到坡体上岩土体有干湿界面时，可以认为该界面就是地下水位；而巷道由于高度限制，很难直接在巷道内观察到明显的干湿界面，巷道内要么是基本干燥，要么有滴水或涌水，这给调查地下水位带来一定的困难。根据达西定律，相同截面积的同一种渗透介质，出水量越小说明水力梯度越小；由此可以简单地推测出，当巷道内有渗水出现但水量极小的时候，反映出巷道位于地下水位附近。

根据这一基本认识，基于研究区 3 个中段的 608 个巷道水文地质调查数据，利用调查点的三维空间坐标以及涌水量，使用线性插值法制作出了 1360~1720m 中段地下涌水量三维等值面图。然后，从涌水量三维等值面数据中提取出渗水量为 0.00001L/s（约 5s 一滴水）空间位置坐标数据，生成二维等值线图，并和巷道、花岗岩、断层叠加，做进一步观察。

图 8-10 所示为研究区巷道 0.00001L/s 渗水量等值面图，从图中可以观察到地下水位面空间形态非常复杂，开拓时间长且巷道密集的地段形成了明显的地下水位漏斗。结合图8-8 中渗透系数大的地段，地下水水位较高，反映出渗流通畅。此外，芦塘坝断裂两侧地

下水位差异明显，反映出断裂的隔水性；揭露花岗岩岩脊巷道地下水位很低，反映出花岗岩和碳酸盐岩接触带的强渗透性。受限于采集的数据来源于巷道，距离巷道较远的地段地下水位可信度较低。

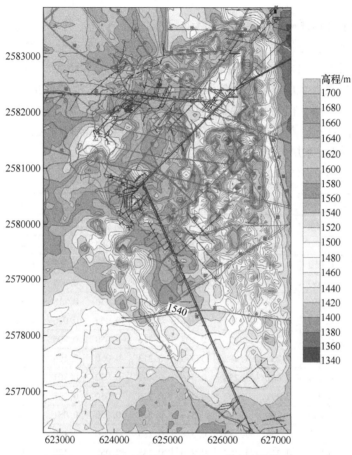

图 8-10 研究区巷道 0.00001L/s 渗水量等值面图
（综合实测资料）

8.3 概念模型及数值模型参数

8.3.1 水文地质边界

根据前文中对研究区断层构造的分析，结合区域水文地质图及对水文地质调查的认识，研究区水文地质概念模型的边界为：个旧断裂、甲介山断裂为隔水断裂，作为模型的东西隔水边界；个松断裂受多个断裂错断，断裂带较为破碎，整体为导水断裂，但个松东段麒麟山村一带，由于隔水的辉绿岩体侵入，使得这段个松断裂宏观上表现为阻水性质，个松断裂作为模型的北部边界，其东段为隔水边界，西段为给定流量边界；背阴山断裂西段具有隔水性质，东段为导水断裂，作为模型南部边界，其西段为模型隔水边界，其东段为模型给定流量边界。研究区主要岩性为中三叠统个旧组（T_2g）碳酸盐岩，从地表向深部，垂向上无较大的隔水地层，深部的花岗岩为弱透水层，定为模型底部隔水边界。

8.3.2 含水层组划分及水文地质参数

从前文中的地质剖面图可以看出,研究区由于断裂切割强烈,各地层岩性段空间展布非常复杂;

由前文中的水文地质分析认为,研究区岩溶含水层(组)的岩性变化并不是很大,赋水性质主要与岩溶发育程度密切相关,而岩溶发育在垂向上变化规律更为典型。综合考虑,认为垂向上研究区含水层赋水性划分以岩溶发育程度为依据进行分层,共划分为 3层:第一层为近地表含水层,岩溶发育强烈,为强渗透带,范围是从地表向下 350m;第二层为中等岩溶发育层,范围是从第一层底板至高程 1750m;第三层是岩溶弱发育层,从1800m 至底部花岗顶板。花岗岩层作为模型底板,由于花岗岩起伏大,因此模型最低高程为 650m。各含(隔)水层的水文地质参数见表 8-7。

表 8-7 研究区含隔水层水文地质参数列表

分区编号	地表		第二含水层					第三含水层			
	K	给水度	K_x	K_y/K_x	K_z	$\bar{K}$	给水度	K_x	K_y/K_x	K_z	$\bar{K}$
1	0.390	0.050	0.146	1.473	0.238	0.195	0.050	0.082	1.473	0.134	0.050
2	0.376	0.050	0.097	2.485	0.285	0.188	0.050	0.068	1.574	0.123	0.050
3	0.520	0.050	0.187	1.540	0.326	0.260	0.050	0.065	1.754	0.129	0.050
4	0.394	0.050	0.177	1.085	0.223	0.197	0.050	0.118	1.331	0.189	0.050
5	0.462	0.050	0.205	1.102	0.266	0.231	0.050	0.076	1.868	0.146	0.050
6	0.672	0.050	0.266	1.335	0.402	0.336	0.050	0.206	1.335	0.311	0.050
7	0.626	0.050	0.252	1.282	0.375	0.313	0.050	0.196	1.541	0.329	0.050
8	0.874	0.050	0.362	1.238	0.516	0.437	0.050	0.301	1.575	0.542	0.050
9	0.652	0.050	0.237	1.532	0.402	0.326	0.050	0.107	1.981	0.235	0.050
10	0.534	0.050	0.207	1.396	0.319	0.267	0.050	0.081	2.765	0.242	0.050
11	0.570	0.050	0.250	1.124	0.328	0.285	0.050	0.184	1.124	0.242	0.050
12	0.490	0.050	0.215	1.102	0.290	0.245	0.050	0.175	1.102	0.237	0.050
花岗岩层	0.03	0.01									
强渗流带	1.5	0.08									

注:$\bar{K}$ 表示渗透张量主值的几何平均值。

地表地层由于岩溶的强烈发育,地下水的渗透主要通过岩溶管道进行,所以渗透系数不使用张量形式。含水层底部的花岗岩弱透水层由于出露很少,难以进行裂隙测量,根据抽水试验结果,使用统一渗透系数。人工开拓系统产生的强渗流带使用统一渗透系数。

8.3.3 其他水文地质因素概化

根据前文中的分析,芦塘坝断裂是研究区中部重要的隔水断裂,对地下渗流场影响较大,模型作为隔水断裂,在数值模型中使用 Barrier 模块。人工强渗流带独立成一个从地表至 1360m 中段的高渗透性含水层,用于模拟其影响。

研究区巷道众多,已经划出强渗流带,并且所有地下水由 1360m 中段排水,所以巷道只概化 1360m 中段的主要出水巷道。

8.3.4 数值模型

数值模型的制作使用 GMS 软件完成，计算模块使用 GMS 软件中的 MODFLOW 2005 模块完成计算。研究区降雨量、巷道排水量等都是随时间不停发生变化的，巷道排水量的幅度、对降雨的响应速度都是地下水系统各要素的综合作用结果。当需要考虑各参变量随时间变化的关系时，地下水数值模拟可以使用非稳定流计算模式，也就是量化数值模型中源/汇项随时间的变化特征。

MODFLOW 2005 进行地下水模拟时把对计算时间的插值间距称应力期，为加快计算速度和简化计算流程，把每一个应力期都当作一个稳定流计算模型。从理论上讲应力期划分越细，计算结果的精度也就越高，但也会造成计算稳定性变差，容易出错的情况。此外，还需要考虑资料收集情况和检测数据的采集频率，所以应力期的计算需要综合考虑，取一个合理的时长。本研究地下水项目的时段是 2018-01-01 至 2019-12-31，降雨量、巷道排水量数据基本每天采集一个数据，以每个月为一个研究时段，划分为 24 个时段，每个时段划分为 10 个应力期，模型总计 240 个计算应力期；应力期划分精度可以满足研究需求。模型网格平面上采用 100m×100m，垂向划分为 4 层，共计 29180 有效网格，图 8-11 所示为水文地质数值模型。

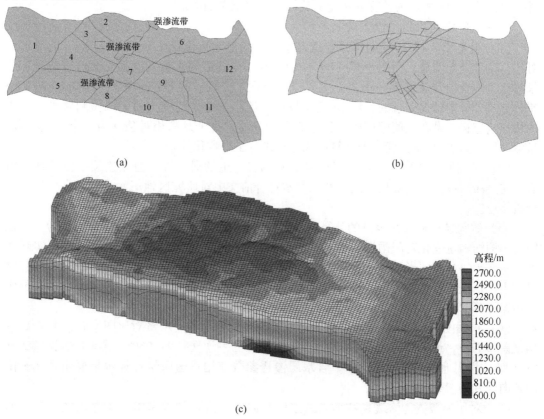

图 8-11 水文地质数值模型

（a）含水层渗透参数分区示意；（b）巷道概化模型 Drain；（c）网格模型

水文地质数值模型含水层垂向划分为 4 层，分别对应表 8-7 中的地表、第二含水层、第三含水层以及花岗岩层。为了更好地反映研究区不同分区间的渗透性差异，根据前文中的分区设置，平面上划分为 12 个分区，再加上 3 个强渗透带，共 15 个小分区，分别赋值不同渗透系数。其中，花岗岩层统一为一个大区。

8.4 地下水流动模拟结果及分析

研究区水文地质数值模型分为两个，区别是含水层渗透参数取值不同，数值模型的其他参数和几何形状完全一致。模型 A 的含水层渗透参数使用渗透系数（即渗透张量主值的几何平均值），每个分区为各向同性含水层；模型 B 的含水层渗透系数直接使用渗透张量，每个分区为各向异性含水层；GMS 软件只能设定渗透张量的 3 个主值，会对计算结果造成一定影响，后续会进行分析。因此，两个模型计算结果主要通过 Drain 模块的涌水量以及地下水位进行对比和分析。

8.4.1 巷道涌水量对比分析

把研究区矿山 1360m 中段排水巷道涌水量测试数据、降雨产生的入渗水量，与模型 A、模型 B 计算结果绘制在一张图中进行对比，时间范围为 2018 年 1 月 1 日至 2019 年 8 月 29 日，图 8-12 所示为计算涌水量对比图及计算误差曲线。

根据图 8-12 可以得出以下认识：

（1）图 8-12（a）中使用每日巷道涌水量实测值与数值模型计算结果 Drain 的涌水量对比，两者差异明显；而图 8-12（b）中使用月平均巷道涌水量实测值与数值模型计算结果对比，两者拟合效果要好很多。主要原因有两个方面：一是前文中对 MODFLOW 2005 差分方式分析中已提到过的，Drain 模块只能保证水量总体均衡，而无法做到对水量变化的快速响应；二是在数值模型中进行应力期划分时，每个月都相对独立为一个研究时段，虽然又细分为了 10 应力期，但计算结果已经进行了平均化处理。

（2）实测值和计算涌水量与降雨量之间都有一定的滞后性，但在连续一段的强降雨后，这一滞后性便不再明显。这一特征基本符合前文中对研究区地下水补、径、排特征的分析结论。

（3）数值模型初期几个月的计算涌水量与实测涌水量之间差异很大，分析认为：一是因为实测涌水量变化对降雨滞后性的反映，即 2018 年前几个月的实测巷道涌水量实则受上一水文年年尾降雨影响；二是数值模型计算时为了保证数值稳定性，都会把第一研究时段作为稳定流进行计算，只考虑该时段内的降雨量及水均衡问题，将得到地下水的水位作为后续计算的初始水位，显然会造成与实际情况的偏差。

（4）根据图 8-12（c）的数值计算涌水量与实测月平均涌水量对比图来看，模型 B 平均误差 6.77%，最大计算误差 32.23%；而模型 A 的平均误差 21.96%，最大计算误差达到 67.10%。说明地下水数值计算中，含水层渗透参数使用渗透张量计算效果要明显优于使用各向同性的渗透系数。

（5）对比模型 A（渗透系数为张量主值几何平均值）和模型 B（渗透张量）计算涌水量曲线，发现模型 B 的计算结果更为合理，而模型 A 的数值偏大。为清楚地解释这个问题，使用前文中地下 10 分区渗透张量计算结果叠加张量主值几何平均值的渗透椭球体举例说明，表 8-8 为地下 10 分区渗透张量计算结果表。

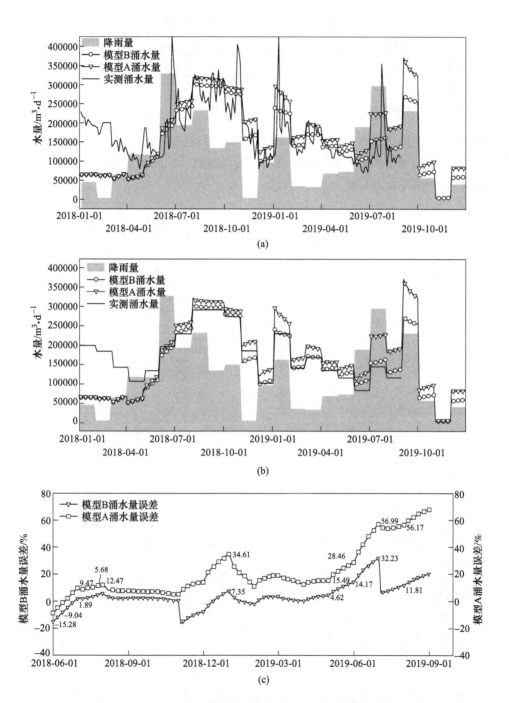

图 8-12 计算涌水量对比图及计算误差曲线

（a）每日巷道实测涌水量；（b）月平均巷道实测涌水量；（c）计算涌水量与实测值误差曲线

渗透张量主值的几何平均值因为是平均值，所以只有一个渗透系数，相当于渗透张量矩阵为对角阵元素相等，实则已退化为各向同性状态，此时渗透椭球变形为圆球体。图 8-13 所示为地下 10 分区渗透椭球体及几何平均值圆球体叠加示意图。由图 8-13 可知，

表 8-8　地下 10 分区渗透张量计算结果表

渗透主值/m·d⁻¹		投影平面	主轴方位或倾角/(°)	渗透张量 K/m·d⁻¹			几何平均值/m·d⁻¹
k_1	0.081	XOY	20.96	0.147	0.037	−0.064	
k_2	0.224	XOZ	129.76	0.037	0.228	0.026	0.163
k_3	0.242	YOZ	19.22	−0.064	0.026	0.171	

渗透圆球体实则是弱化优势方向、强化弱势方向的过程，当渗透张量各向异性越强烈时，圆球体几何平均值越容易增大整体的渗透性，所以造成计算涌水量偏大的情况，而且模型历时越长，结果偏差也越明显。

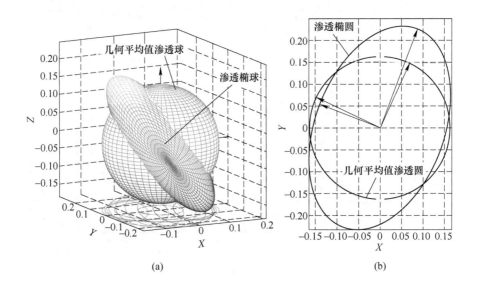

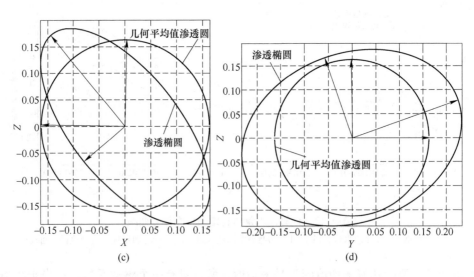

图 8-13　地下 10 分区渗透椭球体及几何平均值圆球体叠加示意图
（a）渗透椭球；（b）XOY 平面渗透椭圆；（c）XOZ 平面渗透椭圆；（d）YOZ 平面渗透椭圆

8.4.2 地下水位对比分析

分别提取出模型 A、模型 B 计算结果中相同时间点、地下水位高程在 1370~1400m 之间的云图进行对比。

图 8-14 所示 6 月份的地下水位云图形态特征与图 8-10 所示的地下流场整体相似，由于实际矿山水文地质条件非常复杂，地下水数值模型很难做到与实际情况完全一致。对比模型 A 和模型 B 计算出的地下水水位变动，两者随着计算持续时间差异越来越明显，这与两者涌水量结果一致。模型 B 由于使用了渗透张量作为含水层的渗透参数，含水层各向异性反映更为真实，相应的地下水位变动响应更为强烈。

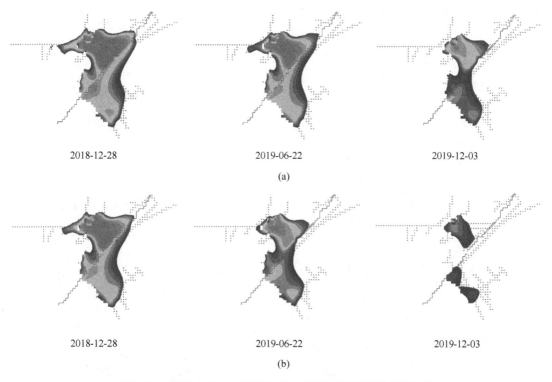

2018-12-28   2019-06-22   2019-12-03

(a)

2018-12-28   2019-06-22   2019-12-03

(b)

图 8-14　模型 A（a）、模型 B（b）不同时间点地下水位云图

前文中讨论过 MODFLOW 2005 中渗透张量应用的一些问题，本次地下水数值模型使用的是 GMS 软件中 MODFLOW 2005 模块，所以面临相同问题。在 GMS 软件中对于含水层的水平向各向异性渗透系数赋值使用 Horizontal K（X 方向渗透系数），Horizontal anis.（Y 方向与 X 方向渗透系数比值）两个参数指定；垂向渗透系数一种是直接指定 Vertical K，另一种是使用 Z 方向与 X 方向渗透系数比值 Vertical anis. 指定；也就是说，GMS 软件中对于含水层各向异性问题只能反映渗透张量主值大小，而无法反映主值方向，这也会造成计算结果增加偏差。图 8-15 所示为渗透椭球体与无方向张量主值椭球体叠加示意图，可以直观反映张量主值有无方向带来的差别，显然会加大涌水量计算结果的误差。

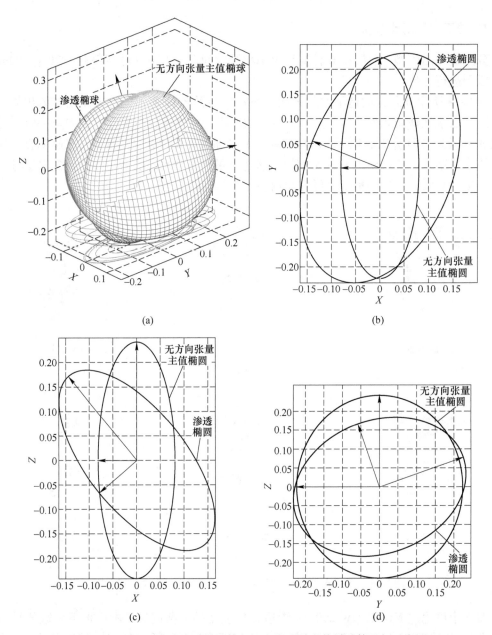

图 8-15　地下 10 分区渗透椭球体与无方向张量主值椭球体叠加示意图

（a）渗透椭球体；（b）*XOY* 平面渗透椭圆；（c）*XOZ* 平面渗透椭圆；（d）*YOZ* 平面渗透椭圆

8.5　本章小结

　　本章对研究区云南个旧高松矿田的水文地质背景和条件进行了介绍和分析。研究区位于云贵高原的中南部，溶蚀中山地貌，岩溶强烈发育；年降雨量大，相对集中；处于红河与南盘江两大水系分水岭地带，属于麒麟山—绿水河水文地质单元内，区域地下水主要以地下暗河方式由北向南向红河排泄。研究区内形成了复杂的矿山开拓系统，矿山排水全部由 1360m 中段排水巷道集中排出。研究区主要含水层为中三叠统个旧组（T_2g）马拉格段碳酸盐岩地层，地下水类型为碳酸盐岩裂隙溶洞水；含水层无明显隔水顶板，底板为花岗岩弱透水层。区内断裂强烈发育，性质复杂，透水性、隔水性断裂均有，造成地下水水位面形态多变。研究区地下水运动有局部的岩溶管道流和整体的裂隙渗流两大形式，造成雨季巷道涌水对降雨的响应迅速暴涨暴落现象，而旱季又存在稳定、持续的巷道涌水现象。

根据对研究区水文地质背景的分析，结合收集、实测、计算数据，整理出研究区水文地质模型所需的各类水文地质参数；利用大量实测巷道涌水量数据提取出渗水量为 0.00001L/s 涌水量等值面数据，生成研究区中部地下水流场。

对云南个旧高松矿田进行了各向异性含水层渗流场模拟，对比了各向异性和各向同性两种数值模拟计算结果；各向同性状况下巷道涌水量预测值比实测值明显偏大，最大计算误差 67.10%，平均计算误差 21.96%；而使用改进渗透张量作为含水层渗透性参数的模型计算结果最大误差小于 32.23%，平均计算误差 6.77%，反映出使用渗透张量计算效果要明显优于几何平均渗透系数。此外，利用渗透椭球体分析了各向异性含水层中地下水数值计算产生偏差的原因。

9 结论及展望

9.1 结论

本书从小尺度的单裂隙形态的提取，中等尺度裂隙的大量实测，中-大尺度裂隙的模拟，讨论了研究区内多尺度三维空间裂隙分布，基于局部立方定律，使用三维双壁粗糙裂隙模型计算了单裂隙渗流特性，基于 DFM 模型完成了 20 个分区裂隙岩体渗透张量的计算，分析了地下水模拟软件的特点，建立了研究区地下水渗流数值模型，并获得了如下结论。

（1）研究区位于云贵高原的中南部，溶蚀中山地貌，岩溶强烈发育；年降雨量大，相对集中；处于红河与南盘江两大水系分水岭地带，属于麒麟山—绿水河水文地质单元内，区域地下水主要以地下暗河方式由北向南向红河排泄。区内断裂强烈发育，性质复杂，造成地下水水位面形态多变。区内地下水运动有局部的岩溶管道流和整体的裂隙渗流两大形式，造成雨季巷道涌水对降雨的响应迅速暴涨暴落现象。

（2）根据研究区地质构造概况确定研究区划分 12 个分区，并分别对 12 个分区地表和地下巷道的裂隙发育规律进行分析和研究。研究区地表 12 个分区裂隙走向的优势方向为 325°和 75°，以陡倾裂隙最为发育，各分区水平向裂隙发育各有特点。研究区裂隙隙宽总体上符合正态分布规律，隙宽范围在 0.1~0.4mm 之间，各分区平均隙宽在 0.169~0.21mm 之间，平面上隙宽无明显分布规律，整体变化不大。裂隙隙宽垂向上有较为明显的规律，隙宽有随埋深增加逐渐减小的趋势；总体上符合线性变化，并拟合出了线性回归方程。

（3）借助岩石 CT 扫描技术测试了 34 个不同岩性的样品，样品的 CT 数据经过灰度化、滤波、二值化分割，常规表面合成等过程的处理后，提取单裂隙形态数据。最终利用 CT 扫描图像提取出 5 条形态良好、典型的裂隙三维空间数据。借助高精度三维激光扫描技术获取了 12 个样品裂隙面形态数据，并进行裂隙面数据网格化处理。使用裂隙面切向、法向双位移量控制的方法，生成激光扫描裂隙面的三维双壁粗糙裂隙模型。

（4）以局部立方定律为理论基础，建立了隙宽函数法（AFM）对裂隙进行渗流计算，显著地提高了计算速度，且效果良好。使用 AFM 法对 15 个可用的裂隙模型进行了渗流模拟，计算出各裂隙面使用等效水力隙宽时相应的粗糙度修正系数；15 个计算结果中粗糙度修正系数最小值 1.33，最大值 8.211，平均值 3.454，反映出裂隙面形态对单裂隙渗流有显著影响。

（5）使用气体法、液体法分批次测试了 40 个不同岩性岩样的孔隙度、渗透率参数。34 个样品的气测结果中，石灰岩渗透率平均值 $7.41 \times 10^{-16} \text{m}^2$，最小值 $7.90 \times 10^{-19} \text{m}^2$，最大值 $1.37 \times 10^{-15} \text{m}^2$；白云岩渗透率平均值 $1.04 \times 10^{-15} \text{m}^2$，最小值 $2.76 \times 10^{-18} \text{m}^2$，最大值

$8.28×10^{-15}m^2$。对比气体法和液体法对同一样品渗透率的测量结果，由于气体的滑脱效应，造成气体法测定的渗透率远大于液体法测定值，且差别巨大。岩石透水性能参考液测实验数据更为准确，但渗透性相对大小可以参考气测实验结果。

（6）裂隙网络的模拟应用 GEOFRAC 法，该方法以序贯高斯模拟法（SGS）模拟裂隙位置的空间分布、以主成分分析法模拟裂隙方向的空间分布、按特定规则连接裂隙元形成三维裂隙面，生成了地表 12 个分区的 66812 条裂隙、地下 8 个分区 7632 条裂隙，全区合计 74444 条裂隙。裂隙形状采用圆盘模型，组成三维裂隙网络。经对比，生成的裂隙网络总体效果良好。该方法对形成裂隙网络影响弱、连通性差的裂隙点数据进行弱化和剔除；裂隙连成网络需要根据全区数据提取出优势裂隙信息，也就是能够形成裂隙网络的数据才会保留，从而把区内优势裂隙展现出来。

（7）基于质量守恒定律，推导出二维裂隙流和三维达西渗流的跨维度耦合控制方程，保证了数值模型计算域内渗流场压力、速度、质量的连续性。利用离散裂隙和基质（DFM）模型，耦合二维裂隙流和三维基质达西流进行裂隙岩体的渗流数值计算。把模型中的体积平均压力梯度和体积平均渗流速度作为已知量，代入超定方程组中，完成裂隙岩体渗透张量的计算。使用数值模型实验、岩石样品测试结果，验证了 DFM 模型张量计算方法的精确性、合理性。

（8）编制程序实现了使用三维椭球体对裂隙岩体三维渗透张量的可视化。使用模拟的岩体裂隙网格制作了地表 12 个分区、地下 8 个分区共 20 个 DFM 模型，完成了研究区各分区典型裂隙网络的渗透张量计算。计算过程中还对各分区模型的 REV 值进行计算和分析，发现各分区的 REV 值均小于 230m，而用渗透张量计算的 DFM 模型边长采用 300m，符合等效连续介质模型的要求。对地下 2、地下 9 两个分区范围内开展了现场抽水试验，把数值计算和抽水试验结果进行对比，发现两者基本吻合，进一步验证了 DFM 模型计算方法的合理性和准确性。

（9）基于渗透张量的二阶对称正定性，推导出各向异性含水介质地下水流动方程二维中心差分法的稳定性判断公式。分析认为，MODFLOW 2005 可以完成特定条件下各向异性含水介质的渗流模拟和计算；基于矩形网络、显式差分格式时，计算速度快，但计算稳定性相对较差。对比分析 River 和 Drain 模块，在需要考虑巷道对地下水补给的情况下选用 River 模型更为合理；River 和 Drain 模块无法做到对水量变化的快速响应；对 River 和 Drain 模块中水量变化起决定性作用的是模块与含水层间的水头差。

（10）对云南个旧高松矿田进行了各向异性含水层渗流场模拟，对比了各向异性和各向同性两种数值模型的计算结果；各向同性状况下巷道涌水量预测值比实测值明显偏大，最大计算误差 67.10%，平均计算误差 21.96%；而使用渗透张量作为含水层渗透性参数的模型计算结果最大误差 32.23%，平均计算误差 6.77%；说明地下水数值计算中，含水层渗透参数使用渗透张量计算效果要明显优于使用平均几何渗透系数，并利用渗透椭球体分析了各向异性含水层中地下水数值计算结果偏差的部分原因。

9.2 展望

随着人类工程活动向地下深部的开展，将更多地面临基岩裂隙带来的各类工程问题，不仅限于地下水的渗流，还包括裂隙中污染扩散和吸附、地热能源的利用、核废料的填埋、渗流和应力耦合、高温高压热液运移、天然气开采等领域，这些领域的研究都离不开多尺度三维空间裂隙模拟、裂隙流与达西流耦合、多物理场耦合等问题的研究。本书的研究方法和思路在进行一定的扩展和完善后，对上述研究领域有着很好的参考价值。例如：裂隙流与达西流耦合控制方程叠加热传输定律，可以扩展到地热领域。

参 考 文 献

[1] 张有天. 岩石水力学与工程 [M]. 北京：中国水利水电出版社，2004.

[2] 仵彦卿. 岩土水力学 [M]. 北京：科学出版社，2009.

[3] David T Snow. Anisotropic permeability of fractured media [J]. Water Resources Resourch, 1969, 5, 6 (12)：1273~1289.

[4] Louis C. A study of groundwater flow in jointed rock and its influence on the stability of rock mass [J]. Rock Mech. Res, London, 1969：10~90.

[5] Witherspoon P A, Wang J S Y, Iwai K, et al. Validity of cubic law for fluid flow in a deformable rock fracture [J]. Water Resources Research, 1980, 16 (6)：1016e24.

[6] Louis C. Rock Hydraulics in rock mechanics [M]. Muller L, Edited. New York：Verlay Wien, 1974.

[7] 陈崇希，万军伟. 孔隙介质非 Darcy 流基本方程——Forchheimer 等公式具通用性吗？[J]. 水利学报，2011, 42 (10)：1257~1259.

[8] Skjetne E, Hansen A, Gudmundsson J S. High-velocity flow in a rough fracture [J]. J Fluid Mech, 1999, 383：1~28.

[9] 王媛，顾智刚，等. 光滑裂隙高流速非达西渗流运动规律的试验研究 [J]. 岩石力学与工程学报，2010, 29 (7)：1404~1408.

[10] Qian J, Zhan H, Zhao W, et al. Experimental study of turbulentun confined groundwater flow in a single fracture [J]. Journal of Hydrology, 2005, 11 (1-4)：134~142.

[11] Brackbill T P, Kandlikar S G. Application of lubrication theory and study of roughness pitch during laminar, transition, and low Reynolds number turbulent flow at microscale [J]. Heat Transfer Eng, 2010, 31 (8)：635~645.

[12] Vassilios Tzelepis, Konstantinos N. Experimental investigation of flow behavior in smooth and rough artificial fractures [J]. Journal of Hydrology, 2015, 521：108~118.

[13] 朱珍德，郭海庆. 裂隙岩体水力学基础 [M]. 北京：科学出版社，2007.

[14] 王媛，速宝玉. 单裂隙面渗流特性及等效水力隙宽 [J]. 水科学进展，2002, 13：61~68.

[15] Li Y, Chen Y F, Zhou C B. Hydraulic properties of partially saturated rock fractures subjected to mechanical loading [J]. Engineering Geology, 2014, 179：24~31.

[16] Zhou J Q, Hu S H, Chen Y F, et al. The friction factor in the Forchheimer equation for rock fractures [J]. Rock Mechanics and Rock Engineering, 2016, 49：3055~3068.

[17] Shu Biao, Zhu Runjun, Tan Jingqiang, et al. Evolution of permeability in a single granite fracture at high temperature [J]. Fuel, 2019, 242 (1)：19~22.

[18] 吴月秀. 粗糙节理网络模拟及裂隙岩体水力耦合特性研究 [D]. 北京：中国科学研究生院，2010.

[19] Lee Y H, et al. Fractural dimension as a measure of the roughness of rock discontinuity profile [J]. Int J Rock Mech Min Sci, 1990, 27 (6)：453~464.

[20] 潘别桐，徐光黎. 岩体节理几何特征的研究现状及趋向 [J]. 工程勘察，1989 (5)：23~31.

[21] 田开铭，陈明佑. 裂隙水偏流 [M]. 北京：学苑出版社，1989.

[22] 王媛，速宝玉. 粗糙裂隙流及其受应力作用的计算机模拟 [J]. 河海大学学报，1997, 25 (11)：80~85.

[23] 熊祥斌，张楚汉. 岩石单裂隙稳态渗流研究进展 [J]. 岩石力学与工程学报，2009, 28 (9)：1839~1845.

[24] 速宝玉，张文捷. 渗流-化学溶解耦合作用下岩石单裂隙渗透特性研究 [J]. 岩土力学，2010, 31：3361~3366.

［25］ 朱红光，谢和平. 破断岩体裂隙的流体流动特性分析［J］. 岩石力学与工程学报，2013，32（4）：657~663.

［26］ 陈雷，王媛. 粗糙度与隙宽对单裂隙达西-非达西流演变规律的影响研究［J］. 河南科技，2017，12（35）：1988~1994.

［27］ Dershowitz W S, Einstein H H. Characterizing rock joint geometry with joint system models［J］. Rock Mechanics and Rock Engineering, 1988, 21（1）：21~25.

［28］ Einstein H H, Baecher G B. Probabilistics and statistical methods in engineering geology［J］. Rock Mechanics and Rock Engineering, 1983, 16（1）：39~72.

［29］ Long J C S, Witherspoon P A. The relationship of the degree of interconnection to permeability in fracture networks［J］. Journal of Geophysical Research Solid Earth, 1985, 90（B4）：3087~3097.

［30］ Odling N E. Network properties of a two-dimensional natural fracture pattern［J］. Pure and Applied Geophysics, 1992, 19（10）：1257~1271.

［31］ Hestir K, Long J C S. Analytical expressions for the permeability of random two-dimensional Poisson fracture networks based on regular lattice percolation and equivalent media theories［J］. Journal of Geophysical Research Atmospheres, 1990, 95（B13）：21565~21581.

［32］ 刘建国，彭功勋. 岩体裂隙网络的分形特性［J］. 兰州大学学报（自然科学版），2002，36（4）：96~99.

［33］ 吴月秀，刘泉声. 节理迹长与隙宽的相关性对裂隙岩体水力学特性的影响［J］. 岩石力学与工程学报，2014，33（8）：3555~3561.

［34］ 潘别桐. 岩体结构面网络模拟及应用［M］. 武汉：武汉大学出版社，1987.

［35］ 周维恒，杨若琼. 高拱坝稳定性评价的方法和准则［J］. 水电站设计，1997（2）：1~7.

［36］ 陈剑平，王清. 岩体裂隙网络分数维计算机模拟［J］. 工程地质学报，1995（3）：79~85.

［37］ 周皓，方勇刚. 基于 Monte-Carlo 方法的三维裂隙网格模拟［J］. 企业技术开发，2010，29（6）：150~152.

［38］ 陈志杰，冯曦. 三维岩体裂隙网络模拟研究及应用［J］. 东北水利水电，2011，29（8）：49~52.

［39］ Berkowitz B, Scher H. Anomalous transport in random fracture networks［J］. Physical Review Letters, 1997, 79（20）：4038~4041.

［40］ McDermott C I, Kolditz O. Geomechanical model for fracture deformation under hydraulic, mechanical and thermal loads［J］. Hydrogeology Journal, 2006, 19（4）：485~498.

［41］ Huseby O, Thovert J F. Geometry and topology of fracture systems［J］. Journal of Physics A General Physics, 1997, 30（5）：1415~1444.

［42］ Marrett R. Aggregate properties of fracture populations［J］. Journal of Structural Geology, 1996, 18（2）：169~178.

［43］ Long J C S, Billaux D M. From field data to fracture network modeling: an example incorporating spatial structure［J］. Water Resources Research, 1987, 23（7）：1201~1216.

［44］ Billaux D, Chiles J P. Three-dimensional statistical modeling of a fracture rock mass—An example from the Fanay-Augres mine［J］. International Journal of Rock Mechanics and Mining Sciences and Geomechanics Abstracts, 1989, 26（3~4）：281~299.

［45］ Clemo T, Smith L. A hierarchical model for solute transport in fractured media［J］. Water Resources Research, 1997, 33（8）：1763~1783.

［46］ Acuna J, Yortsos Y. Application of fractal geometry to the study of networks of fractures and their pressure transient［J］. Water Resources Research, 1995, 31（3）：527~540.

［47］ Tran N H, Chen Z. Integrated conditional global optimization for discrete fracture network modeling［J］.

Computers and Geosciences, 2006, 32 (1): 17~27.

[48] 刘春学, 倪春中. 地学中方向性变量的多尺度空间分布模拟 [M]. 北京: 科学出版社, 2017.

[49] 胡最, 闫浩文. 空间数据的多尺度表达研究 [J]. 兰州交通大学学报, 2006, 25 (4): 35~38.

[50] Barton C C, Larsen E. Fractal geometry of tow-dimensional fracture networks at Yucca Mountain, southwestern Nevada [C] // Stephannson O, ed. Proceedings of the International Symposium on Fundamentals of Rock Joints. 1985: 77~88.

[51] LaPointe P R. A method to characterize fracture density and connectivity through fractal geometry [J]. International Journal of Rock Mechanics and Mining Sciences and Geomechanics Abstracts, 1988, 25 (6): 421~429.

[52] Matsumoto N, Yomogida K, Honda S. Fractal analysy of fault systems in Japan and the Philippines [J]. Geophysical Research Letters, 1992, 19 (4): 357~360.

[53] 於崇文, 蒋耀淞. 云南个旧成矿区锡石-硫化物矿床原生金属分带形成的地球化学动力学机制 [J]. 地质学报, 1990, 64 (3): 226~237.

[54] 庄永秋, 王任重, 郑树培, 等, 云南个旧锡铜多金属矿床 [M]. 北京: 地震出版社, 1996.

[55] 刘春学, 秦德先, 党玉涛, 等, 个旧锡矿高松矿田综合信息矿产预测 [J]. 地球科学进展, 2003, 18 (6): 921~927.

[56] 宋学旺. 云南省个旧锡多金属矿集区高松矿田构造体系与热液脉型锡矿床成矿关系分析 [J]. 矿产与地质, 2015, 29 (5): 553~554.

[57] Liang Z Z, Tang C A, Li H X, et al. Numerical simulation of 3-d failure process in heterogeneous rocks [J]. International Journal of Rock Mechanics and Mining Sciences, 2004, 41: 323~328.

[58] 梁正召, 唐春安, 张永彬, 等. 岩石三维破裂过程的数值模拟研究 [J]. 岩石力学与工程学报, 2006, 25 (5): 931~936.

[59] 李小春, 曾志姣, 石露, 等. 岩石微焦CT扫描的三轴仪及其初步应用 [J]. 岩石力学与工程学报, 2015, 34 (6): 1128~1134.

[60] 郎颖娴, 梁正召, 段东, 等. 基于CT试验的岩石细观孔隙模型重构与并行模拟 [J]. 岩土力学, 2019, 40: 1~9.

[61] 郭彦双, 林春金. 三维裂隙组扩展及贯通过程的试验研究 [J]. 岩石力学与工程学报, 2008, 27 (S1): 311~319.

[62] 张燕, 周轩. 大开度裂隙网络内非线性两相渗流的数值研究 [J]. 岩石力学与工程学报, 2018, 37 (4): 931~939.

[63] 田开铭. 裂隙水交叉流的水力特征 [J]. 地质学报, 1986 (2): 202~213.

[64] 朱红光, 易成. 裂隙交叉联接对采动岩体中流体流动特性的影响研究 [J]. 中国矿业大学学报, 2015, 44 (1): 24~28.

[65] 王媛, 秦峰, 夏志皓. 深埋隧洞涌水预测非达西流模型及数值模拟 [J]. 岩石力学与工程学报, 2012, 31 (9): 1862~1868.

[66] 倪绍虎, 何世海, 汪小刚. 裂隙岩体水力学特性研究 [J]. 岩石力学与工程学报, 2012, 31 (3): 488~498.

[67] 倪绍虎, 何世海, 汪小刚. 裂隙岩体高压渗透特性研究 [J]. 岩石力学与工程学报, 2013, 32 (7): 3028~3035.

[68] Long J C S, Remer J S, Wilson C R, et al. Porous media equivalents for networks of discontinuous fractures [J]. Water Resources Research, 1982, 18 (3): 645~658.

[69] Berkowitz B, Bear J, Braester C. Continuum models for contaminant transport in fractured porous formations [J]. Water Resources Research, 1988, 24 (8): 1225~1236.

[70] 陈益峰，周创兵. 水布垭地下厂房围岩渗控效应数值模拟与评价 [J]. 岩石力学与工程学报, 2010, 29 (2): 308~318.

[71] 刘日成，蒋宇静，李博，等. 岩体裂隙网络等效渗透系数方向性的数值计算 [J]. 岩土力学, 2014, 35 (8): 2394~2400.

[72] 仵彦卿，张倬元. 岩体水力学导论 [M]. 成都: 西南交通大学出版社, 1995.

[73] Oda M, Hatsuyama Y, Ohnishi Y. Numerical experiments on permeability tensor and its application to jointed granite at Stripa mine, Sweden [J]. Journal of Geophysical Reasearch, 1987, 92 (B8): 8037~8048.

[74] Pouya A, Fouche O. Permeability of 3D discontinuity networks: New tensors from boundary-conditioned homogenisation [J]. Advaces in Water Resourse, 2009, 32: 303~314.

[75] He Ji, Chen Sheng hong. A revised solution of equivalent permeability tensor fordiscontinuous fractures [J]. Journal of Hydrodynamics, 2012, 24 (5): 711~717.

[76] 杨建平，陈卫忠. 裂隙岩体等效渗透系数张量数值法研究 [J]. 岩土工程学报, 2013, 35 (6): 1183~1188.

[77] Guan Rong. Jun Peng. Permeability tensor and representative elementary volume of fractured rock masses [J]. Hydrogeology Journal, 2013, 21: 1655~1671.

[78] 吴锦亮，何吉. 裂隙岩体三维渗透张量及表征单元体积的确定 [J]. 岩石力学与工程学报, 2014, 33 (2): 309~316.

[79] 王晋丽，陈喜. 基于离散裂隙网络模型的裂隙水渗流计算 [J]. 中国岩溶, 2016, 35 (4): 363~371.

[80] 何吉. 徐青. 裂隙岩体渗透特性反演分析 [J]. 岩石力学与工程学报, 2009, 28 (5): 2730~2735.

[81] Hsieh P A, Neuman S P. Field determination of the three-dimensional hydraulic conductivity tensor of anisotropic media: 1, theory [J]. Water Resources Research, 1985, 21 (11): 1655~1665.

[82] Papadopulos I S. Nonsteady flow to a well in an infinite anisotropic aquifer [C]. Intern Assoc Sci Hydrol, Proc Dubrounik Symposium on the Hydrology of Fractured Rocks. 1965, 1 (73): 21~31.

[83] Hantush M S. A method for analyzing a drawdown test in anisotropic aquifers [J]. Water Resources Research, 1966, 2 (2): 281~285.

[84] Wang Xiaoguang, Herve Jourde. Characterization of horizontal transmissivity anisotropy using ross-holeslug tests [J]. Journal of Hydrology, 2018 (564): 89~98.

[85] 郭良. 岩溶含水层渗透张量的三维化应用研究 [D]. 昆明: 昆明理工大学, 2010.

[86] Abdassah D, Ershaghi I. Triple-porosity systems for representing naturally fractured reservoirs [J]. SPE Formation Evaluation, 1986, 1 (2): 113~127.

[87] 李亚军. 缝洞型介质等效连续模型油水两相流动模拟理论研究 [D]. 青岛: 中国石油大学, 2011.

[88] 周志芳. 裂隙介质水动力学原理 [M]. 北京: 高等教育出版社, 2007.

[89] 张奇华，邬爱清. 三维任意裂隙网络渗流模型及其解法 [J]. 岩石力学与工程学报, 2010, 29 (4): 720~730.

[90] 叶祖洋，姜清辉. 三维裂隙网络非稳定渗流分析的变分不等式方法 [J]. 力学学报, 2013, 45 (6): 878~887.

[91] 刘日成，蒋宇静. 岩体裂隙网络非线性渗流特性研究 [J]. 岩土力学, 2016, 37 (10): 2817~2824.

[92] Michael G Sweetenham, Reed M Maxwell, Paul M Santi. Assessing the timing and magnitude of precipitation-induced seepage into tunnels bored through fractured rock [J]. Tunnelling and Underground Space Technology, 2017, 65: 62-75.

［93］ Ren Feng, Ma Guowei, Wang Yang, et al. Unified pipe network method for simulation of water flow in fractured porous rock ［J］. Journal of Hydrology, 2017, 547：80~96.

［94］ Chaabane N, Girault V. Puelz C, et al. Convergence of IPDG for coupled time-dependent Navier-Stocks and Darcy equations ［J］. Journal of Computational and Applied Mathematics, 2017, 324：25~48.

［95］ Fujisawa K, Murakami A. Numerical analysis of coupled flows in porous and fluid domains by Darcy-Brinkman equiations ［J］. Soils Found, 2018, 58 (9)：1240-1259.

［96］ 陈崇希. 岩溶管道-裂隙-孔隙三重空隙介质地下水流模型及模拟方法研究 ［J］. 地球科学——中国地质大学学报, 1995, 20 (4)：361~366.

［97］ 成建梅. 陈崇希. 广西北山岩溶管道-裂隙-孔隙地下水流数值模拟初探 ［J］. 水文地质工程地质, 1998, 4：50~54.

［98］ 赵坚, 赖苗, 沈振中. 适于岩溶地区渗流场计算的改进折算渗透系数法和变渗透系数法 ［J］. 岩石力学与工程学报, 2005, 24 (8)：1341~1347.

［99］ 陈崇希, 胡立堂. 渗流-管流耦合模型及其应用综述 ［J］. 水文地质工程地质, 2008, 3：70~74.

［100］ 陈崇希. 地下水流数值模拟理论方法及模型设计 ［M］. 北京：地质出版社, 2014.

［101］ Harbaugh A W. The U. S. MODFLOW 2005, Geological Survey modular ground-water model—the Ground-Water Flow Process ［R］. U S Geological Survey, 2005.

［102］ Shoemaker W B, Kuniansky E L, Birk S, et al. Documentation of a conduit flow process (CFP) for MODFLOW-2005 ［R］. U S Geological Survey, 2007.

［103］ 陈国庆, 李天斌, 范占锋, 等. 基于不同渗流方程的岩溶隧道涌水突水过程模拟 ［J］. 水文地质工程地质, 2011, 38 (4)：8~13.

［104］ 杨天鸿, 师文豪, 李顺才, 等. 破碎岩体非线性渗流突水机理研究现状及发展趋势 ［J］. 煤炭学报, 2016, 41 (7)：1598~1609.

［105］ 薛禹群, 谢春红. 地下水数值模拟 ［M］. 北京：科学出版社, 2007.

［106］ 王志良, 申林方, 李邵军. 基于格子 Boltzmann 方法的岩体单裂隙面渗流特性研究 ［J］. 岩土力学, 2017, 38 (4)：1203~1210.

［107］ 师文豪, 杨天鸿, 刘洪磊. 矿山岩体破坏突水非达西流模型及数值求解 ［J］. 岩石力学与工程学报, 2016, 35 (3)：446~455.

［108］ Maria Grodzka-Lukaszewska, Marek Nawalany. A velocity-oriented approach for modflow ［J］. Transp Porous Med, 2017, 119：373~390.

［109］ Fang Hong, Zhu Jianting. Simulation of groundwater exchange between an unconfined aquifer and a discrete fracture network with laminar and turbulent flows ［J］. Journal of Hydrology, 2018, 562：468~476.

［110］ 王海龙. 基岩裂隙水流数值模拟研究综述 ［J］. 世界核地质科学, 2012, 29 (2)：85~91.

［111］ 王礼恒, 李国敏, 董艳辉. 裂隙介质水流与溶质运移数值模拟研究综述 ［J］. 水利水电科技进展, 2013, 33 (4)：84~88.

［112］ 梁敏. 基于 Fluent 的粗糙单裂隙水流数值模拟研究 ［D］. 合肥：合肥工业大学, 2010.

［113］ 程汤培, 莫则尧, 邵景力. 基于 JASMIN 的地下水流大规模并行数值模拟 ［J］. 计算物理, 2013, 30 (3)：317~325.

［114］ Abdelaziz R, Le H H. MT3DMSP-A parallelized version of the MT3DMS code ［J］. Journal of African Earth Sciences, 2014, 100：1~6.

［115］ 路明, 孙西欢, 李彦军. 湍流数值模拟方法及特点分析 ［J］. 河北建筑科学院学报, 2006, 23 (6)：106~110.

［116］ Javadi M, Sharifzadeh M, Shahriar K. A new geometrical model for non-linear fluid flow through rough fractures ［J］. Journal of Hydrology, 2010, 389 (1~2)：18~30.

[117] Huang N, Liu R, Jiang Y. Numerical study of the geometrical and hydraulic characteristics of 3D self-affine rough fractures dring shear [J]. Journal of Natural Gas Science and Engineering, 2017a, 45: 127~142.

[118] Liu Richeng, He Ming, Huang Na, et al. Three-dimensional double-rough-walled modeling of fluid flow through self-affine shear fractures [J]. Journal of Rock Mechanics and Geotechnical Enginerring, 2020, 12 (1): 41~49.

[119] Li Bo, Jiang Yujing, Tomofumi Koyama, et al. Experimental study of the hydro-mechanical behavior of rock joints using a parallel-plate model containing contact areas and artificial fractures [J]. International Journal of Rock Mechanical & Mining Sciences, 2008, 45: 362~375.

[120] 朱红光, 易成, 谢和平, 等. 基于立方定律的岩体裂隙非线性流动几何模型 [J]. 煤炭学报, 2016, 41 (4): 822~828.

[121] Wen X H, Durlofsky L J, Edwards M G. Use of border regions for improved permeability upscaling [J]. Mathematical Geology, 2003, 35 (6): 521~546.

[122] Lang P S, Paluszny A, Zimmerman R W. Permeability tensor of three-dimensional fractured porous rock and a comparison to trace map predictions [J]. Journal of Geophsical Reaarch: Solid Earth, 2014, 119 (8): 6288~6307.

[123] 倪春中. 个旧锡矿高松矿田裂隙多尺度空间分布模拟研究 [D], 昆明: 昆明理工大学, 2013.

[124] 陈世江, 朱万成, 王创业, 等. 岩体结构面粗糙度系数定量表征研究进展 [J]. 岩石力学与工程学报, 2017, 49 (2): 239~256.

[125] 叶桢妮, 侯恩科, 段中会, 等. 基于热-流-固耦合效应的地质构造控气特征研究 [J]. 煤炭科学技术, 2019, 47 (7): 65~73.

[126] 刘向君, 朱洪林, 梁利喜. 基于微 CT 技术的砂岩数字岩石物理实验 [J]. 地球物理学报, 2014, 57 (4): 1133~1140.

[127] 姜黎明, 孙建孟, 刘学锋, 等. 天然气饱和度对岩石弹性参数影响的数值研究 [J]. 测井技术, 2012, 36 (6): 239~243.

[128] Pruess K, Wang J S Y, Tsang Y W. On thermohydrologic conditions near high-level nuclear wastes emplaced in partially saturated fractured tuff: 1. Simulation studies with explicit consideration of fracture effects [J]. Water Resources Research, 1990, 26 (6): 1235~1248.

[129] Cvetkovic V, Painter S, Outters N, et al. Stochastic simulation of radio nuclide migration in discretely fractured rock near the Äspö Hard Rock Laboratory [J]. Water Resources Research, 2004, 40 (2): W02404.

[130] Kang P K, Borgne T L, Dentz M, et al. Impact of velocity correlation and distribution on transport in fractured media: field evidence and theoretical model [J]. Water Resource Research, 2015, 51 (2): 940~959.

[131] Yang Z, Niemi A, Fagerlund F, et al. Dissolution of dense non-aqueous phase liquids in vertical fractures: Effect of finger residuals and dead-end pools [J]. Journal of Contaminant Hydrology, 2013, 149 (3): 88~99.

[132] Chen Gang, Xu Shiguang, Liu Chunxue, et al. Groundwater flow simulation and its application in GaoSong ore field, China [J]. Journal of Water and Climate Change, 2019, 10 (9): 276-284.

[133] Zhou Jia qing, Wang Lichun, Li Changdong, et al. Effect of fluid slippage on eddy growth and non-Darcian flow in rock fractures [J]. Journal of Hydrology, 2020, 581 (9): 1~9.

[134] Yeo I W, De Freitas M H, Zimmerman R W. Effect of shear displacement on the aperture and permeability of a rock fracture [J]. International Journal of Rock Mechanics and Mining Sciences, 1998,

35（8）：1051~1070.

[135] Bauget F, Fourar M. Non-Fickian dispersion in a single fracture [J]. Journal of Contaminant Hydrology, 2008, 100（3~4）：137~148.

[136] Oron A P, Berkowitz B. Flow in rock fractures：The local cubic law assumption reexamined [J]. Water Resources Research, 1998, 34（11）：2811~2825.

[137] Zimmerman R W, BODVARSSON G S. Hydraulic conductivity of rock fractures [J]. Transport in Porous Media, 1996, 23（1）：1~30.

[138] Zimmerman R W, Al-Yaarubi A, Pain C C, et al. Non-linear regimes of fluid flow in rock fractures [H]. International Journal of Rock Mechanics and Mining Sciences, 2004, 41（Supp. 1）：163~169.

[139] Brush D J, Thomson N R. Fluid flow in synthetic rough-walled fractures：Navier-Stokes, Stokes, and local cubic law simulations [J]. Water Resources Research, 2003, 39（4）：1085.

[140] Ge S. A governing equation for fluid flow in rough fractures [J]. Water Resources Research, 1997, 33（1）：53~61.

[141] Zhou Jia qing, Wang Min, Wang Lichun, et al. Emergence of nonlinear laminar flow in fractures during shear [J]. Rock Mechanics and Rock Engineering, 2018, 51（7）：3635~3643.

[142] Liu Xige, Zhu Wancheng, Yu Qinglei, et al. Estimating the joint roughness coefficient of rock joints from translational overlapping statistical parameters [J]. Rock Mechanics and Rock Engineering, 2019, 52（11）：753~769.

[143] Wang Min, Chen Yi feng, Ma Guo-Wei, et al. Influence of surface roughness on nonlinear flow behaviors in 3D self affine rough fractures：Lattice Boltzmann simulations [J]. Advances in Water Resources, 2016, 96（8）：373~388.

[144] Lee S H, Lee K K, Yeo I W. Assessment of the validity of Stokes and Reynolds equations for fluid flow through a rough-walled fracture with flow imaging [J]. Geophysical Research Letters, 2014, 41（7）：4578~4585.

[145] 朱红光. 破断岩体裂隙的流体流动特性研究 [D]. 北京：中国矿业大学, 2012.

[146] Zhou J Q, Wang L, Chen Y F, et al. Mass transfer between recirculation and main flow zones：Is physically based parameterization possible? [J]. Water Resources Research, 2019, 55（1）：345~362.

[147] Hang-Bok Lee, In Wook Yeo, Kang-Kun Lee. Water flow and slip on NAPL-wetted surfaces of a parallel-walled fracture [J]. Geophysical Research Letters, 2007, 34（10）：1~5.

[148] Zhou J Q, Hu S H, Fang S, et al. Nonlinear flow behavior at low Reynolds numbers through rough-walled fractures subjected to normal compressive loading [J]. International Journal of Rock Mechanics & Mining Sciences, 2015, 80（9）：202~218.

[149] Javadi M, Sharifzadeh M, Shahriar K, et al. Critical Reynolds number for nonlinear flow through rough-walled fractures：The role of shear processes [J]. Water Resource Research, 2014, 50：1789~1804.

[150] 王培涛, 杨天鸿, 于庆磊, 等. 基于离散裂隙网络模型的节理岩体渗透张量及特征分析 [J]. 岩土力学, 2013, 34（2）：448~455.

[151] 周志芳, 窦智, 等. 实验水文地质学 [M]. 北京：科学出版社, 2015：19~21.

[152] 钟启明, 陈建生, 陈亮. 裂隙岩体渗透张量的对称性证明及主渗透性推导 [J]. 岩石力学与工程学报, 2006, 25（2）：2997~3002.

[153] Siroos Azizmohammadi, Stephan K Matthai. Is the peameability of naturally fractured rocks scale dependent? [J]. Water Resources Research, 2017, 53（8）：8041~8063.

附录 A　各分区三维裂隙网络模拟结果

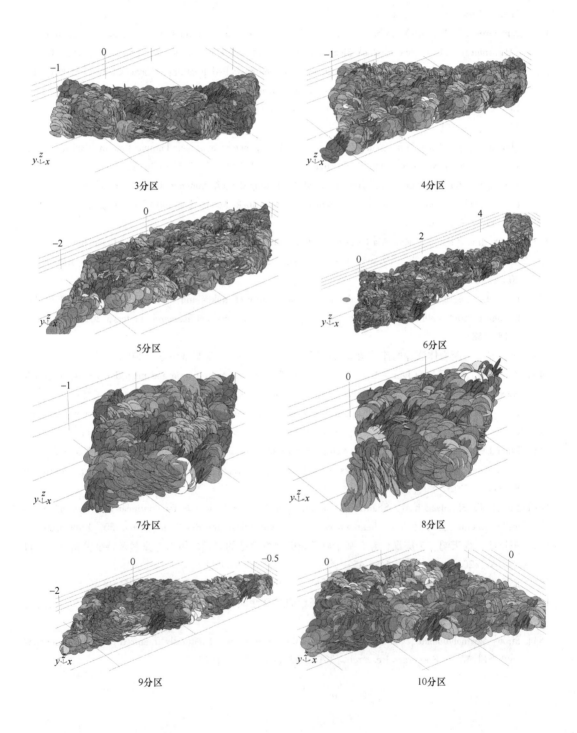

3分区

4分区

5分区

6分区

7分区

8分区

9分区

10分区

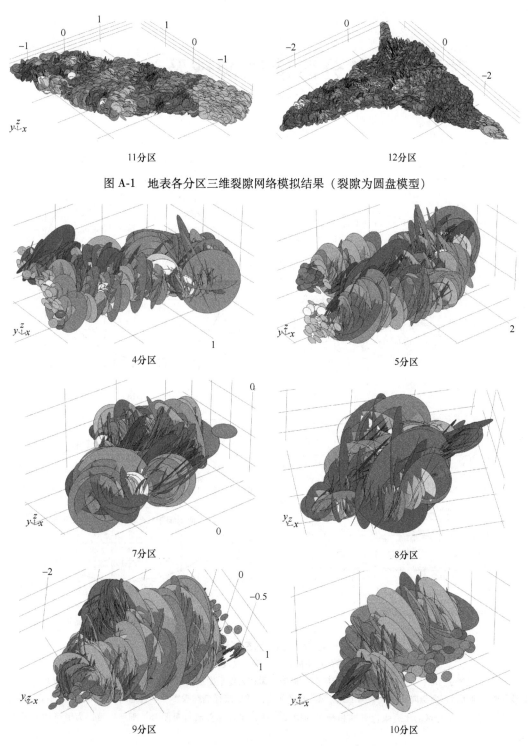

11分区　　　　　　　　　　　　　　12分区

图 A-1　地表各分区三维裂隙网络模拟结果（裂隙为圆盘模型）

4分区　　　　　　　　　　　　　　5分区

7分区　　　　　　　　　　　　　　8分区

9分区　　　　　　　　　　　　　　10分区

图 A-2　地下各分区三维裂隙网络模拟结果（裂隙为圆盘模型）

附录 B   各分区渗透椭球及渗透椭圆

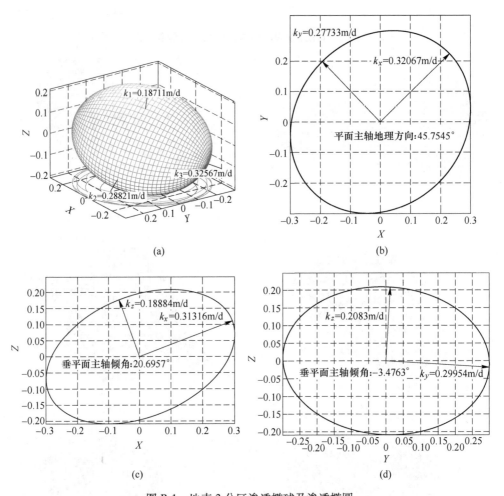

(a)

(b)

(c)

(d)

图 B-1   地表 3 分区渗透椭球及渗透椭圆

箭头代表渗透张量主值方向，数字代表主值的大小（m/d）

（a）渗透椭球；（b）XOY 平面渗透椭圆（椭球投影在大地平面上）；（c）XOZ 平面渗透椭圆（椭球投影在垂直地面，东西走向的垂直平面上）；（d）YOZ 平面渗透椭圆（椭球投影在垂直地面，南北走向的垂直平面上）

注：后续所有分区的渗透张量椭球和椭圆的摆放顺序和编号含义都与附图 B-1 所示一致，为了简洁不再重复标注。

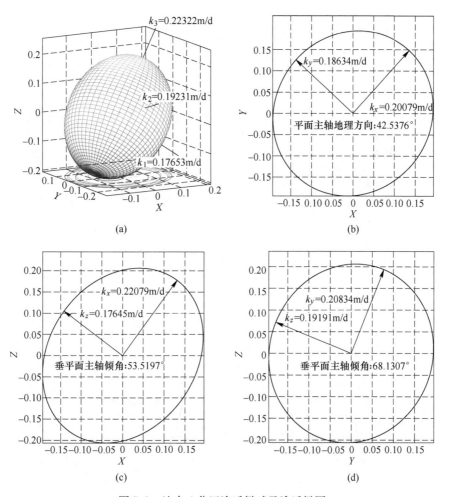

图 B-2　地表 4 分区渗透椭球及渗透椭圆

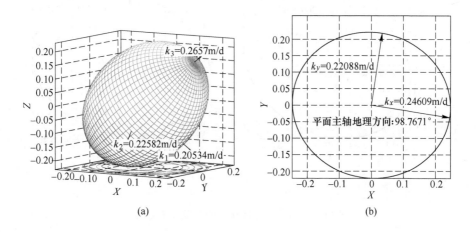

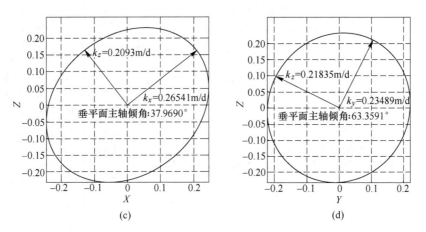

图 B-3　地表 5 分区渗透椭球及渗透椭圆

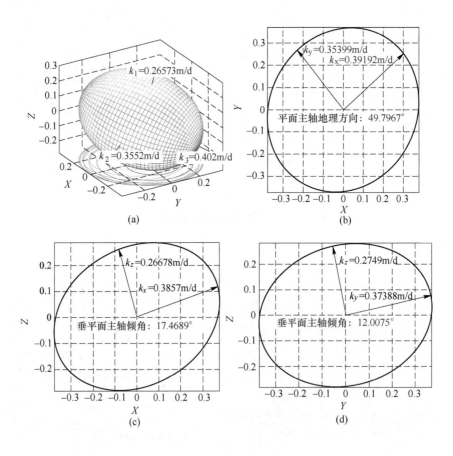

图 B-4　地表 6 分区渗透椭球及渗透椭圆

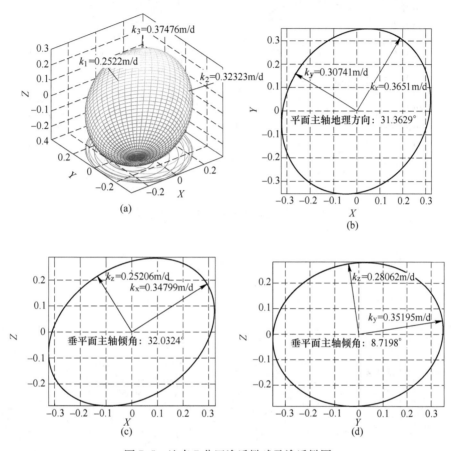

图 B-5　地表 7 分区渗透椭球及渗透椭圆

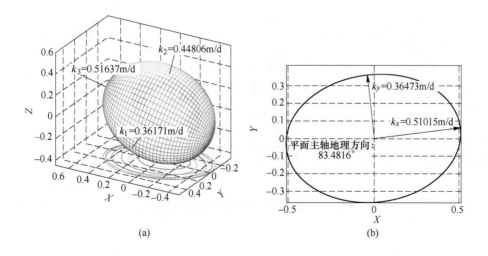

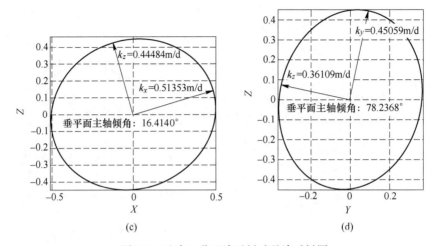

图 B-6 地表 8 分区渗透椭球及渗透椭圆

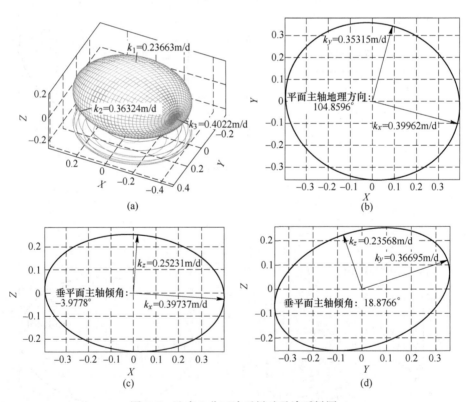

图 B-7 地表 9 分区渗透椭球及渗透椭圆

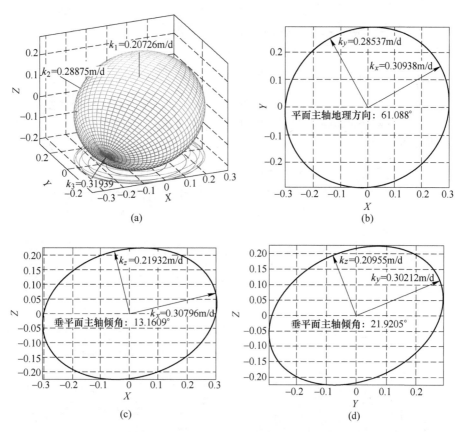

图 B-8　地表 10 分区渗透椭球及渗透椭圆

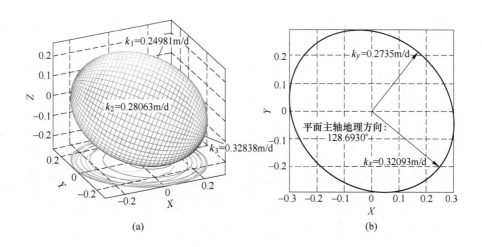

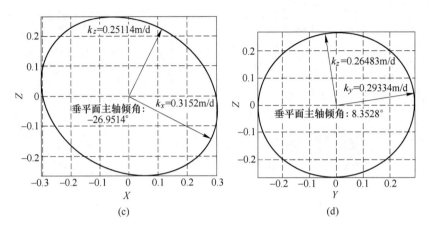

图 B-9 地表 11 分区渗透椭球及渗透椭圆

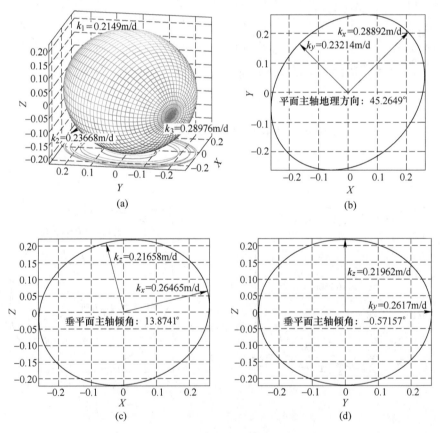

图 B-10 地表 12 分区渗透椭球及渗透椭圆

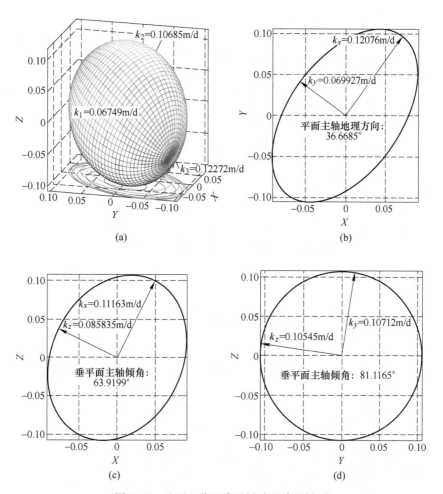

(a)

(b)

(c)

(d)

图 B-11 地下 2 分区渗透椭球及渗透椭圆

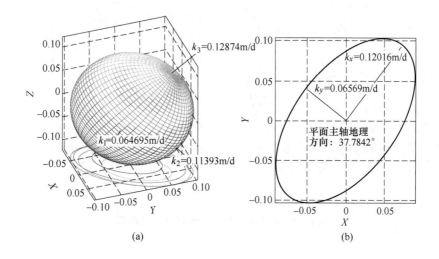

(a)

(b)

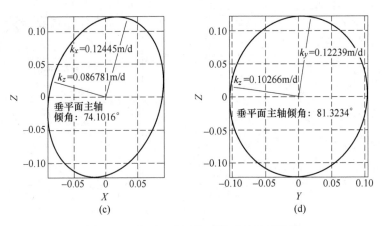

图 B-12　地下 3 分区渗透椭球及渗透椭圆

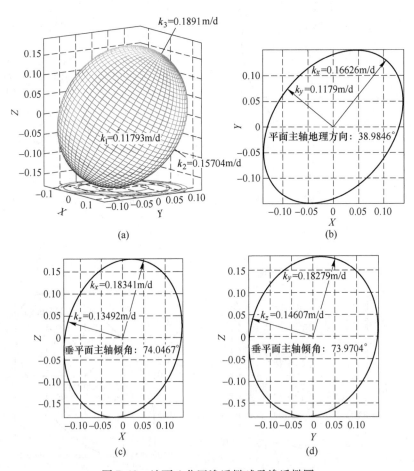

图 B-13　地下 4 分区渗透椭球及渗透椭圆

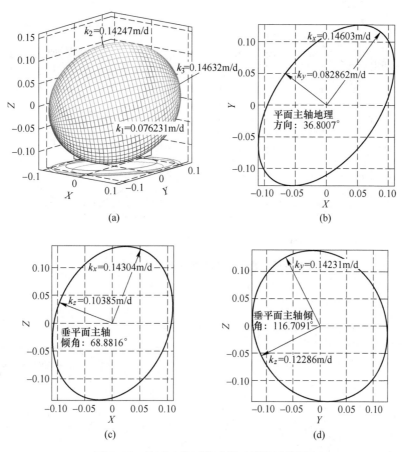

图 B-14　地下 5 分区渗透椭球及渗透椭圆

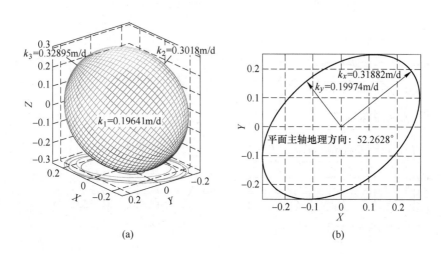

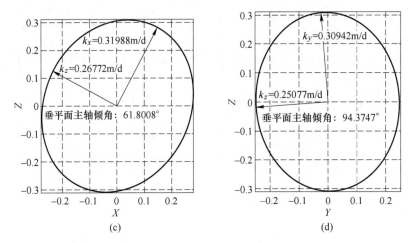

图 B-15 地下 7 分区渗透椭球及渗透椭圆

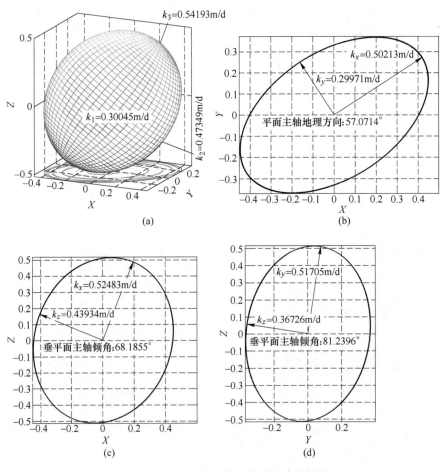

图 B-16 地下 8 分区渗透椭球及渗透椭圆

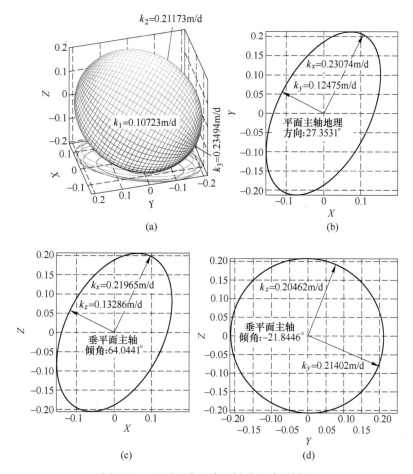

图 B-17　地下 9 分区渗透椭球及渗透椭圆

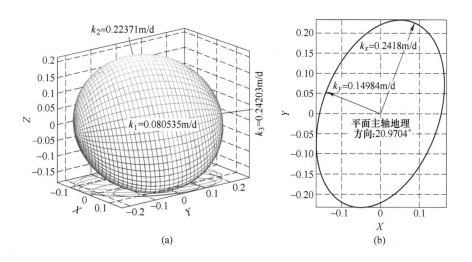

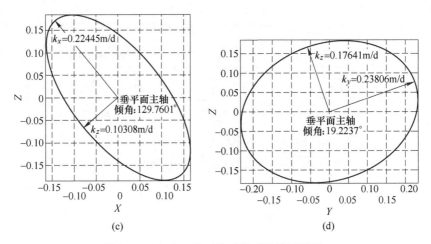

(c) (d)

图 B-18 地下 10 分区渗透椭球及渗透椭圆

附录 C 显式差分法稳定性判断公式推导

各向异性含水介质地下水流动方程显式二维中心差分法稳定性判断公式推导：

有限差分法的网络离散方式有结点法和格点法两种，此处采用结点法离散方式。

各向异性含水介质二维地下水流动方程形式如下：

$$\frac{\partial}{\partial x}\left(K_{xx}\frac{\partial H}{\partial x}\right) + \frac{\partial}{\partial x}\left(K_{xy}\frac{\partial H}{\partial y}\right) + \frac{\partial}{\partial y}\left(K_{yx}\frac{\partial H}{\partial x}\right) + \frac{\partial}{\partial y}\left(K_{yy}\frac{\partial H}{\partial y}\right) + W = S_s\frac{\partial H}{\partial t} \tag{C-1}$$

渗透张量具有对称性，当渗透张量为常量时，式（1）简化为

$$K_{xx}\frac{\partial^2 H}{\partial x^2} + K_{yy}\frac{\partial^2 H}{\partial y^2} + 2K_{xy}\frac{\partial^2 H}{\partial x \partial y} + W = S_s\frac{\partial H}{\partial t} \tag{C-2}$$

使用二阶中心差分法对式（2）中各项进行离散：

$$\left(K_{xx}\frac{\partial^2 H}{\partial x^2}\right)_{i,j}^n = K_{xx_{i,j}}\frac{h_{i+1,j}^n - 2h_{i,j}^n + h_{i-1}^n}{(\Delta x)^2} + O(\Delta x)^2 \tag{C-3}$$

$$\left(K_{yy}\frac{\partial^2 H}{\partial y^2}\right)_{i,j}^n = K_{yy_{i,j}}\frac{h_{i,j+1}^n - 2h_{i,j}^n + h_{i,j-1}^n}{(\Delta y)^2} + O(\Delta y)^2 \tag{C-4}$$

$$\left(K_{xy}\frac{\partial^2 H}{\partial x \partial y}\right)_{i,j}^n = K_{xy_{i,j}}\frac{h_{i+1,j+1}^n - h_{i+1,j-1}^n - h_{i-1,j+1}^n + h_{i-1,j-1}^n}{4\Delta x \Delta y} + O[(\Delta x)^2 + (\Delta y)^2] \tag{C-5}$$

$$W_{i,j}^n = w_{i,j}^n \tag{C-6}$$

$$\left(S_s\frac{\partial H}{\partial t}\right)_{i,j}^n = (S_s)_{i,j}\frac{h_{i,j}^{n+1} - h_{i,j}^n}{\Delta t} \tag{C-7}$$

合并式（C-3）~式（C-7）可得：

$$K_{xx_{i,j}}\frac{h_{i+1,j}^n - 2h_{i,j}^n + h_{i-1,j}^n}{(\Delta x)^2} + K_{yy_{i,j}}\frac{h_{i,j+1}^n - 2h_{i,j}^n + h_{i,j-1}^n}{(\Delta y)^2} +$$

$$2K_{xy_{i,j}}\frac{h_{i+1,j+1}^n - h_{i+1,j-1}^n - h_{i-1,j+1}^n + h_{i-1,j-1}^n}{4\Delta x \Delta y} + w_{i,j}^n = (S_s)_{i,j}\frac{h_{i,j}^{n+1} - h_{i,j}^n}{\Delta t} \tag{C-8}$$

式中，$K_{xx_{i,j}}$、$K_{yy_{i,j}}$为(i,j)单元格渗透张量主值；$(S_s)_{i,j}$为单元格(i, j)的储水率；Δx、Δy为单元格(i,j)的x，y方向尺寸；Δt为时步；$h_{i,j}^n$，$h_{i,j}^{n+1}$分别为与上下两个时步对应的水头值；$w_{i,j}^n$为n时步(i, j)单元格的源汇项。

式（C-3）~式（C-7）中的$O(\Delta x)^2$、$O(\Delta y)^2$、$O[(\Delta x)^2+(\Delta y)^2]$是各式的中心差分的二阶精度截断误差项，二阶中心差分法是二阶精度，截断误差很小，式（C-8）中忽略。

C.1 渗透张量性质分析

众多学者的研究及其文献都已经证明，渗透张量为二阶对称正定张量，以二维渗透张

量为例，这一性质具体如下：

二维渗透张量的矩阵形式为 $\begin{bmatrix} K_{xx} & K_{xy} \\ K_{xy} & K_{yy} \end{bmatrix}$ ，则张量的两个主值公式如下：

$$k_1 = \frac{K_{xx} + K_{yy}}{2} + \sqrt{\left(\frac{K_{xx} - K_{yy}}{2}\right)^2 + K_{xy}^2}$$

$$k_2 = \frac{K_{xx} + K_{yy}}{2} - \sqrt{\left(\frac{K_{xx} - K_{yy}}{2}\right)^2 + K_{xy}^2} \qquad (\text{C-9})$$

张量正定的性质表现为渗透张量主值 $k_1 \geq 0$，$k_2 \geq 0$，$K_{xx} K_{yy} \geq K_{xy}^2$。张量对称性为 $K_{xy} = K_{yx}$。

根据式（C-9），$k_1 \geq 0$ 无条件满足。

对于 $k_2 \geq 0$ 的条件，则需要根据张量各元素值的情况进行分析。

（1）K_{xx}，K_{yy} 均为正值：$k_2 \geq 0$，即 $\frac{K_{xx}+K_{yy}}{2} \geq \sqrt{\left(\frac{K_{xx}-K_{yy}}{2}\right)^2 + K_{xy}^2}$，易得出 $K_{xx}K_{yy} \geq K_{xy}^2$ 时满足 $k_2 \geq 0$ 条件。

（2）K_{xx}，K_{yy} 均为负值：根据式（C-9）中 k_2 的计算公式可知 $k_2 \leq 0$，不符合张量正定性。

（3）K_{xx}、K_{yy} 一正一负：此时，$k_1 \geq 0$，必须有

$$\left| \frac{|K_{xx}| - |K_{yy}|}{2} \right| \leq \sqrt{\left(\frac{K_{xx} - K_{yy}}{2}\right)^2 + K_{xy}^2} \qquad (\text{C-10})$$

而 $k_2 \geq 0$，必须有

$$\left| \frac{|K_{xx}| - |K_{yy}|}{2} \right| \geq \sqrt{\left(\frac{K_{xx} - K_{yy}}{2}\right)^2 + K_{xy}^2} \qquad (\text{C-11})$$

可以发现，式（C-10）和式（C-11）两式相互矛盾，不成立。由此说明，渗透张量中 K_{xx}，K_{yy} 不能为一正一负。

综上所述，二维渗透张量中 K_{xx}，K_{yy} 需均为正值：K_{xy} 正负值均可，但需满足 $K_{xx}K_{yy} \geq K_{xy}^2$ 条件。

C.2　离散方程稳定条件分析

对于有限差分法的离散方程，在计算推进过程中，如果推进方向上的增量超过了某一预先设定的值，那么该离散方程就变成数值不稳定的。更简单地表述就是方程从一个时间步进行到下一时步时，如果某一个特定的数值误差被放大了，那么计算就是不稳定的；如果误差衰减，就是稳定的。

偏微分方程的数值方法受到两种误差的影响：一是离散误差，是微分方程相应的差分方程与方程解析解之间的误差，这部分在构建差分方程时就已经产生，受差分格式影响。二是舍入误差，即在数值计算过程中多次重复计算造成的数值误差，舍入误差是判断数值方程稳定性的关键。其主要原因是，计算机一般情况下需要将数值舍入到某一有效数字。

C.2.1　离散方程稳定条件判断公式

设 A 是偏微分方程的精确解，D 是差分方程的精确解，N 计算机计算出的实际解，根据上文的定义有：离散误差$=A-D$，舍入误差$=\varepsilon=N-D$，则有 $N=D+\varepsilon$。对于式（C-8）的差分方程，对同一研究域而言，主要变量是水头 h，同时也是方程求解目标，把该式带入差分方程式（C-8）中则有：

$$K_{xx_{i,j}}\frac{(D_{i+1,j}^n+\varepsilon_{i+1,j}^n)-2(D_{i,j}^n+\varepsilon_{i,j}^n)+(D_{i-1,j}^n+\varepsilon_{i-1,j}^n)}{(\Delta x)^2}+$$

$$K_{yy_{i,j}}\frac{(D_{i,j+1}^n+\varepsilon_{i,j+1}^n)-2(D_{i,j}^n+\varepsilon_{i,j}^n)+(D_{i,j-1}^n+\varepsilon_{i,j-1}^n)}{(\Delta y)^2}+$$

$$2K_{xy_{i,j}}\frac{(D_{i+1,j+1}^n+\varepsilon_{i+1,j+1}^n)-(D_{i+1,j-1}^n+\varepsilon_{i+1,j-1}^n)-(D_{i-1,j+1}^n+\varepsilon_{i-1,j+1}^n)+(D_{i-1,j-1}^n+\varepsilon_{i-1,j-1}^n)}{4\Delta x\Delta y}$$

$$+w_{i,j}^n=(S_s)_{i,j}\frac{(D_{i,j}^{n+1}+\varepsilon_{i,j}^{n+1})-(D_{i,j}^n+\varepsilon_{i,j}^n)}{\Delta t} \tag{C-12}$$

根据前文中对差分方程的精确解的定义，所以它的精确解 D 应该精确地满足差分方程，即

$$K_{xx_{i,j}}\frac{D_{i+1,j}^n-2D_{i,j}^n+D_{i-1,j}^n}{(\Delta x)^2}+K_{yy_{i,j}}\frac{D_{i,j+1}^n-2D_{i,j}^n+D_{i,j-1}^n}{(\Delta y)^2}+$$

$$2K_{xy_{i,j}}\frac{D_{i+1,j+1}^n-D_{i+1,j-1}^n-D_{i-1,j+1}^n+D_{i-1,j-1}^n}{4\Delta x\Delta y}+w_{i,j}^n=(S_s)_{i,j}\frac{D_{i,j}^{n+1}-D_{i,j}^n}{\Delta t} \tag{C-13}$$

从式（C-12）中减去式（C-13），可得到差分方程的误差公式：

$$K_{xx_{i,j}}\frac{\varepsilon_{i+1,j}^n-2\varepsilon_{i,j}^n+\varepsilon_{i-1,j}^n}{(\Delta x)^2}+K_{yy_{i,j}}\frac{\varepsilon_{i,j+1}^n-2\varepsilon_{i,j}^n+\varepsilon_{i,j-1}^n}{(\Delta y)^2}+$$

$$2K_{xy_{i,j}}\frac{\varepsilon_{i+1,j+1}^n-\varepsilon_{i+1,j-1}^n-\varepsilon_{i-1,j+1}^n+\varepsilon_{i-1,j-1}^n}{4\Delta x\Delta y}=(S_s)_{i,j}\frac{\varepsilon_{i,j}^{n+1}-\varepsilon_{i,j}^n}{\Delta t} \tag{C-14}$$

由式（C-14）可以看出，误差 ε 也满足差分方程。对方程式（C-8）的稳定性而言，假设在某个时刻方程的误差 $\varepsilon_{i,j}^n$ 已经存在，当方程从 n 时步推进到 $n+1$ 时步时，如果 $\varepsilon_{i,j}^n$ 是减小的，至少不增大时，那么求解就是稳定的；相反，如果 $\varepsilon_{i,j}^n$ 是增大的，相应的求解就是不稳定的，也就是说差分方程的稳定性条件是：

$$\left|\frac{\varepsilon_{i,j}^{n+1}}{\varepsilon_{i,j}^n}\right|\leqslant 1 \tag{C-15}$$

然而，差分方程的误差是一个随时间、空间变化的复杂曲线或曲面。以一维偏微分方程为例，其差分方程的误差变化在求解域内是一条随 x 变化的复杂曲线，且随着时间 t 的推进，误差曲线还会不断发生变化。对于求解域内的某一格点而言，其计算误差可能在一个时步内为 0，下一时步又增大，但随着计算的推进整体误差逐渐缩小；当所有格点上计算误差满足预设误差判断条件时，计算终止，表示差分方程的计算是稳定的。

直接使用式（C-15）判断其稳定性十分困难。既然一维求解域内某一时刻的误差是一条随空间变化的曲线，那么可以把该曲线作为一个整体进行考虑；当曲线随着时步推进逐

渐平缓，全部误差近似为 0 时形成直线，也即方程稳定。

显然可以通过 Fourier 变换表示误差曲线，利用 Fourier 级数解析曲线随时间变化的趋势。即方程的误差项在某一给定时刻可以表示为

$$\varepsilon(x,y) = \sum_{m,n} A_{m,n} e^{i(k_m x + k_n y)} \tag{C-16}$$

式中，k_m，k_n 为波数，其下角标 m、n 与一个给定区间所包含波形的个数有关；e 为自然数；i 为虚数；$A_{m,n}$ 为振幅。

式（C-16）只反映了某一时刻差分方程的误差，但我们更关心的是误差随时间的变化，所以可以在振幅 $A_{m,n}$ 中引入时间变量 t，则显然误差随时间按指数函数变化，于是由式（C-16）可得：

$$\varepsilon(x,y,t) = \sum_{m=1,n=1}^{M/2,N/2} e^{at} e^{i(k_m x + k_n y)} \tag{C-17}$$

式中，M，N 为差分方程域内 x，y 方向的网络数；a 为常数（m，n 不同 a 的值也不同）。

式（C-17）是舍入误差随时间、空间变化的表达式。式（C-14）是地下水流动方程误差整体变化的表达式，把式（C-17）中的每一级带入到式（C-14）中就可以考察差分方程整体误差随时间的变化规律。

分析一个时间步内误差 ε 是如何变化的，同时找出时间增量 Δt 需要满足什么条件才能让式（C-15）成立。

对式（8）的方程进行整理有：

$$\frac{\Delta t}{(S_s)_{i,j}(\Delta x)^2(\Delta y)^2}[K_{xx}(\Delta y)^2(h_{i+1,j}^n - 2h_{i,j}^n + h_{i-1}^n) + K_{yy}(\Delta x)^2(h_{i,j+1}^n - 2h_{i,j}^n + h_{i,j-1}^n) +$$

$$\frac{1}{2}K_{xy}\Delta x \Delta y(h_{i+1,j+1}^n - h_{i+1,j-1}^n - h_{i-1,j+1}^n + h_{i-1,j-1}^n) + w_{i,j}^n(\Delta x)^2(\Delta y)^2] + h_{i,j}^n = h_{i,j}^{n+1}$$

$$\tag{C-18}$$

上式中各项分别做 Fourier 级数展开有：

$$h_{i,j}^n = e^{at} e^{i(k_m x + k_n y)}$$

$$h_{i+1,j}^n - 2h_{i,j}^n + h_{i-1}^n = e^{at} e^{i[k_m(x+\Delta x) + k_n y]} - 2e^{at} e^{i(k_m x + k_n y)} +$$

$$e^{at} e^{i[k_m(x-\Delta x) + k_n y]} = e^{at} e^{i(k_m x + k_n y)}(e^{ik_m \Delta x} - 2 + e^{-ik_m \Delta x})$$

$$h_{i,j+1}^n - 2h_{i,j}^n + h_{i,j-1}^n = e^{at} e^{i(k_m x + k_n y)}(e^{ik_m \Delta y} - 2 + e^{-ik_m \Delta y})$$

$$h_{i+1,j+1}^n - h_{i+1,j-1}^n - h_{i-1,j+1}^n + h_{i-1,j-1}^n = e^{at} e^{i(k_m x + k_n y)}$$

$$(e^{i(k_m \Delta x + k_n \Delta y)} - e^{i(k_m \Delta x - k_n \Delta y)} - e^{i(-k_m \Delta x + k_n \Delta y)} + e^{-i(k_m \Delta x + k_n \Delta y)})$$

$$h_{i,j}^{n+1} - h_{i,j}^n = e^{a(t+\Delta t)} e^{i(k_m x + k_n y)} - e^{at} e^{i(k_m x + k_n y)} = e^{at} e^{i(k_m x + k_n y)}(e^{a\Delta t} - 1) \tag{C-19}$$

$w_{i,j}^n(\Delta x)^2(\Delta y)^2$ 因为是直接给定项，故不考虑其误差。

把式（C-19）各项的误差公式代入式（C-18）中，并约去相同项 $e^{at} e^{i(k_m x + k_n y)}$，得：

$$\frac{\Delta t}{(S_s)_{i,j}(\Delta x)^2(\Delta y)^2}[K_{xx}(\Delta y)^2(e^{ik_m \Delta x} - 2 + e^{-ik_m \Delta x}) + K_{yy}(\Delta x)^2(e^{ik_m \Delta y} - 2 + e^{-ik_m \Delta y}) +$$

$$\frac{1}{2}K_{xy}\Delta x \Delta y(e^{i(k_m \Delta x + k_n \Delta y)} - e^{i(k_m \Delta x - k_n \Delta y)} - e^{i(-k_m \Delta x + k_n \Delta y)} + e^{i(k_m \Delta x + k_n \Delta y)})] = e^{a\Delta t} - 1 \tag{C-20}$$

Fourier 级数展开式可以使用三角函数表达，根据三角函数恒等式有：

$$\cos(k_m\Delta x) = \frac{e^{ik_m\Delta x} + e^{-ik_m\Delta x}}{2}$$

$$\cos(k_n\Delta y) = \frac{e^{ik_m\Delta y} + e^{-ik_m\Delta y}}{2}$$

$$\cos(k_m\Delta x + k_n\Delta y) = \frac{e^{i(k_m\Delta x + k_n\Delta y)} + e^{-i(k_m\Delta x + k_n\Delta y)}}{2}$$

$$\cos(k_m\Delta x - k_n\Delta y) = \frac{e^{i(k_m\Delta x - k_n\Delta y)} + e^{-i(k_m\Delta x - k_n\Delta y)}}{2} \tag{C-21}$$

把式（C-21）代入式（C-20）的各项中，得每项的三角函数方式的表达式：

$$K_{xx}(\Delta y)^2(e^{ik_m\Delta x} - 2 + e^{-ik_m\Delta x}) = 2K_{xx}(\Delta y)^2[\cos(k_m\Delta x) - 1]$$

$$K_{yy}(\Delta x)^2(e^{ik_m\Delta y} - 2 + e^{-ik_m\Delta y}) = 2K_{yy}(\Delta x)^2[\cos(k_n\Delta y) - 1]$$

$$\frac{1}{2}K_{xy}\Delta x\Delta y[e^{i(k_m\Delta x + k_n\Delta y)} - e^{i(k_m\Delta x - k_n\Delta y)} - e^{i(-k_m\Delta x + k_n\Delta y)} + e^{-i(k_m\Delta x + k_n\Delta y)}] \tag{C-22}$$

$$= K_{xy}\Delta x\Delta y[\cos(k_m\Delta x + k_n\Delta y) - \cos(k_m\Delta x - k_n\Delta y)]$$

把式（C-22）代入式（C-20）整理后得：

$$\frac{\Delta t}{(S_s)_{i,j}(\Delta x)^2(\Delta y)^2}\{2K_{xx}(\Delta y)^2[\cos(k_m\Delta x - 1)] + 2K_{yy}(\Delta x)^2[\cos(k_n\Delta y) - 1] +$$

$$K_{xy}\Delta x\Delta y[\cos(k_m\Delta x + k_n\Delta y) - \cos(k_m\Delta x - k_n\Delta y)]\} \tag{C-23}$$

即

$$e^{a\Delta t} = 1 - \frac{2\Delta t}{(S_s)_{i,j}(\Delta x)^2(\Delta y)^2}$$

$$\left[2K_{xx}(\Delta y)^2\sin\frac{k_m\Delta x}{2} + 2K_{yy}(\Delta x)^2\sin^2\frac{k_n\Delta y}{2} + K_{xy}\Delta x\Delta y\sin(k_m\Delta x)\sin(k_n\Delta y)\right] \tag{C-24}$$

为保证计算的稳定性必须有 $|e^{a\Delta t}| \leqslant 1$，即

$$\left| 1 - \frac{2\Delta t}{(S_s)_{i,j}(\Delta x)^2(\Delta y)^2}\left[2K_{xx}(\Delta y)^2\sin^2\frac{k_m\Delta x}{2} + \right.\right.$$

$$\left.\left. 2K_{yy}(\Delta x)^2\sin^2\frac{k_n\Delta y}{2} + K_{xy}\Delta x\Delta y\sin(k_m\Delta x)\sin(k_n\Delta y)\right] \right| \leqslant 1 \tag{C-25}$$

C.2.2　离散方程稳定性条件证明

不等式（C-25）成立的条件可分为两种情况，第一种是不等式左边绝对值符号内公式计算的值为正值，并小于等于1；第二种情况为不等式左边绝对值符号内公式计算的值为负值。

满足不等式（C-25）的第一种情况表达式为：

$$1 - \frac{2\Delta t}{(S_s)_{i,j}(\Delta x)^2(\Delta y)^2}\left[2K_{xx}(\Delta y)^2\sin^2\frac{k_m\Delta x}{2} + \right.$$

$$\left. 2K_{yy}(\Delta x)^2\sin^2\frac{k_n\Delta y}{2} + K_{xy}\Delta x\Delta y\sin(k_m\Delta x)\sin(k_n\Delta y)\right] \leqslant 1 \tag{C-26}$$

即

$$\frac{2\Delta t}{(S_s)_{i,j}(\Delta x)^2(\Delta y)^2}\bigg[2K_{xx}(\Delta y)^2\sin^2\frac{k_m\Delta x}{2}+$$

$$2K_{yy}(\Delta x)^2\sin^2\frac{k_n\Delta y}{2}+K_{xy}\Delta x\Delta y\sin(k_m\Delta x)\sin(k_n\Delta y)\bigg]\geq 0 \qquad (\text{C-27})$$

根据各项的物理意义可知$\dfrac{2\Delta t}{(S_s)_{i,j}(\Delta x)^2(\Delta y)^2}\geq 0$，现在需要证得：

$$2K_{xx}(\Delta y)^2\sin^2\frac{k_m\Delta x}{2}+2K_{yy}(\Delta x)^2\sin^2\frac{k_n\Delta y}{2}+K_{xy}\Delta x\Delta y\sin(k_m\Delta x)\sin(k_n\Delta y)\geq 0$$

$$(\text{C-28})$$

所需满足的条件。

根据渗透张量的对称正定性质可知$2K_{xx}(\Delta y)^2\sin^2\dfrac{k_m\Delta x}{2}+2K_{yy}(\Delta x)^2\sin^2\dfrac{k_n\Delta y}{2}\geq 0$，不等式（C-28）中，如果$K_{xy}\geq 0$，则自然成立。

当$K_{xy}<0$的时候，则需要下式成立：

$$2K_{xx}(\Delta y)^2\sin^2\frac{k_m\Delta x}{2}+2K_{yy}(\Delta x)^2\sin^2\frac{k_n\Delta y}{2}-|K_{xy}|\Delta x\Delta y\sin(k_m\Delta x)\sin(k_n\Delta y)\geq 0$$

$$(\text{C-29})$$

即

$$2K_{xx}\frac{\Delta y}{\Delta x}\sin^2\frac{k_m\Delta x}{2}+2K_{yy}\frac{\Delta x}{\Delta y}\sin^2\frac{k_n\Delta y}{2}\geq |K_{xy}|\sin(k_m\Delta x)\sin(k_n\Delta y) \qquad (\text{C-30})$$

不等式（C-30）成立的条件直接证明难度很大，使用函数极值的思路：不等式右边是两个正弦函数，其最大值是$\sin(k_m\Delta x)=1$；$\sin(k_n\Delta y)=1$；此时对应有$\sin^2\dfrac{k_m\Delta x}{2}=\dfrac{1}{2}$；$\sin^2\dfrac{k_n\Delta y}{2}=\dfrac{1}{2}$，把这一条件代入不等式（C-30）中可得其成立的条件为

$$K_{xx}\frac{\Delta y}{\Delta x}+K_{yy}\frac{\Delta x}{\Delta y}\geq |K_{xy}| \qquad (\text{C-31})$$

满足不等式（C-25）的第二种情况可用不等式表达为

$$1-\frac{2\Delta t}{(S_s)_{i,j}(\Delta x)^2(\Delta y)^2}\bigg[2K_{xx}(\Delta y)^2\sin^2\frac{k_m\Delta x}{2}+$$

$$2K_{yy}(\Delta x)^2\sin^2\frac{k_n\Delta y}{2}+K_{xy}\Delta x\Delta y\sin(k_m\Delta x)\sin(k_n\Delta y)\bigg]\geq -1 \qquad (\text{C-32})$$

即

$$\frac{\Delta t}{(S_s)_{i,j}(\Delta x)^2(\Delta y)^2}\bigg[2K_{xx}(\Delta y)^2\sin^2\frac{k_m\Delta x}{2}+$$

$$2K_{yy}(\Delta x)^2\sin^2\frac{k_n\Delta y}{2}+K_{xy}\Delta x\Delta y\sin(k_m\Delta x)\sin(k_n\Delta y)\bigg]\leq 1 \qquad (\text{C-33})$$

为后续方便证明推导，把不等式（C-33）中各项用简单符号代表：

$$a = K_{xx}(\Delta y)^2, b = K_{yy}(\Delta x)^2, c = K_{xy}\Delta x\Delta y, \alpha = \frac{k_m\Delta x}{2}, \beta = \frac{k_n\Delta y}{2}$$

则不等式（C-33）整理为

$$\frac{\Delta t}{(S_s)_{i,j}(\Delta x)^2(\Delta y)^2}[2a\sin^2\alpha + 2b\sin^2\beta + c\sin(2\alpha)\sin(2\beta)] \leq 1 \qquad (C-34)$$

根据不等式中各项的物理意义可知，上式是否成立关键要判断

$$2a\sin^2\alpha + 2b\sin^2\beta + c\sin(2\alpha)\sin(2\beta) \qquad (C-35)$$

的极值。

根据多元函数极值定理，如果式（C-35）在(α_0, β_0)区间有极值,则有$f_\alpha(\alpha_0, \beta_0) = 0$, $f_\beta(\alpha_0, \beta_0) = 0$；具体公式展开如下：

$$\begin{aligned} f_\alpha(\alpha_0, \beta_0) &= \frac{\partial}{\partial\alpha}[2a\sin^2\alpha + 2b\sin^2 b + c\sin(2\alpha)\sin(2\beta)] \\ &= 2a\cos\alpha + c\cos2\alpha\cos2\beta = 0 \end{aligned} \qquad (C-36)$$

$$\begin{aligned} f_\beta(\alpha_0, \beta_0) &= \frac{\partial}{\partial B}[2a\sin^2\alpha + 2b\sin^2 b + c\sin(2\alpha)\sin(2\beta)] \\ &= 2b\cos\beta + c\cos2\alpha\cos2\beta = 0 \end{aligned} \qquad (C-37)$$

整理式（C-36）、式（C-37），可得方程组：

$$\begin{cases} 2a\cos\alpha + c\cos2\alpha\cos2\beta = 0 \\ 2b\cos\beta + c\cos2\alpha\cos2\beta = 0 \end{cases} \qquad (C-38)$$

观察方程组，根据三角函数的性质可知，$\left(\alpha = \frac{\pi}{2}, \beta = \frac{\pi}{2}\right)$是其中一个解。

判断式（C-35）函数的驻点(α_0,β_0)是否为极值，根据多元函数二阶偏微分方程性质的数学定理：

令$f_{\alpha\alpha}(\alpha_0,\beta_0) = A, f_{\alpha\beta}(\alpha_0,\beta_0) = B, f_{\beta\beta}(\alpha_0,\beta_0) = C$，当$AC - B^2 > 0$时，函数有极值，且当$A < 0$时有极大值；当$A > 0$时有极小值。$A$、$B$、$C$三项展开如下：

$$f_{\alpha\alpha}(\alpha_0,\beta_0) = \frac{\partial}{\partial\alpha}(2a\cos\alpha + c\cos2\alpha\sin2\beta) = -2a\sin\alpha - 2c\sin2\alpha\sin2\beta \qquad (C-39)$$

$$f_{\alpha\beta}(\alpha_0,\beta_0) = \frac{\partial}{\partial\beta}(2a\cos\alpha + c\cos2\alpha\sin2\beta) = -2c\cos2\alpha\cos2\beta \qquad (C-40)$$

$$f_{\beta\beta}(\alpha_0,\beta_0) = \frac{\partial}{\partial\beta}(2b\cos\beta + c\sin2\alpha\cos2\beta) = -2b\sin\beta - 2c\sin2\alpha\sin2\beta \qquad (C-41)$$

把式（C-39）~式（C-41）代入到$AC - B^2$有：

$$\begin{aligned} AC - B^2 &= (-2a\sin\alpha - 2c\sin2\alpha\sin2\beta)(-2b\sin\beta - 2c\sin2\alpha\sin2\beta) - (-2c\cos2\alpha\cos2\beta)^2 \\ &= ab\sin\alpha\sin\beta + ac\sin\alpha\sin2\alpha\sin2\beta + bc\sin\beta\sin2\alpha\sin2\beta - c^2 + c^2\sin^2(2\beta) + c^2\sin^2(2\alpha) \end{aligned} \qquad (C-42)$$

把方程组式（C-38）的一个解$\left(\alpha = \frac{\pi}{2}, \beta = \frac{\pi}{2}\right)$代入式（C-42）可以得：

$$AC - B^2 = ab - c^2 = K_{xx}(\Delta y)^2 K_{yy}(\Delta x)^2 - (K_{xy}\Delta x\Delta y)^2 \qquad (C-43)$$

根据渗透张量的正定性质，可知 $AC-B^2 \geqslant 0$。此时有

$$A \mid_{(\pi/2, \pi/2)} = -2a\sin\alpha - 2c\sin2\alpha\sin2\beta = -2K_{xx}(\Delta y)^2 \leqslant 0 \tag{C-44}$$

由此，可以证明 $\left(\alpha = \dfrac{\pi}{2}, \beta = \dfrac{\pi}{2}\right)$ 时存在极值，且为极大值。

故式（C-35）即 $2K_{xx}(\Delta y)^2 \sin^2 \dfrac{k_m\Delta x}{2} + 2K_{yy}(\Delta x)^2 \sin^2 \dfrac{k_n\Delta y}{2} + K_{xy}\Delta x\Delta y\sin(k_m\Delta x)\sin(k_n\Delta y)$

在 $\alpha = \dfrac{k_m\Delta x}{2} = \dfrac{\pi}{2}$，$\beta = \dfrac{k_n\Delta y}{2} = \dfrac{\pi}{2}$ 时存在极大值，其值为 $2K_{xx}(\Delta y)^2 + 2K_{yy}(\Delta x)^2$。把极大值代入到式（C-33）中可得到最终稳定性条件是：

$$0 < \frac{\Delta t}{(S_s)_{i,j}} \left[\frac{K_{xx}}{(\Delta x)^2} + \frac{K_{yy}}{(\Delta y)^2} \right] \leqslant \frac{1}{2} \tag{C-45}$$

通过上述证明和分析可知，地下水流动方程二维中心差分法稳定性需同时满足以下两个条件，即式（C-31）和式（C-45）。

C. 2. 3 结论验证

薛禹群所著的《地下水数值模拟》一书中给出了各向同性含水介质显式二维差分方程的稳定性条件：

$$\frac{T}{S} \left[\frac{1}{(\Delta x)^2} + \frac{1}{(\Delta y)^2} \right] \Delta t \leqslant \frac{1}{2} \tag{C-46}$$

式中，T 为含水层水力传导系数；S 为储水系数。

前文中各向异性含水介质显式二维差分方程的稳定性条件为

$$\left| 1 - \frac{2\Delta t}{(S_s)_{i,j}(\Delta x)^2(\Delta y)^2} \left[2K_{xx}(\Delta y)^2 \sin^2 \frac{k_m\Delta x}{2} + \right. \right.$$

$$\left. \left. 2K_{yy}(\Delta x)^2 \sin^2 \frac{k_n\Delta y}{2} + K_{xy}\Delta x\Delta y\sin(k_m\Delta x)\sin(k_n\Delta y) \right] \right| \leqslant 1 \tag{C-25}$$

当 $K_{xy} = 0$ 时，不等式（C-25）可以整理为

$$\left| 1 - \frac{4\Delta tK}{(S_s)_{i,j}} \left[\frac{1}{(\Delta x)^2} \sin^2 \frac{k_m\Delta x}{2} + \frac{1}{(\Delta y)^2} \sin^2 \frac{k_n\Delta y}{2} \right] \right| \leqslant 1 \tag{C-47}$$

不等式（C-47）的成立与前文中一样，可分为两种情况。

（1）第一种情况：

$$1 - \frac{4\Delta tK}{(S_s)_{i,j}} \left[\frac{1}{(\Delta x)^2} \sin^2 \frac{k_m\Delta x}{2} + \frac{1}{(\Delta y)^2} \sin^2 \frac{k_n\Delta y}{2} \right] \leqslant 1 \tag{C-48}$$

整理得：

$$\frac{4\Delta tK}{(S_s)_{i,j}} \left[\frac{1}{(\Delta x)^2} \sin^2 \frac{k_m\Delta x}{2} + \frac{1}{(\Delta y)^2} \sin^2 \frac{k_n\Delta y}{2} \right] \geqslant 0 \tag{C-49}$$

根据各参数物理意义，显示不等式（C-49）成立。

（2）第二种情况：

$$1 - \frac{4\Delta tK}{(S_s)_{i,j}}\left[\frac{1}{(\Delta x)^2}\sin^2\frac{k_m\Delta x}{2} + \frac{1}{(\Delta y)^2}\sin^2\frac{k_n\Delta y}{2}\right] \geqslant -1 \tag{C-50}$$

整理得：

$$\frac{\Delta tK}{(S_s)_{i,j}}\left[\frac{1}{(\Delta x)^2}\sin^2\frac{k_m\Delta x}{2} + \frac{1}{(\Delta y)^2}\sin^2\frac{k_n\Delta y}{2}\right] \leqslant \frac{1}{2} \tag{C-51}$$

不等式中 $\sin^2\frac{k_m\Delta x}{2}$，$\sin^2\frac{k_n\Delta y}{2}$ 最大值为 1，所以稳定条件为

$$\frac{\Delta tK}{(S_s)_{i,j}}\left[\frac{1}{(\Delta x)^2} + \frac{1}{(\Delta y)^2}\right] \leqslant \frac{1}{2} \tag{C-52}$$

显然不等式（C-52）与不等式（C-46）含义一致。

如果是均匀正方形网格，有 $\Delta x = \Delta y$，则可得：

$$\frac{\Delta tK}{(S_s)_{i,j}(\Delta x)^2} \leqslant \frac{1}{4} \tag{C-53}$$

由此说明不等式（C-45）作为稳定性判断条件是合理的。

不等式（C-31）根据表达式，是与网格质量相关的一个稳定性条件，在不出现异形网络的情况下，该条件（不等式（C-31））一般情况下容易满足。

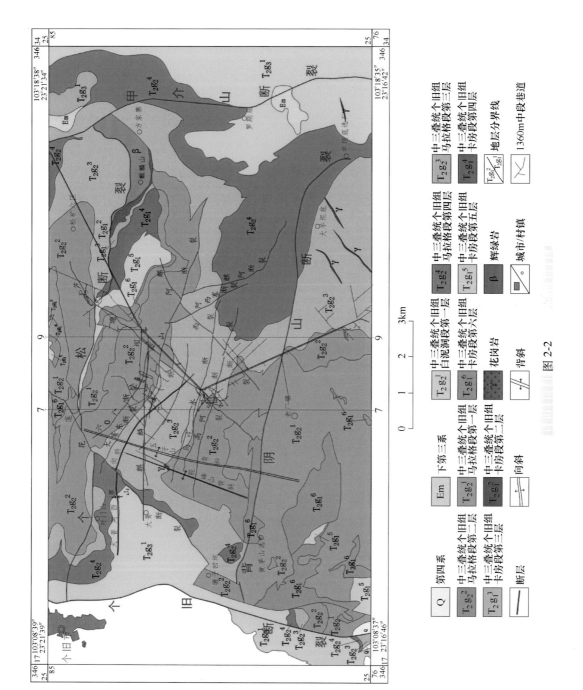

图 2-2

图例：

Q	第四系
Em	下第三系
$T_2g_2^1$	中三叠统个旧组马拉格段第一层
$T_2g_2^2$	中三叠统个旧组白泥洞段第一层
$T_2g_2^3$	中三叠统个旧组马拉格段第三层
$T_2g_2^4$	中三叠统个旧组马拉格段第四层
$T_2g_3^1$	中三叠统个旧组马拉格段第三层
$T_2g_1^1$	中三叠统个旧组卡房段第一层
$T_2g_1^2$	中三叠统个旧组卡房段第二层
$T_2g_1^3$	中三叠统个旧组卡房段第三层
$T_2g_1^4$	中三叠统个旧组卡房段第四层
$T_2g_1^5$	中三叠统个旧组卡房段第五层
$T_2g_1^6$	中三叠统个旧组卡房段第六层
β	辉绿岩
γ	花岗岩
◻	城市/村镇
—	断层
⊢	向斜
$T_2g_1^2$	地层分界线
⟨	1360m中段巷道
青斜	

0 1 2 3km

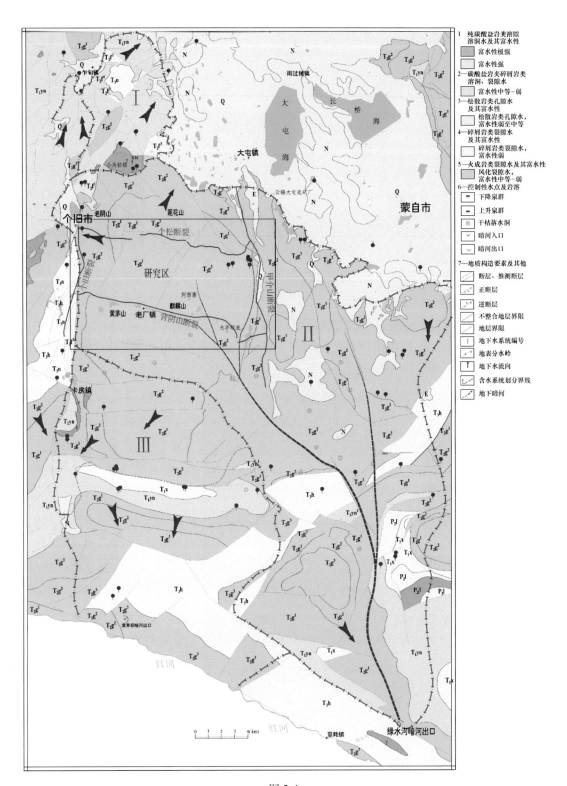

图 2-4

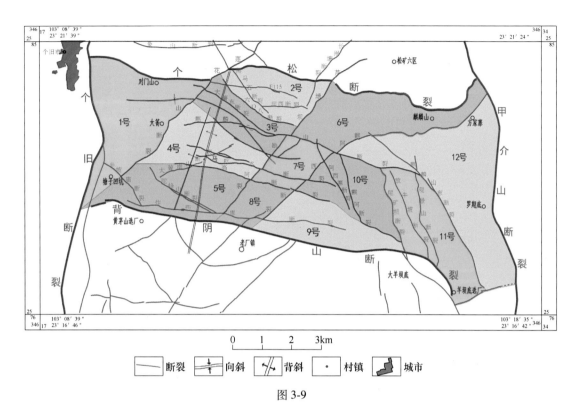

图 3-9

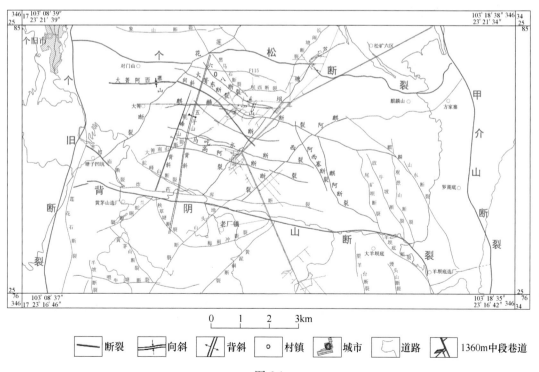

图 6-1

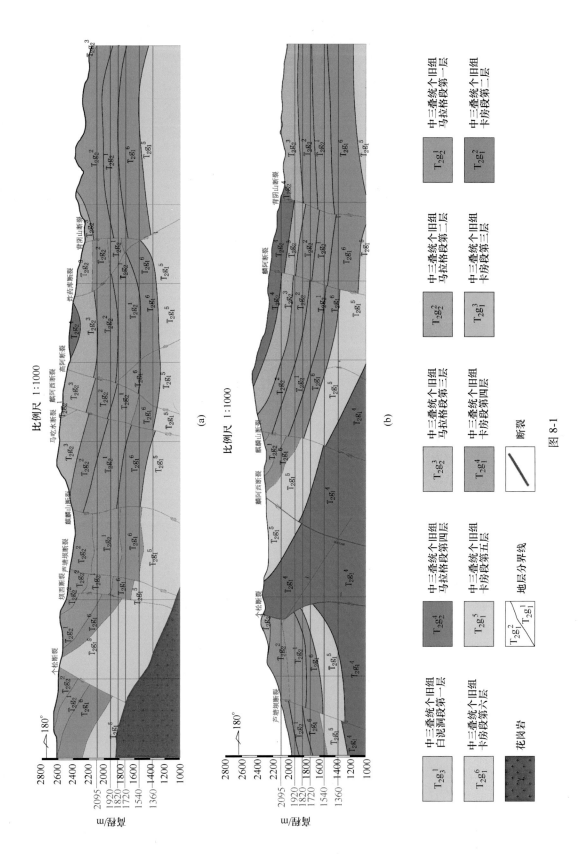

比例尺 1:1000

(a)

比例尺 1:1000

(b)

图 8-1

中三叠统个旧组白泥洞段第一层 $T_2g_3^1$	中三叠统个旧组马拉格段第三层 $T_2g_2^3$	中三叠统个旧组马拉格段第一层 $T_2g_2^1$
中三叠统个旧组卡房段第一层 $T_2g_1^6$	中三叠统个旧组卡房段第三层 $T_2g_1^3$	中三叠统个旧组卡房段第二层 $T_2g_1^2$
$T_2g_2^4$	中三叠统个旧组马拉格段第二层 $T_2g_2^2$	
中三叠统个旧组卡房段第五层 $T_2g_1^5$	中三叠统个旧组卡房段第四层 $T_2g_1^4$	
花岗岩	断裂	
地层分界线	$T_2g_1^2 / T_2g_1^1$	